CATHY HAYNES

Erspüre die Zeit

mosaik

CATHY HAYNES

Erspüre die Zeit

Warum es unser Leben erfüllter macht, wenn wir zu unserer natürlichen Zeitwahrnehmung zurückfinden

Aus dem Englischen von Ulrike Strerath-Bolz

mosaik

Die englische Originalausgabe erschien 2026 unter
dem Titel *The fullness of time* bei Bloomsbury, London.

1. Auflage
Deutsche Erstausgabe April 2026

Neumarkter Straße 28, 81673 München
produktsicherheit@penguinrandomhouse.de
(Vorstehende Angaben sind zugleich Pflichtinformationen nach GPSR.)
Umschlag: Sabine Kwauka
Umschlagmotiv: shutterstock (talha-ahmed, Anna_Zaitzeva)
Satz: Satzwerk Huber, Germering
Druck und Bindung: GGP Media GmbH, Pößneck
Printed in Germany
LG · MW
ISBN 978-3-442-39440-1

www.mosaik-verlag.de

Für Rosie Hope

Und zur Erinnerung an meine Eltern

Inhalt

Einleitung

Früher bestimmten wir die Zeit anhand der schrumpfenden Schatten oder des Mittagslichts über einem Berggipfel. Wir gaben einer Phase der Dunkelheit den Namen »Hahnenschrei« und benannten lebhafte Blumen danach, wann sie ihre Blüten öffneten und schlossen. Wenn wir arbeiteten, stimmten wir unsere Bewegungen wenn nötig aufeinander ab, indem wir dabei sangen. Wir beobachteten das Licht bei Eintritt der Abenddämmerung und konnten die Zeit von der Bewegung der Sterne am Nachthimmel ablesen.

So war es einmal. Heute sind wir in hohem Maße von komplexen Maschinen abhängig und stellen uns Stunden als identische abstrakte Einheiten vor. Im urbanisierten Westen würde vieles nicht funktionieren ohne extrem präzise Uhren. Doch welche Reichtümer könnten wir gewinnen, wenn wir die Zeit wieder durch Beobachtung der Welt um uns herum erspüren?

Dieses Buch ist eine Entdeckungsreise, die zeigt, wie frühere Generationen die Zeit anhand von Zeichen aus ihrer Umgebung maßen oder ihre eigenen Körper und Stimmen nutzten, um Zeitspannen abzuschätzen. In unserem zunehmend von Uhren und Bildschirmen bestimmten Leben soll es dazu anregen, subtile Veränderungen in unserer Umwelt zu bemerken, selbst im 21. Jahrhundert, wo Asphalt und Glas überwiegen. In den folgenden Kapiteln wollen wir gemeinsam Zeit erspüren: durch den morgendlichen Vogelgesang; Blumen, die sich mittags schließen; Sängerinnen und Sänger, die ihrer Arbeit Takt und Rhythmus verleihen; das langsame Gleiten von Schatten und Sonnenstrahlen; die sich golden färbende Luft und schließlich die Bewegung unseres Planeten unter dem

Sternenhimmel. Unsere Welt wird weiterhin vom lauten Ticken der Uhren bestimmt sein. Doch indem wir mehr auf die Zeichen achten, von denen hier die Rede sein soll, können wir – so hoffe ich – unser Bewusstsein für die Fülle der Zeit vertiefen.

Ich habe mein gesamtes Erwachsenenleben in der Stadt verbracht, sie ist mein natürlicher Lebensraum. Meine Arbeit für Kunstorganisationen in London vollzog sich im Wesentlichen in geschlossenen Räumen (für kurze Zeit sogar unter der Erde, als ich Kuratorin für *Art on the Underground* war). Doch meine Kindheit und Jugend verbrachte ich auf einem traditionellen Bauernhof in den englischen Midlands – unter Menschen, die sich der Veränderungen ihrer Umwelt im Laufe des Tages und der Jahreszeiten zutiefst bewusst waren.

Meine Kindheitstage waren geprägt vom Lied des Rotkehlchens noch vor Beginn der Morgendämmerung, von der Stimme meines Vaters, der seinen Hütehund rief und mit ihm zur Arbeit hinausging, von den Frühlingsblumen im Garten meiner Mutter. Der Wandel und Wechsel auf den Feldern, Wiesen und Blumenbeeten formte die Tage und die Jahreszeiten. Natürlich sind diese fließenden Rhythmen nicht mit dem festen Takt von Uhren und Kalendern zu vergleichen, die viele Aktivitäten in der modernen Landwirtschaft koordinieren. Doch man kann nicht alles vorausplanen. Nach wie vor bestimmt beispielsweise das Wetter den goldenen Moment, in dem die Gerste geerntet werden kann.

Als mein Vater über 80 Jahre alt war, fragte ich ihn einmal, ob er jemals den Abendhimmel beobachtete, um herauszufinden, wie am nächsten Tag das Wetter sein würde. Grinsend erwiderte er, dass er sich in dieser Hinsicht lieber auf die Vorhersage des Wetterdienstes verlasse. Tatsächlich hing ein hochkompliziertes Barometer neben seinem Sessel, und in den letzten Jahren hatte er den Reifegrad des Getreides mithilfe eines Präzisions-Feuchtigkeitsmessers bestimmt. Doch eine oder zwei Wochen, bevor er das Gerät einsetzte, konnten wir ihn beobachten, wie er zum Gersten- oder Weizenfeld ging, um selbst einen Test zu machen. Dazu rieb er eine Kornähre zwischen den Händen, schob den Spelz zur Seite und prüfte das Korn mit den Zähnen. Auch uns gab er ein paar Körner, damit wir ihm sagten, ob sie noch weich und milchig waren oder schon trocken und nussig. Mir scheint, Dad kombinierte Hightech-Werkzeuge mit alten Methoden, um den richtigen Zeitpunkt zu bestimmen. Denn diesen Zeitpunkt kann man zwar planen, aber nicht absolut vorhersagen.

Im Übrigen verfügten meine Eltern beide über einen reichen Schatz an Wetterregeln für jeden Teil des Jahres, auch wenn sie sich nicht hundertprozentig darauf verließen. Vor ein paar Jahren bat ich sie, einige dieser Regeln aufzuschreiben, wann immer sie ihnen in den Sinn kamen. So entstand eine lange Liste. Meine Lieblingsregeln lauten: »Wenn man mit nacktem Hintern auf dem Boden sitzen kann, ist es Zeit, das Sommergetreide zu säen.« Oder: »Regen im Juni bringt alles ins Lot.« Für den November: »Wenn das Eis die Ente trägt, wird der ganze Winter träge.« Ähnliche Sprüche gibt es überall im Land, allerdings sind einige Wetteranzeichen nur lokal gültig. Dad erinnerte sich an einen Hirten, der zu ihm gesagt hatte (da war er noch ein Kind): »Es wird regnen, Jungchen! Siehst du die Wolke da im Kirby Hole?«

Mum und Dad gehörten wohl zu einer Übergangsgeneration. Sie lasen die Wettervorhersage in der Zeitung, trugen Armbanduhren und lasen die Zeit von Wanduhren, Telefonen, Radio und Fernseher, Computern und Kirchenuhren ab. Doch sie konnten sich auch noch an eine Zeit erinnern, in der es eben nicht überall Uhren gab und man nicht ständig eine Armbanduhr trug. Ihr Gefühl für Uhrzeit und Jahreszeit beruhte auch auf dem zur Verfügung stehenden Licht, dem Zustand von Blättern und Knospen, der Farbe der Maiskolben, der Wärme und Feuchtigkeit des Bodens, dem Flug und Gesang der Vögel und dem Rhythmus von Rindern und Schafen.

Als junge Frau verließ ich das Land und zog in die Stadt. Viele der Beobachtungsfähigkeiten, die ich in meiner Kindheit in der

Familie gelernt hatte, wandte ich jetzt an, wenn ich Kunstwerke betrachtete. Doch irgendwann schenkte ich meiner alltäglichen Umgebung einfach nicht mehr so viel Aufmerksamkeit.

Nach mehr als zehn Jahren in London – eine Stadt, die ich wirklich liebe – wurde mir immer stärker bewusst, dass mir die Lebensrhythmen, mit denen ich aufgewachsen war, fehlten. Im Mai 2008, zwischen zwei Jobs, fuhren meine Lebensgefährtin Rosie und ich mit einem Wohnmobil in den Norden Englands. Wir nahmen nur sehr wenige Bücher mit, darunter die Naturbücher mit den schönen handgezeichneten Illustrationen, die ich als Kind von meiner Mutter geschenkt bekommen hatte. Die Bücher waren ziemlich zerlesen und sehr geliebt worden, aber als Erwachsene hatte ich sie nur noch selten aus dem Regal gezogen.

Rosie und ich schalteten immer wieder für mehrere Tage unsere Telefone aus (ja, das konnte man 2008 noch tun, ohne als wunderlich zu gelten). Und zum ersten Mal, seit wir erwachsen geworden waren, taten wir nichts anderes, als uns einen ganzen Sommer lang auf die fremde Welt um uns herum zu konzentrieren. Ohne helles Licht, das die Nacht vertrieb, passten wir uns sehr bald dem Rhythmus des Tageslichts an, wie Rosie sagte, und wurden schläfrig, sobald es draußen dunkel wurde. Ohne Mauern, die die Geräusche dämpften, fühlten wir uns wie der Maulwurf in Kenneth Grahams Buch *Der Wind in den Weiden*, der irgendwann aus der Isolation seines unterirdischen Zuhauses auftaucht.[1] Dem Maulwurf kommt der Vogelgesang fast wie Geschrei vor, und er springt vor lauter Lebensfreude in die Luft. Nun, wir sprangen nicht gerade in die Luft, aber die Freude am Leben in einer nicht nur vom Menschen bestimmten Welt spürten auch wir. Wir sahen die Sterne, wurden fast jeden Tag nass vom Regen, beobachteten voller Begeisterung die Papageientaucher, die sich ins Meer stürzten, bewunderten Licht und Schatten in den Hügeln und nahmen das Bestimmungsbuch mit ins Moor, um Blumen kennenzulernen.

Viel später, während der Zeit der COVID-19-Lockdowns, als sich die normalen Routinen in einem unheimlichen, Furcht einflößenden Schwebezustand aufgelöst hatten, bemerkten viele Menschen ganz fasziniert die überschäumend lebendige Welt anderer Arten. Sie wurden aufmerksam auf das, was direkt vor ihrer Nase passierte. Und was Rosie und mich anging, so erinnerten wir uns plötzlich an die Erfahrungen, die wir schon 2008 gemacht hatten.

Unsere Wohnmobilreise in den Norden war keine Rückkehr zum ländlichen Leben, dessen jahreszeitliche Rhythmen sich von den meisten städtischen Jobs deutlich unterscheiden. Wir machten einfach Ferien, während um uns herum Heu gemacht wurde. Und nach ein paar Wochen, als wir wieder Arbeit hatten, fuhren wir eben nach Hause: nach London. Doch das Gefühl, Teil einer viel größeren Welt zu sein, ging uns nicht verloren. Und es nahm Einfluss auf unser Leben.

Gewöhnliche Menschen brauchten früher ein bisschen praktische Astronomie, ein Empfinden für die räumliche Ausrichtung des eigenen Körpers, etwas Wissen über die Gewohnheiten der Vögel und ein gutes Auge für Licht und Dunkelheit, um mit Tag und Nacht zurechtzukommen. Um etwas von der Vielfalt dieses Wissens und dieser Fertigkeiten einzufangen, habe ich mich aus meinem eigenen Wissensgebiet hinausgewagt und mir bei vielen großzügigen Spezialisten Hilfe geholt. Was ich in diesem Buch aufgeschrieben habe, beruht auf Erkenntnissen aus so unterschiedlichen Wissensgebieten wie Archäologie, Architektur, Astronomie, Botanik, Literatur, Meteorologie, Mythologie, Ornithologie, Sozialgeschichte, Schafzucht, der Herstellung von Sonnenuhren, der Erforschung von Arbeitsliedern und der Zoologie.

Lange Zeit hat man gedacht, die Einführung der Uhr habe recht schnell eine allgemeine Verschiebung in der Wahrnehmung und Messung der Zeit zur Folge gehabt. In den letzten Jahren hat sich in der Geschichtswissenschaft jedoch ein vielfältigeres und nuancierteres Bild der Einstellungen und Praktiken auf diesem Gebiet entwickelt. Auch ich will die mechanische Zeitmessung nicht ausschließen, sondern ich folge denen, die die Uhr ein Stück weit aus dem Mittelpunkt herausgerückt haben. Ich konzentriere mich auf die Frage, wie die Menschen in Europa (und hier vor allem im Nordwesten) die Tageszeit mithilfe alltäglicher Methoden und einfacher Werkzeuge oder auch nur mithilfe ihrer eigenen Sinne bestimmt haben – und dies bis in relativ kurz zurückliegende Zeit. Diese alten Gewohnheiten werden viel zu leicht übersehen und vergessen, aber sie waren einmal so normal wie heutzutage der Blick auf ein Display oder ein Ziffernblatt.

Meine Suche nach Möglichkeiten, die Zeit mit einfachen, sensorischen Mitteln zu messen, konzentriert sich in weiten Teilen auf Großbritannien. Das liegt zum Teil daran, dass ich mein ganzes Leben hier verbracht habe – hier kenne ich mich gut aus und habe recht einfachen Zugang zu den Traditionen. Außerdem hat mich die Herausforderung gereizt, gerade in einer Kultur, in der die naturwissenschaftliche Zeitmessung schon so lange dominiert, nach Alternativen Ausschau zu halten. Schließlich sprechen wir von einer Nation, die ihre Zeitstandards auch den Menschen in ihren Kolonien aufzwang und der Welt die Greenwich Mean Time zur Verfügung stellte.[2] Eigentlich erwartete ich, dass es schwierig sein würde, hier noch Spuren anderer Methoden der Zeitmessung zu finden. Doch genau diese Erwartung wollte ich auf den Prüfstand stellen. Und ich bin froh, dass ich es getan habe.

Ein weiterer entscheidender Grund dafür, dass ich mich vor allem auf mein Heimatland beschränkt habe, liegt darin, dass mir irgendwann klar geworden war, wie sehr ich in meinem Leben, das sich im Wesentlichen in Innenräumen und vor Bildschirmen abspielte, das Bewusstsein für die Muster verloren hatte, die in früheren Generationen den Tagesrhythmus bestimmten: die Stimme eines Vogels, der wandernde Sonnenstrahl an der Wand, das Funkeln des Abendsterns. Ich wollte diese Zeichen in meiner eigenen Umgebung beobachten, und zwar so weit wie möglich im Rahmen eines ganz gewöhnlichen städtischen Arbeitslebens.

Auf den folgenden Seiten werden wir gemeinsam dem morgendlichen Vogelkonzert lauschen und den Flug der Fledermäuse in der Abenddämmerung beobachten. Wir werden überraschende Ereignisse entdecken, die die Pflanzen zwischen Pflastersteinen betreffen, und mit einem Wissenschaftler sprechen, der versucht hat, eine Uhr aus lebenden Blumen entstehen zu lassen. Wir werden den Rhythmus der Lieder hören, die die gälische Bevölkerung Schottlands sang, wenn sie Tweedstoffe walkte oder das Getreide mit einem Handmühlstein mahlte. Wir werden erfahren, wie die Schäfer im England des 20. Jahrhunderts Sonnenuhren auf dem Boden anlegten. Wir werden einen führenden isländischen Historiker begleiten, der im Schnee mittelalterliche Zeitmesser sucht. Und wir werden erfahren, wie eine englische Stadt in den Siebzigerjahren nach dem Sonnenaufgang zu Mittsommer ausgerichtet wurde. Wir werden uns den Phasen der Dämmerung nähern, angeleitet von einem Astronomen, der seit Jahrzehnten den Übergang vom Tageslicht zur Dunkelheit genauestens beobachtet. Und wir werden unseren Blick zu den Sternen richten, die auch in der Innenstadt von London über all den Straßenlaternen zu sehen sind.

Wir sind nicht die erste Generation, die spürt, dass unsere Abhängigkeit von der Uhr einen Riegel vor die Sinne schiebt und somit die Wahrnehmung anderer Zeitrhythmen auf dem Boden und am Himmel einschränkt. Ein Beispiel: William Hazlitt schrieb zu Beginn des 19. Jahrhunderts einen Essay über die Sonnenuhr, in dem es heißt, dass diejenigen Menschen, die ohne »künstliche Mittel« zur Zeitmessung auskommen müssten, im Allgemeinen besonders gut darauf eingestellt seien, die unmittelbaren Zeichen zu erkennen.[3] In Thomas Hardys Roman *Blaue Augen*, der im Original 1872/73 erschien, klingt Mrs Swancourt wie ein Echo von Hazlitt, wenn sie bemerkt, »wie getreu Menschen, die keine Uhren haben, die Tageszeit kennen«. In Hardys Werk ist dies ein so durchgehendes Thema, dass es sich anfühlt, als würde er geradezu darauf warten, ein lebendiges Porträt von Personen zu zeichnen, die die Zeit mit anderen Mitteln messen: anhand des Sonnenstandes über den Bäumen, der Gewohnheiten von Vögeln, des Gebrülls der Kühe zur Melkzeit, der »Schatten und Färbungen« in der Landschaft, des rosigen Schimmers vor der Abenddämmerung.[4] Im Schlusskapitel dieses Buchs werden wir aus seinem Roman *Am grünen Rand der Welt* (im Original 1874 erschienen) einiges über die Zeitmessung anhand des Nachthimmels lernen.

Jedes Kapitel in diesem Buch fokussiert sich auf bestimmte Tages- und Nachtzeiten, auf jeden Fall auf Zeitabschnitte, die kürzer sind als ein ganzer Tag. Auch die Dimension der Jahreszeiten spielt eine Rolle, denn die Zeichen unserer Umwelt verändern sich im Laufe des Jahres. Im Winter sind in meinem Teil Europas die Vögel stiller, die Blumen blasser, die Schatten spärlich. Es wird auch früher dunkel. Doch an klaren Abenden leuchten die hellsten Sterne selbst über der Innenstadt. Sobald es wärmer wird, blühen Blumen, schwillt der morgendliche Chor der Vögel, und die Fledermäuse wagen sich aus ihrem Winterquartier. An Sommertagen gibt es natürlich besonders scharfe Kontraste zwischen Licht und Schatten. Dieses Ansteigen und Abebben der Rhythmen überrascht uns nicht. Im Verlauf dieses Abenteuers habe ich jedoch gemerkt, wie leicht man den richtigen Augenblick verpasst – wie leicht es passiert, dass wir zu früh oder zu spät im Jahr auf den vielstimmigen Chor oder das Aufblühen der Zichorie warten.

Wir alle sind uns zunehmend des Drucks bewusst, den Klimaveränderung, Urbanisation und Industrialisierung auf die jahreszeitlichen Rhythmen ausüben. In Großbritannien ist das Frühjahr so viel wärmer geworden, dass manche Pflanzen im Schnitt etwa einen Monat früher blühen. Dabei besteht das Risiko, dass sie nicht mehr im Gleichgewicht mit ihren Bestäubern sind, was unter Umständen besorgniserregende Auswirkungen auf die Ökosysteme und Ernten hat.[5] Und trotzdem werden, während ich dies schreibe, die Anstrengungen gegen die Klima- und Umweltkrise eher schwächer als stärker. Zudem schwindet unsere Tierwelt in besorgniserregendem Tempo.

Sobald ich anfing, in meiner unmittelbaren Umgebung Zeichen der Zeit aufzuspüren, gingen mich solche und andere Nachrichten auf einmal direkt an und wurden greifbar. Ich freue mich darüber, dass es den sangesfreudigen Mönchsgrasmücken in unserem Park so gut geht. Doch ich erinnere mich auch an den ersten Frühling, in dem das Abendlied der Amseln vor unserem Haus ausblieb. Insgesamt bin ich den Landwirten und Astronomen nähergekommen, die deutlich spüren, wenn das Wetter über längere Phasen ungewöhnlich nass für die Jahreszeit ist: wenn die Pflanzen nicht wachsen und der Himmel verhangen ist.

Aber vor allem verstehe ich jetzt viel besser, wie wichtig es ist, das Wissen früherer Generationen zu bewahren und die lebendige Welt, die sie kannten und liebten, zu würdigen.

Während der Arbeit an diesem Buch verloren meine Schwester Lizzie und ich unsere Eltern. Unerwartet wurde das Projekt für mich zu einer Möglichkeit, mich an sie zu erinnern, sie in meiner Nähe zu halten: indem ich etwas von ihrer Wertschätzung für die Details ihrer Umwelt mit anderen Menschen teilte.

Als ich klein war, gingen wir oft am Abend mit Dad hinaus zu den Schafen und beobachteten dabei genau, was auf den Weiden passierte. Oder wir spazierten mit Mum durch den Garten, wo wir dem Gesang der Amsel lauschten und die Blumen bewunderten, die im sanften Abenddämmer leuchteten. Mum beugte sich hier und da zu einer Rose und ließ uns die Blütenblätter fühlen, den komplizierten Aufbau der Blüte bewundern und den Duft genießen. Oft lehnten wir uns neben ihr an das Weidetor und staunten über die rosafarbenen und roten Wolken, die sich im Westen auftürmten. Mum wusste, wann die Vögel ihre Nester bauten, wann die Schwalben zurückkehrten und die Gänse nach Süden flogen. Sie konnte auch den Ruf des Großen Brachvogels hervorragend nachahmen. Außerdem war sie eine wunderbare Geschichtenerzählerin, eine begabte Handwerkerin und liebte alles Schöne. In dem Sommer, nachdem sie gestorben war, erblühte ihr Garten mit üppigen Rosen in einer fast unerträglichen, herzzerreißend schönen Vielfalt.

An einem Sonntag im September, ein paar Monate nach dem Tod meiner Mutter und zu einem Zeitpunkt, als wir schon wussten, dass wir Dad bald gehen lassen mussten, ging ich bei Sonnenaufgang über den Hof. Das Dorf schlief noch, und die Singdrossel, die am Abend zuvor so lebhaft bei den Strohballen gesungen hatte, war weitergezogen. Ich ging zu dem alten Paddock und stand im taunassen Gras, wo ich als kleines Kind Käfer und Schmetterlinge gezeichnet hatte. Als wir jung waren und über die Wiesen rannten oder radelten, waren uns die Erhebungen und Furchen wie ein aufgewühltes Meer vorgekommen. An diesem Tag, während ein stiller Herbsttag heraufdämmerte, schienen sich die Wellen gelegt zu haben.

Kapitel 1

Frühe Vögel und Fledermäuse

Die Gewohnheiten unserer Mitgeschöpfe beobachten

Es ist noch dunkel, ich kann die Form der fremden Landschaft nicht sehen. Aber ich kann sie hören. Der Jubelschrei eines Hahns verweist auf den Bauernhof hinter mir. Die heiseren Stimmen der Krähen kommen aus dem Wald jenseits des Hauses. Das Flöten von Rotkehlchen und Amseln zeigt mir an, wo der Garten und die Hecken liegen: links und rechts von mir. Das hohle Pfeifen der Blässhühner – der Fluss. Und im schwachen Aufleuchten des ersten Lichts ist das Trillern der Lerche zu hören, die über der silbrigen, taubenetzten Kuhweide aufsteigt.

Schon bald wird der dunkelblaue Himmel hell genug, dass ich die Enten sehen kann, die lautlos über mich hinwegfliegen. Kiefer, Esche und Eiche, die noch vor wenigen Augenblicken nur flache Formen waren, sind mit Efeu bewachsen. Auf dem blassen Feldweg sind jetzt die tückischen Pfützen zu sehen. Milchige Dunstschleier erscheinen im Tal, als hätte jemand einen Zauber gewirkt.

Und während die heller werdende Welt immer mehr ihre vertraute Gestalt annimmt, verstärkt sich der Gesang aus den Hecken: Blaumeisen, Distelfinken, Buchfinken und Heckenbraunellen sind zu hören. Ein altenglisches Wort für den Tagesbeginn ist *dæg-wōma*, was wörtlich übersetzt so viel heißt wie »Tageslärm«.[1] An diesem Tag Anfang März auf der Court Lodge Farm in Sussex (wo wir Rosies Verwandte besuchen) gewinnt der *dæg-wōma* immer mehr Sänger, bis der Chor schließlich, etwa zwanzig Minuten vor Sonnenaufgang, seine wunderbare volle Stimmstärke erreicht hat.[2]

Ist es möglich, anhand der Reihenfolge, in der sich die Vögel diesem Morgenchor anschließen, die Uhrzeit zu bestimmen?

Mitte des 19. Jahrhunderts erschien in mehreren englischsprachigen Zeitschriften die kuriose Nachricht, dass nach Auskunft »ausländischer Blätter« ein deutscher Waldbauer eine »ornithologische Uhr« erfunden habe.[3] Im Sommer beginne der Buchfink, der »Frühaufsteher unter allen gefiederten Völkern«, noch vor Sonnenaufgang, nämlich von halb zwei bis zwei Uhr. In halbstündigen Intervallen folgten dann Mönchsgrasmücke, Wachtel, Heckenbraunelle, Amsel, Lerche, Kohlmeise und schließlich der Spatz (fünf bis halb sechs Uhr).

»Was für eine verrückte Uhr!«, witzelte einer der Redakteure. »Viertel nach Wachtel, halb Spatz und ungefähr elf Minuten vor Amsel.«[4] In der Tat, was für eine absurde Idee, dass wild lebende Vögel die Zeit anzeigen wie ihre mechanischen Abbilder auf einer bemalten Wanduhr. Denn natürlich sind lebende Vögel nicht so streng an Uhrzeiten gebunden. Ihr morgendlicher Gesang ist abhängig von der Jahreszeit, dem Ort, der Artenvielfalt und dem Einfluss von Veränderungen der Umwelt und Habitatverlusten. Wenn die Sonne früher aufgeht, beginnt auch der Vogelgesang früher. Außerdem sind Temperatur, Wetter und Mondschein Einflussfaktoren.[5] Und selbstverständlich halten die Vögel keine festen halbstündigen Abstände ein. Der Gesang, den ich auf der Farm hörte, folgt keinem identischen Muster von Tag zu Tag oder von Monat zu Monat. Selbst wenn es mir gelungen wäre, genau festzuhalten, wann welcher Gesang einsetzte, wäre es nie dasselbe.

Die Grundidee jedoch bewahrheitet sich in der Praxis: Verschiedene Arten schließen sich dem Morgenkonzert in einer ungefähr vorhersagbaren Abfolge an. Vögel mit gutem Dämmerungssehen beginnen früher, darunter die Amsel mit ihren großen Augen. Offenbar spielt auch die Höhe über dem Boden eine Rolle, weshalb die Lerche ebenfalls zu den frühen Sängerinnen gehört.[6]

Rosie und ich besuchen die Court Lodge Farm auf freundliche Einladung ihrer Verwandten Marian und David, die mit ihrer Tochter Clare hier leben. Später am Tag, während eines schönen Sonntagessens, werden sie uns ihrem Freund Danny vorstellen, der früher Kastanien angebaut hat. Als ich Danny frage, wie sich das Morgenkonzert der Vögel dort anhört, wo er wohnt, antwortet er ohne Zögern: »Normalerweise geht es mit der Amsel los, manchmal auch mit dem Rotkehlchen, und zwar kurz bevor es hell wird. Die Amsel trillert vergnügt vor sich hin. Und je heller es wird, desto mehr andere Vögel kommen dazu.« Am schönsten singt seine geliebte Lerche.

Alle hier am Tisch sind sich der Rhythmen in der Natur zutiefst bewusst. (David hat uns voller Begeisterung die verschiedenen Mottenarten gezeigt, die im Moment auf der Farm zu finden sind.) Für Menschen, die viel Zeit unter freiem Himmel verbringen, ist es keine besondere Überraschung, dass sich der Gesang der Vögel am Morgen schichtweise aufbaut, wenn die verschiedenen Arten einstimmen. Ich habe das auch irgendwie gewusst, weil die Vögel, die ich heute früh hörte, auch auf der Farm meiner Familie anzutreffen waren. Doch erst in den letzten paar Jahren, seit unserer Wohnmobilreise in den Norden Englands, habe ich angefangen, zu begreifen, wie schön es ist, früh aufzuwachen, um dieses morgendliche Konzert richtig wahrzunehmen. Und nichts belebt die Sinne und schärft das Ohr mehr als das Gefühl der Desorientierung, wenn man im Dunkeln an einem fremden Ort steht.

Ich frage mich, warum die angebliche »ornithologische Uhr« des deutschen Waldbauern Mitte des 19. Jahrhunderts so einen Nachrichtenwert hatte. Vielleicht entsprach sie der Vorliebe für Kuckucksuhren und Ideen von einer mechanistischen, geordneten Natur. Möglicherweise wirkte sie aber auch deshalb so attraktiv und kurios, weil sie zwei getrennte Einheiten miteinander verband: die abstrakte, messbare Uhrzeit und die lebendigen Sinneswahrnehmungen von Zeit, die von den Rhythmen der Natur beeinflusst werden. Für mich – und vielleicht auch für Leserinnen und Leser, die im 19. Jahrhundert in Industriestädten lebten – steht hinter der Idee, die Zeit mithilfe des Vogelgesangs zu messen, das Versprechen, uns in eine Welt wunderbarer Klänge und pulsierenden Lebens mitzunehmen, die in der Stadt unendlich weit entfernt scheint.

Im heller werdenden Morgengrauen auf der Court Lodge Farm begebe ich mich von den mit Gesang erfüllten Weiden zurück zu den schönen alten Scheunengebäuden mit ihren schwarzen Dächern. In einer Ecke des Hofs ist das prahlerische Krähen des Hahns zu hören. Er war schon aktiv, bevor ich am Ende der Nacht hinausging, und scheint nicht müde zu werden.

Nach dem hellen Ruf des Hahns in der Dunkelheit sind verschiedene Tageszeiten benannt. Im Altenglischen, um wieder ein lokales Beispiel zu nennen, hieß ein Teil der Nacht (nach Mitternacht, vor Beginn der Dämmerung) *han-crēd* (Hahnenschrei). Und es gibt eine sehr alte und weitverbreitete Tradition, nach der der Hahnenschrei verschiedene aufeinanderfolgende Nachtzeiten markiert.[7] In Irland beispielsweise beschreibt ein Tagebuch aus dem frühen 19. Jahrhundert, wie die Menschen auf dem Land Tag und Nacht einteilten: Auf Mitternacht folgten der erste und zweite Hahnenschrei – und dann geht die Nacht dem Ende entgegen.[8]

Auch darüber hinaus hatte das Krähen des Hahns eine große Bedeutung. Eine eher herablassende Betrachtung der *Antiquities of the Common People*, die in England 1725 veröffentlicht wurde, erklärt, die Arbeiter würden nur ungern mit der Arbeit beginnen, bevor der Hahnenschrei die »Mitternachtsgeister« vertrieben habe. »Daher kommt es, dass sie auf dem Land, wo die Arbeit eher früh beginnt, stets fröhlich zu dieser Zeit [des Hahnenschreis] losziehen, während sie, wenn man sie früher herausholt, dazu neigen, alles, was sie sehen oder hören, als wanderndes Gespenst zu betrachten.«[9] Man glaubte offenbar, das Krähen des Hahns würde böse Geister aus der Atmosphäre vertreiben. Doch der Hahn konnte auch zur Unzeit krähen, und wenn man ihn zur falschen Zeit hörte, galt das als böses Vorzeichen.[10]

Der Vogel, den ich in der Morgendämmerung hörte, die Lerche, ist schon in Chaucers *Erzählung des Ritters* eine »Botschafterin des Tages«. In Shakespeares *Romeo und Julia* gilt sie als »Künderin des Morgens«. Und in den »Morning Quatrains« von Charles Cotton (1630–1687) heißt es, nachdem der Hahn gekräht hat, um die »strahlende Botschafterin des Tages« anzukündigen, und »das Licht über die Hügel im Osten gekrochen ist«:

> Die fröhliche Lerche regt ihre Flügel
> und singt dem Tag das ersehnte Willkommen,
> erhebt sich so hoch, dass man sie nicht mehr sieht,
> als ginge sie dem Licht entgegen.[11]

Und nachdem sich in Cottons Gedicht die Lerche in die Höhe geschwungen hat, um den Tag zu begrüßen, machen sich auch die Menschen an die Arbeit. Die »alte Frau setzt sich ans Spinnrad«. Die Milchmagd nimmt ihren Eimer und begibt sich in den Stall, um die Kühe zu melken. Arbeiter und Handwerker beginnen ihr Tagwerk. Der Pflüger »spannt seine Ochsen ins Joch«, der Fischer geht zum Bach, der Holzfäller in den Wald, und die Schäferin »treibt ihre Herde, die die Nacht geschützt vor dem Fuchs verbrachte, auf die blühenden Weiden«.

Cotton zeichnet ein anmutiges, idealisierendes Bild der englischen Landbevölkerung, die säuberlich unterteilt ist durch die jeweilige Arbeit, die sie verrichtet (und schwer beladen mit klassischen Bildern und Symbolen). Sein Gedicht ist natürlich geprägt von den Vorurteilen der Zeit. Doch abgesehen davon beschreibt Cotton recht plausibel ein Leben, in dem die Routinen der Menschen eng mit denen anderer Geschöpfe und dem Lauf der Sonne verknüpft sind. Die Farm des 21. Jahrhunderts, auf der ich mich gerade befinde, unterscheidet sich in vielerlei Hinsicht von Cottons Zeit. Doch es gibt nach wie vor die spürbaren Verbindungen zwischen den Rhythmen der Vögel, dem Wechsel von Tag und Nacht und den Routinen der Menschen und Kühe.

Als ich heute früh hinausging, bewegte sich am anderen Ende des Hofs der Lichtstrahl einer Taschenlampe. Das war Archie, der Stallbursche, der sich bereits zum Melken fertig machte. Der Hahn hatte schon eine ganze Weile zuvor gekräht, aber Archie war an diesem Tag buchstäblich mit der Lerche aufgestanden.

Jetzt warten die Kühe vor dem Melkstand, wo Archie die Melkmaschine in Betrieb setzt. Er öffnet das Gatter und fügt dem Gesang der Vögel und dem Muhen der Kühe sein eigenes Rufen und Pfeifen hinzu: »Auf geht's, Mädels, Whee-ip!«

Während der nächsten anderthalb Stunden wird Archie die Kühe grüppchenweise in den Melkstand einlassen. Das Melken muss abgeschlossen sein, wenn die Molkereiarbeiterinnen kommen, um Joghurt und Labneh (Frischkäse) daraus zu machen. Am Nachmittag wird entweder Archie oder Simon, der leitende Hirte, die Kühe zum zweiten Melken bringen.

Der Hof, auf dem ich aufgewachsen bin, betrieb keine Milchwirtschaft. Als ich Simon bei der Scheune treffe, halte ich ihn kurz an, um ihm ein paar Fragen zu stellen. Der Tagesplan, so erklärt er mir, sieht vor, »eine schöne Regelmäßigkeit beim Melken zu erreichen. Deshalb wird um fünf Uhr gemolken, am Nachmittag und am Morgen.« Simon macht das schon seit 48 Jahren. »Es ist ein wunderbares Leben«, sagt er. Aber auch ein sehr anstrengendes, das weiß ich wohl. Doch er ist »voll dabei« und geht sehr fürsorglich mit den Tieren um, für die er verantwortlich ist, genau wie David, Archie und praktisch jeder Landwirt, den ich jemals kennengelernt habe. »Um nichts in der Welt würde ich damit aufhören wollen«, sagt Simon noch. »Natürlich ist es im Winter ein bisschen rau, ich bin ja nicht mehr der Jüngste. Aber der Sommer! Wenn ich da um Viertel vor fünf aus dem Haus gehe, um die Kühe reinzuholen – das ist einfach nur schön. So friedlich, weißt du. Die Tierwelt hier ist einfach riesig.« David und Marian haben die Farm 1989 komplett auf biologische Bewirtschaftung umgestellt und verpachten Land an das Naturschutzgebiet Pevensey Levels Reserve des Sussex Wildlife Trust. Neben den ganzen Vögeln, die ich heute früh gehört habe, gibt es auch noch Rohrweihen und Bartmeisen.

Jetzt haben wir Anfang März. Wenn der Sommer naht, wird die Sonne früher aufgehen und auch das Morgenkonzert früher beginnen. Die Melkzeiten auf der Farm verändern sich deshalb aber nicht.

Das Melken am Morgen und Abend ist ein sehr altes Muster (wobei ich vermute, dass vor der Einführung von Uhren die Übergänge je nach Tageslänge fließender waren).[12] Und vermutlich hat man je nach Ort und Zeit auch zu unterschiedlichen Zeiten gemolken. Ein Text über die Bienenhaltung, der im 7. Jahrhundert in Irland geschrieben wurde, *Bechbretha*, erklärt, dass das Fluggebiet einer Biene etwa der Entfernung entspricht, »die eine Kuh beim Grasen zurücklegt, bevor es Zeit zum Melken ist«.[13] Das Wort, das hier für die Melkzeit verwendet wird, »etrud«, bezeichnet wohl die Mittagszeit.[14] Mit anderen Worten: Eine Biene fliegt so weit, wie eine Kuh im Laufe des Morgens geht. Dass hier die Flugdistanz einer Biene anhand der Wege einer Kuh gemessen wird, zeigt noch einmal, wie vertraut die Menschen mit ihren alltäglichen Routinen waren.

Wer heute an einem Hof mit traditioneller Milchwirtschaft vorbeigeht, kann anhand des Anblicks und der Geräusche, wenn der Bauer die Kühe ruft und die Tiere sich zum Melken versammeln, durchaus noch die Uhrzeit abschätzen. Und in früheren Zeiten deuteten auch andere Bilder und Töne aus dem Arbeitsleben der Farm auf vertraute Rhythmen hin. Das ist heute nicht mehr im selben Maße der Fall.

Wenn die Schatten lang werden, so Charles Cotton in seinen »Evening Quatrains«, werden die Schafe in den Pferch gebracht. Die Bienen kehren in ihren Stock zurück, und der Hahn wird in den Hühnerstall gesperrt, »denn er muss ja alle anderen wecken«.[15]

Dieses letzte Ereignis im Tageslauf eines Hahns – seine Rückkehr in den Stall – erinnert an einen weiteren alten Namen für eine Tageszeit: *cockshut.*[16] In *A Worlde of Wordes* (1598) übersetzt John Florio den italienischen Ausdruck »cane e lupo« folgendermaßen: »Die Zeit des cock-shut, der Dämmerung, wenn man einen Hund nicht von einem Wolf unterscheiden kann.«[17] Denselben Ausdruck gibt es übrigens auch im Französischen: »entre chien et loup«, zwischen Hund und Wolf. Vielleicht bedeutete es auch, zwischen zwei Bedrohungen gefangen zu sein. Ich bin aber eher der Meinung, dass diese Ausdrücke tatsächlich die wechselhafte, tückische Zeit der Dämmerung bezeichnen, in der man nur mühsam zwischen Beschützer und Räuber, Freund und Feind, gütigem Tag und gefährlicher Finsternis unterscheiden kann.[18] Kein Wunder, dass kluge Hühner sich ohne besondere Aufforderung am frühen Abend in ihren Stall zurückziehen.

Im Flachland von Leicestershire, wo ich aufgewachsen bin, grasen die Schafe auf eingezäunten Weiden und werden nicht über Nacht in einen Pferch gebracht. Doch mein Dad ging zur Hütezeit – normalerweise nach dem Abendessen, aber auf jeden Fall vor Einbruch der Dunkelheit – über die Weiden, rief die Schafe zu sich und überprüfte, ob es der Herde gut ging. Vor allem während der Zeit des Lammens war er wachsam. Trächtige Auen werden manchmal von ihrem eigenen Gewicht umgeworfen und kommen nicht mehr auf die Beine. Und auch die dickste Hecke hält den Fuchs nicht davon ab, sich in die Herde zu schleichen und junge Lämmer zu reißen.

An wilderen Orten, wo man tatsächlich »zwischen Hund und Wolf« geraten kann, sind Wanderschäfer zweifellos besonders wachsam, wenn die Abenddämmerung herbeischleicht. Nina Gockerells ausführlicher Essay »Telling Time Without a Clock«

(1980) berichtet davon, dass die Hutsul-Schäfer in den Karpaten an Tagen mit bedecktem Himmel die Pupillen ihrer Schafe beobachteten, um die Zeit zu messen. Sie wussten, »dass die Pupillen von Schafen während des Tages oval sind, aber um die Zeit, wenn sie nach Hause in den Pferch getrieben werden, eine runde Form haben«. Nach Auskunft von Gockerells Gewährsleuten beobachteten polnische Bauern in ähnlicher Weise die Augen ihrer Katzen.[19] Ob diese Praxis weit verbreitet war? »Die Augen der Ziegen waren meine Uhr«, schreibt Ulrich Bräker, Tagebuchschreiber aus dem 18. Jahrhundert, über seine Jugend als Hirte in einem Schweizer Hochtal.[20]

Vielleicht war ich auch eine Art Junghirtin, wenn man die gelegentlichen Bemühungen eines Mädchens im Trainingsanzug, das einem verirrten Schaf hinterherrannte, dazuzählen mag. Meine Schwester Lizzie, die mit Dad Seite an Seite arbeitete, hat die meiste Zeit ihres Lebens Schafe gehütet. Mir fehlen dafür das Temperament und die Fertigkeiten.

Doch nachdem ich Cockerells Essay gelesen hatte, entschloss ich mich, die Sache mit den Pupillen der Schafe selbst zu überprüfen. An einem sommerlichen Spätnachmittag ging ich über die Farm und suchte nach jemandem, der mir helfen konnte, die Schafe hereinzubringen und ein paar Fotos zu machen. Eine Goldammer saß auf der Telefonleitung und sang ihr typisches Lied. Irgendwo in der Ferne fuhr ein Traktor. Doch auf dem Hof waren weder Menschen noch Hütehunde zu finden. Also marschierte ich allein auf die Weide und scheuchte – unerwartet erfolgreich – ein Dutzend brave Schafe in einen Pferch. Dann schaute ich ihnen fest in die Augen.

Ich hatte keine Ahnung, wo sich die Sonne hinter den Wolken verbarg, aber es war noch ziemlich hell, fand ich. Tatsächlich bildeten die Pupillen der Schafe schmale Ovale. Sie können das auf meinem ersten Foto weiter unten sehen.

Nicht einmal eine Stunde später ging ich wieder zu den Schafen, um Fotos zu machen. Ich ging davon aus, dass wir uns in einem Zwischenstadium befanden, was die Tageshelligkeit anging. Doch die Pupillen der Schafe waren bereits rund, wie man auf dem zweiten Foto gut sehen kann.

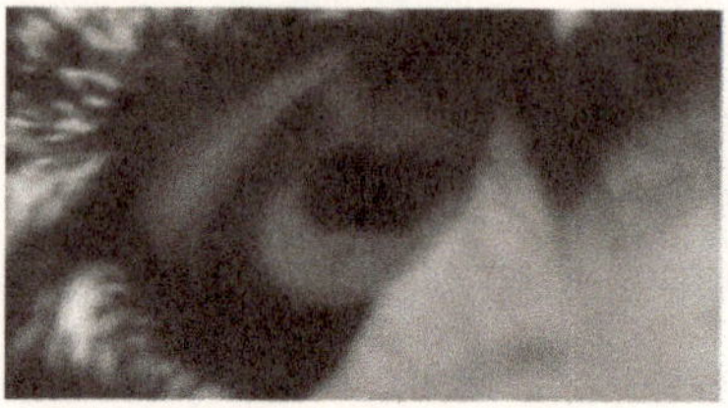

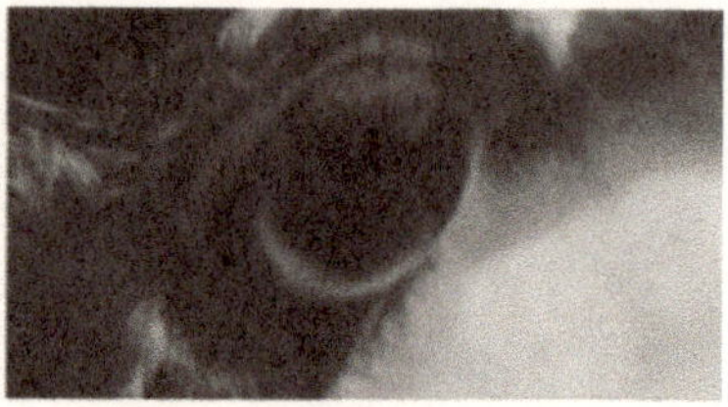

Diese Veränderung war ziemlich verblüffend, denn mir war gar nicht bewusst, wie viel dunkler es geworden war. Vermutlich lag das daran, dass sich auch mein eigenes Sehen an das schwindende Licht anpasste. Nach dieser subjektiven und wenig fundierten Feldstudie würde ich jedenfalls sagen, dass ein Blick ins Auge eines Schafs nützlich sein kann, wenn man dringend irgendwelche Zeichen braucht, um den Einbruch der Dunkelheit abzuschätzen.

In Thomas Hardys Roman *Blaue Augen* stimmt Mr Swancourt seiner Frau zu, wenn sie von den Menschen spricht, die so präzise die Zeit bestimmen können, obwohl sie keine Uhr haben. Er ergänzt, er habe Landarbeiter gekannt, die »ganze Beobachtungssysteme zu diesem Zweck entwickelt hatten«.

> Mithilfe von Schatten, Wind, Wolken, der Bewegung von Schafen und Ochsen, dem Singen der Vögel, dem Krähen der Hähne und hundert anderen Anblicken und Geräuschen, von deren Existenz Menschen mit einer Uhr in der Tasche nichts ahnen, sind sie in der Lage, die Zeit bis auf zehn Minuten genau anzusagen.

Das klingt nach einer romantischen Übertreibung, doch man muss zugeben, dass Menschen, die die Tageszeit durch einen Blick in die Augen eines Tieres abschätzen konnten, mit Sicherheit eine

ausgeprägte Wahrnehmung für die flüchtigen Veränderungen in der Welt um sie herum besaßen.
Meine Feldstudie mit den Augen der Schafe bildete den Hintergrund zu meinem Projekt *Stereochron Island*, das ich 2014 als Artist in Residence für die Chisenhale Gallery im Londoner Victoria Park durchführte. Im Kern handelte es sich dabei um eine Reihe kreativer Feldstudien. Ich ging von der Imagination aus, der Park sei ein kleiner Inselstaat namens Stereochron, der den Versuch unternähme, ein Territorium ohne Uhren zu werden.

Um unsere Mission zu unterstützen, luden wir Experten ein, die uns Inselbewohner (interessierte Bürgerinnen und Bürger) darin anleiteten, Zeichen der Zeit im Victoria Park zu beobachten, beispielsweise Schatten, Blumen, Vögel und andere Tiere. Irgendwo hatte ich gehört, dass in diesem Park im 20. Jahrhundert Schafe gegrast hatten, und in unserem spielerischen Gedankenexperiment stellten wir uns vor, sie zurückzuholen.

Wir begannen mit einer *gökotta*, ein schwedisches Wort für einen Ausflug am frühen Morgen mit dem Ziel, den Gesang der Vögel zu genießen. An einem Aprilmorgen 2014 um halb fünf versammelte sich eine Gruppe von Menschen aus verschiedenen Teilen Londons vor den geschlossenen Parktoren. Der Vogelbeobachter Peter Beckenham sollte uns führen.

Als er die Tore öffnete, stürzten wir aus dem trüben orangefarbenen Licht der Straße in die tiefe Dunkelheit. Doch gerade weil wir jetzt kaum noch etwas sahen, schien der Gesang der Amseln, Rotkehlchen und Zaunkönige uns geradezu einzuhüllen. Es war überwältigend. Wir drangen tiefer in den Park vor, und der Chor schwoll mächtig an. Jetzt waren auch das Piepsen der Blaumeisen, das tiefe Gurren der Tauben, die Trillerkaskaden der Buchfinken, das süße Flöten der Mönchsgrasmücken und das raue Krächzen der Krähen zu hören.

Über der östlichen Skyline von London wuchs ein Fleck aus kaltgrauem Licht, das allmählich gelb wurde und schließlich die Baumwipfel in einen bernsteinfarbenen Schimmer tauchte. Eine rosafarbene Kuppel wölbte sich über dem Park. Große rosafarbene Vögel kreisten über uns, und nachdem sich meine Augen an den Anblick gewöhnt hatten, erkannte ich, dass es Möwen waren, deren Gefieder von der aufgehenden Sonne gefärbt wurde.

Bei dieser *gökotta* im Victoria Park achtete ich zum ersten Mal wirklich intensiv auf die Vogelstimmen am Morgen, die in London zu hören waren. Lerchen gab es hier nicht, aber dafür Buchfinken, Mönchsgrasmücken und Goldhähnchen! Im Grunde genommen war es schockierend, wie viele Vogelarten mitten in der Stadt existierten.

Im Frühling hören wir am frühen Morgen das Lied von »Liebe und Krieg«, wie die Vogelbeobachter sagen. Die Männchen lassen die Muskeln spielen und ballen die Fäuste, buhlen um Gefährtinnen und verteidigen ihr Revier – alles indem sie singen. Sie singen auch tagsüber weiter, wenn auch weniger dauerhaft. Wenn es am frühen Nachmittag warm wird, lassen sie deutlich nach. Doch gegen Sonnenuntergang erhebt sich der Chor wieder, etwas ruhiger jetzt, aber das Abendkonzert beginnt.

Viele tagaktive Vögel singen besonders laut und energisch, wenn der Tag beginnt. Warum sie das tun, ist längst nicht abschließend erforscht, es gibt verschiedene mögliche Erklärungen. Solange es dunkel oder dämmrig ist, sind die Sänger zumindest ein Stück weit vor Räubern geschützt. Es ist noch nicht hell genug, als dass sie selbst auf Futtersuche nach Körnern oder Insekten gehen müssten. Außerdem sind die Weibchen zu dieser Tageszeit am fruchtbarsten und legen normalerweise ihre Eier, sie sind also empfängnisbereit.[21] Andere Theorien gehen davon aus, dass die akustischen Eigenschaften der Atmosphäre im Dämmerlicht den Schall weiter tragen. Denkbar ist auch, dass das Morgenlied als eine Art Appell fungiert: Wer ist noch da und hält sein Revier nach der gefährlichen Nacht?

Mitte April, wenn Millionen von Vögeln aus dem Winterlager im warmen Süden auf die Britischen Inseln zurückkehren, klingt der Chor besonders stimmgewaltig. Leichte Veränderungen in der Dauer des Tageslichts lösen bei den Zugvögeln eine Rastlosigkeit aus, die auch als »Zugunruhe« bezeichnet wird: Sie empfinden einen unwiderstehlichen Drang, dorthin zu fliegen, wo sie nisten und ihre Jungen aufziehen werden. Jede neue Welle von Neuankömmlingen intensiviert den Gesang. Ist der Frühling vorbei, halten dämmerungsaktive Arten wie Rotkehlchen und Drosseln den Morgengesang aufrecht. Doch sobald die Brutzeit beginnt, klingt der Gesang gedämpft, und ab Juni ist kaum noch etwas zu hören. Erst im Herbst wird es wieder etwas lauter.[22]

Dieser Herbstgesang hat damit zu tun, dass die Zugvögel sich auf den Weg in Richtung Süden machen. Die meisten Singvögel fliegen nachts (auch dies ein Verhalten, das noch nicht vollständig erforscht ist). Im Dunkeln sind sie vor tagaktiven Räubern geschützt, die Luft ist nachts ruhiger und auch kühler, was sie vor Überhitzung schützt. Und auf dem nächtlichen Weg über Land und Meer navigieren viele Vogelarten nach den Sternen.[23] Was für zauberhafte Dinge in dieser Welt passieren, ohne dass wir etwas davon bemerken! Doch nach dem Ende des Stereochron-Projekts ließ meine Wertschätzung für die Vögel allmählich wieder nach. Rosie und ich zogen in einen lauteren Teil von London, unser Leben wurde hektischer.

Und dann kam die »große Pause« Anfang 2020, als der COVID-19-Lockdown die Maschinen stillstehen ließ und einen unerwartet erfreulichen Nebeneffekt mit sich brachte: Plötzlich konnte man die Vögel wieder ganz intensiv hören. Die Schönheit und Klarheit dieses Konzerts rüttelten mich wach: Ich durfte die Vögel nicht wieder vernachlässigen! Und eine der großen Freuden dieser neuen Selbstverpflichtung war und ist, dass ich auch ihre Präsenz in den dunkleren Monaten viel stärker wahrnehme.

Es zeigt sich nämlich, dass in der Stadt, in der ich lebe, die winterlich kahlen Bäume im Park alles andere als leer sind. Überall bewegen sich in aller Stille Gruppen von Vögeln verschiedener Arten. Auf der Straße nehme ich den Unterschied zwischen einem fallenden Blatt und dem Vorbeischießen eines winzigen

Zaunkönigs deutlicher wahr. Und natürlich sind nicht alle Vögel in den dunkleren Monaten still. Bei Tagesanbruch und in der Abenddämmerung habe ich eine Amsel gehört, die ihr wunderbar kompliziertes Lied von den kahlen Ästen eines Kirschbaums herunterschmetterte.

Auf dem Land versammeln sich im Winter zu Sonnenuntergang die verstreuten Gruppen von Staren und fliegen als großer Schwarm, mit synchronen Bewegungen und unter dem Murmeln Tausender flatternder Flügel. Reiher sitzen wie geisterhafte Laternen in den Bäumen. Und die Eulen gleiten lautlos wie einsame weiße Phantome über die dämmrigen Felder, mit weit ausgespannten Schwingen und Schreien, die mir die Haare zu Berge stehen lassen.

In unserer Alltagssprache hallt noch wider, wie stark sich die Menschen früher auf die Vögel bezogen. Bis heute sprechen wir von »Lerchen« und »Eulen«, wenn es um Tag- und Nachtmenschen geht. Und wir wissen auch, was es bedeutet, »mit den Hühnern schlafen zu gehen«. Ob frühere Generationen nun ganz praktisch darauf angewiesen waren, die Zeit nach dem Krähen des Hahns oder dem Leiserwerden der gefiederten Sänger zu bestimmen, oder nicht: Die Rhythmen der Vögel verliehen sowohl Tagen als auch Jahreszeiten Gestalt. Heutzutage haben wir jedenfalls die große Chance, neue Reichtümer zu entdecken, wenn wir uns darauf einlassen, Vogelstimmen aufzuspüren, vor allem zu Beginn und am Ende des Tages. Je mehr ich im Spätwinter oder im Frühling davon höre, desto stärker spüre ich, wie sich Tag und Jahr vom Licht zur Dunkelheit und wieder zurück bewegen.

Nachdem die Sonne in Cottons düsteren »Night Quatrains« schlafen gegangen ist, berichtet er vom Flug der Eule, vom Knacken des Gebälks, dem Gesang der Nachtigall und dem Dröhnen der Rohrdommel. Heute können wir die Nachtigall nur noch an wenigen Orten auf dem Land hören. Doch ich habe mit Freude zur Kenntnis genommen, dass es im London Wetland Centre eine kleine Population von Rohrdommeln und Rallen gibt. In den großen Parks der Innenstadt gibt es auch noch Eulen, und wie wir gleich erfahren werden, ist selbst an ganz unerwarteten Orten die Nachtluft voller Leben.

Es ist ein warmer Abend Anfang Juni, und ich befinde mich auf dem Feltham Marshalling Yard, einem verlassenen Bahngelände im Westen von London, kaum zwei Kilometer vom Flughafen Heathrow entfernt.[24] Ein berauschend schönes Abendlied erklingt aus dem Brombeergebüsch und einer Weide, wo sich Mönchsgrasmücke und Zaunkönig niedergelassen haben, trotz des unglaublich lauten Fluglärms, der den Körper erzittern lässt: Die Windrichtung an diesem Abend sorgt dafür, dass die Flugzeuge im Steigflug direkt über uns hinwegziehen.

Ich habe mich mit einer Gruppe zu einem gemeinsamen Spaziergang versammelt, um Fledermäuse zu beobachten. Im Schnitt sind wir wohl eher neugierig als informiert, aber in jedem Fall von der Aussicht, dieses ikonische Nachttier auf einem städtischen Brachland so nah an einem internationalen Flughafen zu erleben, vollkommen fasziniert.

Geführt werden wir von dem Naturschützer Elliot Newton vom Citizen Zoo. Er verteilt heterodyne Fledermausdetektoren, kleine graue Plastikkästen mit Knöpfen und Skalen, die Requisiten aus Sci-Fi-Filmen der Achtzigerjahre ähneln. Wir fummeln an der Einstellung herum und bringen einen seltsamen Chor von mechanischem Brummen und Pfeifen hervor, als wollten wir Signale in den Weltraum hinaussenden. Irgendjemand scherzt: »Diese Detektoren bereiten den Flugzeugen aber keine Probleme, oder?«

Die tief stehende Sonne wirft ihr rosa-goldenes Licht über das Gestrüpp um uns herum, die Abenddämmerung ist nahe. Elliot ermutigt uns, Taschenlampen nur dann zu benutzen, wenn wir sie wirklich brauchen, und unsere Augen sich an die zunehmende Dunkelheit gewöhnen zu lassen. Die Fledermäuse kämen heraus, wenn Licht-, Temperatur- und Wetterbedingungen stimmten. Elliot versichert uns, dass unsere Gegenwart ihnen egal ist. An diesem warmen, trockenen Abend könnten wir damit rechnen, dass etwa eine Viertelstunde nach Sonnenuntergang die ersten Fledermäuse erscheinen. Sie würden dann bis zum Morgengrauen jagen und ab und zu in ihren Unterschlupf zurückkehren, um sich auszuruhen.

Wir suchen uns einen Pfad durch das Brombeergestrüpp zum Wald. Elliot lässt uns auf einer Lichtung zwischen ein paar Eichen anhalten. Ein ausgebranntes Moped steht dort herum. In den Bäumen leuchten orange- und rosafarbene Lichter auf – erst allmählich wird mir klar, dass es sich um Fragmente vom Abendhimmel handelt, die zwischen den Blättern zu sehen sind. Eine Wolke von Mücken tanzt in der warmen Luft unter dem Blätterdach. Mücken, Motten, Fliegen und andere wirbellose Tiere sind die Hauptnahrung der Fledermäuse. Und obwohl seit einigen Jahren ein alarmierender Rückgang bei den wirbellosen Arten zu verzeichnen ist, berichtet uns Elliot, dass es derzeit elf der 17 in Großbritannien heimischen Fledermausarten durchaus gut gehe.[25] Seiner Einschätzung nach ist diese Lichtung ein guter Fleck für hungrige Fledermäuse. Sehr wahrscheinlich würden wir Zwergfledermäuse zu sehen bekommen, deren akrobatische Flugkünste sich auf die Insekten in mittlerer Höhe unter den Bäumen konzentrieren, außerdem den wesentlich größeren Großen Abendsegler, der über den Bäumen fliegt, um hoch fliegende Wirbellose zu jagen, beispielsweise geflügelte Ameisen, Motten und Käfer. Mit etwas Glück könnten wir am Fluss auch noch eine Wasserfledermaus antreffen, die mit ihren netzartigen Füßen Insekten wie Köcher- und Eintagsfliegen von der Wasseroberfläche aufsammelt.

»Es geht los!«, sagt Elliot und schwenkt seinen Detektor, der die schnellen Klick- und Knacklaute einer Zwergfledermaus auffängt. Wir sehen sie blitzschnell über die Lichtung fliegen.

Entgegen der landläufigen Meinung können Fledermäuse sehr gut sehen. Ihre Netzhaut ist dicht mit Stäbchenzellen besetzt, die für das Sehen in der Dämmerung und Dunkelheit zuständig sind.[26] Doch das wichtigste Sinnesorgan der Fledermaus sind ihre großen, äußerst empfindlichen Ohren, mit denen sie die Schallwellen aus der Umgebung wahrnimmt. Während die Fledermaus durch die Luft flitzt, erzeugt sie mit ihrer Stimme ein dreidimensionales Abbild ihrer Umgebung. Die Technik wird auch Echolokation genannt. Bei jedem abwärts gerichteten Flügelschlag, so erklärt uns Elliot, wird der Schrei aus der Kehle der Fledermaus durch den Luftdruck verstärkt. Die Fledermaus interpretiert das Echo, das von Objekten in der Umgebung zurückgeworfen wird, um ihre eigene Position zu diesen Objekten zu bestimmen. Auch ihre Beute nimmt sie auf diese Weise wahr.

Die kleine Fledermaus flattert immer noch am Rand unseres Sehfeldes in der Dunkelheit. Wenn ein Kind unter uns wäre, könnte es vielleicht ohne technische Hilfsmittel die untere Frequenz der Schreie wahrnehmen. Die meisten Erwachsenen schaffen das nicht mehr und brauchen deshalb die Detektoren, die die Frequenz herunterregeln und damit für uns hörbar machen.

Stellen Sie sich einen Schrei vor, der lauter als das Donnern von Flugzeugen ist. Ich frage mich, ob diese Vorstellung uns ahnen lässt, wie sich der Schrei einer Fledermaus im Körper einer Motte anfühlt. Doch was auch immer die schnelle kleine Fledermaus da jagt, es scheint sich durchaus zu wehren.

Lärm ist stark und störend, das wissen wir alle. Als Reaktion auf die intensiven Dauergeräusche in der Stadt singen manche Vögel inzwischen früher und in einer höheren Frequenz.[27] Und wenn Fledermäuse entlang dröhnender Schnellstraßen jagen, ist ihr Jagderfolg unter Umständen geringer. Das ist nicht wirklich überraschend.[28] Viel weniger bewusst war mir jedoch eine stille Gefahr, die ebenfalls typisch für das städtische Leben ist.

Im schwachen bläulichen Licht der Abenddämmerung führt uns Elliot im Gänsemarsch den Waldrand entlang. Die düsteren Schatten haben alles verschluckt, nur die weißen Gänseblümchen, der cremefarbene Holunder und die silbrigen Birkenstämme scheinen noch schwach zu leuchten. Die runden Köpfe des Bocksbarts zu unseren Füßen sehen aus wie zarte Lämpchen.

Plötzlich jedoch trifft uns das grelle Licht eines leeren Bahndepots. Es dringt aus dem Gebäude und verwandelt die Farben und Formen von Blumen und Bäumen in leicht surreale Versionen ihrer Tagesgestalt. In dem Depot ist alles still, nur um die Lampen herum summen die Insekten: ein reich gedeckter Tisch für Räuber.

Elliot wundert sich über diese intensive Lichtverschmutzung. Man könnte zwar meinen, diese Insekten anlockenden Lampen wären ein Vorteil für jagende Fledermäuse. Doch das helle Licht stellt auch ein Risiko für sie dar, vor allem für Hufeisennasen und andere langsam fliegende Arten, die helles Licht scheuen. Um ihre Jagdgründe aufzusuchen, ohne helle Bereiche zu durchfliegen, sind diese Fledermäuse unter Umständen gezwungen, schwierigere Routen zu nehmen, die länger sind und sie stärker ermüden oder Fressfeinden aussetzen.[29]

Künstliches Licht verlängert logischerweise den Tag. Das jedoch bereitet einigen Arten weitere Probleme. Fledermäuse leben nicht nur in Höhlen und alten Spechtlöchern, sondern auch in Gebäuden wie Scheunen, Brücken und Kirchen.[30] Ich wohne in der Nähe eines schönen alten Gebäudes und wollte sogar den Vorschlag machen, den Turm bei Nacht zu beleuchten. Doch wenn sich Scheinwerfer auf den Unterschlupf von Fledermäusen richten, kann das dazu führen, dass sie sich erst später oder gar nicht herauswagen und so die Zeit der Dämmerung verpassen, wenn die meisten Insekten fliegen. Und wenn künstliches Licht in den Unterschlupf eindringt, kann es sogar sein, dass sie gar nicht mehr jagen – bis die ehemalige Zuflucht zu ihrem Grab wird.

Elliot führt uns zurück durch den dunklen Wald zu einer Brücke, die über einen Fluss führt: die letzte Etappe unseres Spaziergangs. Seiner Aussage nach befindet sich hier ein besonders stark frequentierter Fledermaus-Korridor. Und wie aufs Stichwort hören wir aus unseren Detektoren hektisches Quieken und Klicken. Ich spüre, wie mir das Adrenalin in die Adern schießt, doch dann schalte ich meinen Detektor aus und stehe still, um in aller Ruhe die Fledermäuse zu beobachten, die vor dem kobaltblauen Himmel flattern und gleiten. Ihre kleinen Körper bewegen sich fast lautlos durch eine Parallelwelt von Geräuschen, die unseren erwachsenen menschlichen Ohren verborgen sind.

Auf dem Weg durch die Straßen zum Bahnhof hängt der Duft von Rosen in der warmen Luft. Starker Verkehr dröhnt über die Uxbridge Road. Und ich frage mich, ob einige Reisende, die in den Flugzeugen über mir sitzen, sich vorstellen können, welche Wunder der Flugkunst im Wald unter ihnen existieren. Ein internationaler Airport ist eine Art Zeitschleuse, durch die wir der Gegenwart auf dem Boden entfliehen und uns zwischen Zeitzonen bewegen können. Was für ein Unterschied zu den täglichen Mustern von Vogelgesang und Fledermausflug!

Ich fahre zurück in die Stadt. Die Fenster des hell erleuchteten Waggons sind schwarze Spiegel, belebt durch schwebende Muster aus gelbem und weißem Licht. Die Welt da draußen scheint kahl, leer, irrelevant zu sein. Doch ich bin mir nun bewusst, dass die Luft um uns herum voller Leben ist. Fledermäuse kurven über den Straßen, Motten versuchen ihnen zu entkommen. Und noch weiter oben werden in zwei, drei Monaten Zugvögel ihren Weg in Richtung Süden suchen, wenn sie nachts über Land und Meer fliegen.

Der Zug fährt ins Stadtzentrum ein, wo die helleren Lichter die Dunkelheit auflösen. Ich vermute, meine Pupillen sind jetzt verengt, und ich frage mich, wie andere Geschöpfe auf den langfristigen Kontakt mit einer solchen nächtlichen Umgebung reagieren. Später werde ich über erste Erkenntnisse aus den USA lesen, die darauf hindeuten, dass einige gefiederte Stadtbewohner als Reaktion auf die Lichtverschmutzung kleinere Augen entwickeln.[31]

Bekannt sind auch Fälle, in denen Zugvögel von den Lichtern in hohen Gebäuden verwirrt wurden und gegen sie prallten. Nur gut, dass Unternehmen in einigen Städten der Welt inzwischen abends alle Lichter ausschalten, vor allem während der Zugvogelsaison.[32]

Zu Hause angekommen, schalte ich die Lampe in meinem Hof aus und gestatte es meinen Sinnen, sich dem städtischen Halbdunkel anzupassen. Auch hier gibt es Fledermäuse, sie gleiten über dem Geißblatt auf der Jagd nach Motten.

Traditionell haben die Gewohnheiten unserer Mitgeschöpfe dem menschlichen Tag Gestalt und Charakter verliehen. Selbst im urbanisierten Westen des 21. Jahrhunderts bringen wir das Krähen des Hahns noch mit der Morgendämmerung in Verbindung, das Summen der Bienen mit Sommertagen, den Flug der Fledermaus und den Ruf der Eule mit der Nacht. Doch wo ich lebe, tauchen Kühe, Hähne und Eulen am ehesten in Geschichten, Filmen, auf Cornflakes-Packungen und Werbeplakaten auf. Sie sind erzählerische Motive, mythologische Symbole, Markenlogos und Comicfiguren.

Lange Zeit dachte ich, ich wäre die erste Person aus dem bäuerlichen Zweig meiner Familie, die nicht mit Tieren zusammenlebt und deshalb auch kein Gefühl für den Zusammenhang zwischen Tieren und Tagesrhythmus besitzt. Meine Wohngegend in der Stadt scheint Welten entfernt von den lebendigen Wiesen, Wäldern und Hecken, die den Hof meiner Familie und auch die Court Lodge Farm umgeben. Doch wenn ich aufmerksam lausche und beobachte, kann ich selbst in der Stadt ein Bewusstsein für das nichtmenschliche Leben um mich herum entwickeln. Mein Zeitgefühl wird durch den Gesang der Vögel am Morgen und das Summen der Bienen bereichert. Ich fühle mich abends lebendiger, wenn die verschwommene Gestalt, die am Fenster vorbeihuscht, kein Spatz, sondern eine Fledermaus ist.

Im Vergleich zu diesen temporeichen Wesen sind die Topfpflanzen vor meiner Tür der Inbegriff statischer Anmut. Doch wir werden im nächsten Kapitel entdecken, dass auch Pflanzen die Zeit messen. Einige Blumen bewegen sich sogar in einem vorhersagbaren Tagesrhythmus, was wir wunderbarerweise gut beobachten können.

Kapitel 2

Mittagsblume und Königin der Nacht

Dem Stundenplan der Blumen folgen

An warmen Sommerabenden weht in meiner Straße der süßscharfe Duft des Geißblatts von den Ranken herüber, die sich über Gartenzäune hinauswagen. Samuel Pepys, der Londoner Tagebuchschreiber aus dem 17. Jahrhundert, soll diese schlauchförmigen Blüten als »elfenbeinerne Signalhörner« bezeichnet haben, die »Duft statt Tönen hervorbringen«. Bis heute ist der Duft dieser Pflanze am Abend ein spürbares Signal für das Ende des Tages.

Wenn wir darüber nachdenken, wie Pflanzen uns die Zeit anzeigen, liegt es nahe, sich den Jahresverlauf anhand botanischer Ereignisse vorzustellen: Im Frühling brechen die Knospen auf, im Sommer reifen die Früchte, im Herbst fallen Blätter, im Winter zieht sich alles zurück, als würden die Pflanzen sterben. Doch wie sieht es mit den Tageszeiten aus? Hätten Sie mich vor Jahren gefragt, auf welche Weise wir mithilfe von Pflanzen die Tageszeit messen können, hätte ich am ehesten noch an die Sonnenblume gedacht, deren Blütenkopf dem Lauf der Sonne folgt. Und natürlich gibt es Pflanzen wie das Geißblatt[1] oder den Jasmin,[2] deren Duft am Abend intensiver wird. Doch ansonsten hätte ich zu diesem Thema wenig sagen können – bis mich irgendwann eine seltsame Pflanze dazu ermutigte, Blumen mit ausdrucksvollen Bewegungen im Tageslauf genauer und mit mehr Faszination zu beobachten.

Das geschah Anfang der 2000er-Jahre, als Rosie und ich gerade in unser erstes gemeinsames Zuhause gezogen waren. Dort gab es einen kleinen Garten. Eine der Blumen, die ich dort pflanzte, war eine hellgelbe Variante der Gemeinen Nachtkerze,[3] die nachts einen zarten Duft verströmt. Spannender für mich war jedoch, dass diese Pflanze jeden Abend in der Dämmerung eine neue Blüte hervorbrachte. Abend für Abend saßen wir da und beobachteten, wie sich die zerknitterten gelben Blütenblätter einer jungen Blüte aus ihrer rosafarbenen Umhüllung befreiten.

Jahrelang lebten wir mit dieser Pflanze und ihren Sprösslingen. Und irgendwann filmte ich, wie sich in unserem Hinterhof eine junge Nachtkerzenblüte entfaltete. Das Ganze dauerte vielleicht 20 oder 30 Minuten, aber die entscheidenden Bewegungen vollzogen sich sehr schnell: Die beiden Fotos stammen aus dem erwähnten Video; zwischen ihnen liegen gerade einmal vier Minuten.

Wenn die Blüte welkte, verfärbten sich ihre hellgelben Blütenblätter zu einem Orange-Rosa – auch dies ein subtiles Zeichen der verstreichenden Zeit. Sie wurden schlaff und trocken wie ein alter Lappen und fielen ab, um allmählich durch eine weitere Samenkapsel ersetzt zu werden.

Diese Pflanze faszinierte mich ohne Ende. Sie war die erste Blume mit regelmäßigen rhythmischen Bewegungen, die ich kennenlernte. In unserer von Uhren dominierten Stadt, wo sich der tägliche Lauf im Hamsterrad so erbarmungs- und endlos anfühlen kann, rief die Entstehung zarter neuer Blütenblätter im Abenddämmer eine ganz andere, irgendwie großzügigere Qualität von Zeit hervor.

Als Rosie und ich in einen anderen Teil Londons zogen, ließen wir unsere Nachtkerzen am alten Ort zurück. Doch inzwischen hatte ich mich mit anderen Blumen beschäftigt, die ebenfalls eine bewegte Tagesroutine zeigen. Und zu meiner Überraschung hatte ich entdeckt, dass wir einer von ihnen überall und ständig begegnen: dem Gänseblümchen, dessen englischer Name »daisy« von dem altenglischen Wort für »day's eye« – Tagesauge – stammt.[4] Und wie Geoffrey Chaucer, der Dichter aus dem 14. Jahrhundert, bereits bemerkte, bekam die Blume diesen Namen aus gutem Grund.[5] Denn das kleine weiße Tagesauge öffnet sich tatsächlich am Morgen und schließt sich am Abend (oder bei schlechtem Wetter). Dieses »Einschlafen« von Pflanzen wird in der Wissenschaft »Nyctinastie« genannt.

Das Gänseblümchen gehört zur Familie der Asteraceae und hat die Gewohnheit des Öffnens und Schließens zu vorhersagbaren Tageszeiten mit anderen Mitgliedern dieser Familie gemeinsam, darunter Calendula (Ringelblume) und Löwenzahn.[6] Die folgenden Fotos von zwei Löwenzahnblüten (übrigens mit Gänseblümchen im Hintergrund) habe ich an einem Sommertag aufgenommen, am Mittag, am Nachmittag und am frühen Abend.[7]

Der Löwenzahn ist wie das Gänseblümchen überall dort zu finden, wo es ein kleines Stück Wiese oder auch nur einen Riss im Straßenpflaster gibt. Über die Jahre hinweg sind mir die strahlend gelben

Blütenteller sehr ans Herz gewachsen. Bei einem Spaziergang in der Mittagspause festzustellen, dass sich die Löwenzahnblüten weit geöffnet haben wie kleine Sonnen, ist wirklich herzerwärmend.

Selbst in unserer neuen Wohngegend mit ihrem dichten Netz aus asphaltierten Straßen gibt es unzählige Löwenzahnblüten und Gänseblümchen, die sich in Zeitlupe öffnen und schließen. Und in den letzten Jahren beobachte ich immer häufiger den Tagesrhythmus einer weiteren alten Blume, die ich eigentlich auf dem Land verortet hatte: die Zichorie.[8]

Der Park in unserem Stadtviertel wird auf einer Seite von einer Reihe kleiner künstlicher Hügel begrenzt, die vage an frühgeschichtliche Grabhügel erinnern. Auf diesen Hügeln und um sie herum haben die Gärtner eine Blumenwiese angelegt. All den viel befahrenen Straßen zum Trotz singen hier die Grillen, summen die Bienen und flattern Schmetterlinge. Im Spätsommer bilden die trockenen Gräser einen dichten Teppich, der die Farbe von gebräunter Butter hat. Und daraus sprießen himmelblaue Zichorien, die gefiederten Stängel des Beifußes und die Fruchtstände des Wiesenkerbels hervor. Verlässt man den Weg, muss man hinterher Samenkörner aus den Socken picken.

Nach einigen Sommern blühten die Zichorien so üppig und hoch, dass sie die kleinen Hügel und Täler wie ein himmelblauer Nebel einhüllten. Eines Abends traf ich dort meinen Freund und Nachbarn Jmeel, der das Blütenmeer bewunderte. Er fand, es sähe aus wie »ein Spiegelbild des Himmels«. Er hatte die Stelle früher am Tag bemerkt und war gerade zurückgekommen, um ein paar Fotos im goldenen Abendlicht zu machen. Und jetzt zwinkerte er mir zu, weil er wusste, das würde mir gefallen: Als er dort angekommen war, war der spektakuläre blaue Nebel verschwunden wie ein optischer Trick. Die Zichorienblüten hatten sich geschlossen.

Jmeel wusste, wie sehr mich solche beweglichen Pflanzen faszinierten. Er ist mit meiner Freundin Shab verheiratet, der ich kurz zuvor einen Rotklee[9] mit großen dreieckigen Blättern geschenkt hatte, die sich am Abend zusammenfalten. Und er hatte mitbekommen, wie Shab mich drei Jahre zuvor angetroffen hatte, während ich mit der Kamera in der Hand auf dem Parkplatz vor unserem Haus bei einem Gebüsch stand. Seltsamerweise war sie gar nicht überrascht, mich dort lauern zu sehen. Es zeigte sich nämlich, dass Jmeel dasselbe getan hatte. Wir hatten beide eine faszinierende Pflanze entdeckt, die sich auf rätselhafte Weise in diesem vernachlässigten Stück Erde neben dem Fahrradschuppen ausgesät hatte. Vielleicht war der Samen von der Wiese im Park herübergeweht worden. Es war ein Wiesen-Bocksbart,[10] eine Pflanze mit einem großen, wunderbar runden Fruchtstand, der aussieht, als würde er aus lauter winzigen Federbällen bestehen. (Eigentlich waren wir auf der Suche nach Fledermäusen gewesen, als wir die blasse Kugel im Abenddämmer entdeckten.) Die Blüte war vergleichsweise unspektakulär. Aus der Entfernung hätte ein unfreundlicher Kritiker vielleicht gedacht, es handele sich um einen eher schüchternen Löwenzahn auf einem zu langen Stängel.[11] Doch tatsächlich faszinierte mich die Blüte noch mehr als der Fruchtstand. Denn so subtil sie auch wirkt, schauen Sie sich einmal an, was sie mittags tut:

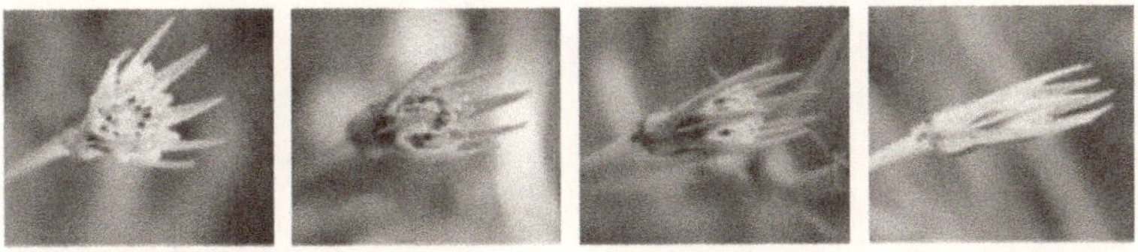

Auf dem ersten Foto sehen Sie die Blüte am späten Vormittag. Die nächsten drei Aufnahmen zeigen, was im Verlauf einer Viertelstunde passierte, als die Sonne am höchsten stand. Denn in dieser Zeit schlossen sich die grünen Kelchblätter recht schnell um die gelben Blütenblätter. Dann verlangsamte sich die Bewegung, bis die Blüte am Nachmittag so aussah, als würde sie tief schlafen. Wohlgemerkt, was ich hier schreibe, ist Amateur-Botanik und keine wissenschaftliche Studie, zumal die Pflanze im Schatten stand und sich im Wind bewegte.

Tatsächlich trägt der Bocksbart im Englischen auch die Namen Jack-go-to-bed-at-noon, noontide und (mein Favorit) nap-at-noon.[12] Und solange die Pflanze blühte, freute ich mich bei jeder Begegnung daran, zu sehen, wo sie in ihrem eigenen Tageslauf angekommen war.

Inzwischen habe ich noch mehr botanische Wesen kennengelernt, die sich zu bestimmten Zeiten öffnen und schließen, darunter die dottergelben Zucchiniblüten, die früh am Morgen auf den Beeten zu gähnen scheinen, und die rosa-gelben Wunderblumen in einem Nachbargarten,[13] die am Nachmittag erwachen. Mir scheint, sobald man sich mit diesen besonderen Pflanzen in der eigenen Umgebung befasst und z. B. die Ringelblume regelmäßig grüßt oder die Gewohnheiten des Horn-Sauerklees[14] in einem Rinnstein besser kennenlernt, sieht man die Welt mit anderen Augen. Ein Blumenbeet verwandelt sich dann von einem Quell sinnlicher Freuden zu einem Ort der Faszination. Selbst ein struppiges »Unkraut«, das einen Riss im Straßenpflaster bewohnt, wird dann nicht mehr ignoriert. Wenn man die Lebensgewohnheiten von Gänseblümchen und Co. erst einmal kennengelernt hat, springen sie einem förmlich ins Auge, und bald sieht man »Zeit«, wo auch immer Blüten und Blätter zu beobachten sind.

Haben die Menschen in einer Welt ohne Uhren so über diese besonderen Blüten gedacht? Es ist verführerisch, sich vorzustellen, dass der Tag von den zeitgebenden Blumen strukturiert wurde, die sich auf Höfen und Wiesen fanden und die Menschen auf Schritt und Tritt begleiteten. Und dass die Lebensgewohnheiten der Pflanzen Teil eines größeren Geflechts von täglichen Zeitsignalen waren, gemeinsam mit kürzer werdenden Schatten und dem Abendstern.

Traditionelle Namen für einige Pflanzen weisen auf ihre Tagesbewegungen hin, darunter die Mittagsblume, die Nachtviole und die Mondviole, der Abendstern und andere mehr. Im Englischen wird der Löwenzahn auch »Schäferuhr« genannt.[15] Der Acker-Gauchheil,[16] dessen kleine Blüten sich am Morgen öffnen und am frühen Nachmittag (und in Erwartung von Regen) schließen, trug ebenfalls den Namen Schäferuhr.[17]

Bestimmte Namen scheinen zu bestätigen, dass das Verhalten der Blumen im Tageslauf durchaus bekannt war.[18] Doch nutzten die Menschen sie wirklich, um die Zeit zu messen?

Eine Antwort auf diese Frage gibt uns Plinius der Ältere, der vor 2000 Jahren lebte. Bei ihm erklärt Natura dem Menschen, sie habe ihm Pflanzen geschenkt, die ihm die Uhrzeiten anzeigen *(horarum indices)*.[19] Plinius gibt uns zwar keinen Augenzeugenbericht darüber, wie die Bauern und Gärtner auf altrömischen Feldern mithilfe der Pflanzen die Zeit maßen. Doch in zwei kurzen Berichten über das Landleben auf den Britischen Inseln habe ich Hinweise auf Pflanzen zur Zeitmessung gefunden. Da wäre einmal der elisabethanische Gartenexperte Thomas Hill, der schreibt, dass die Ringelblume auch »Bauernuhr« genannt werde, weil sie mit dem Öffnen und Schließen ihrer Blüten die Stunden des Morgens und Abends anzeige.[20] Und die *Rural Cyclopedia*, die in den 1840er-Jahren in Edinburgh und London veröffentlicht wurde, erwähnt, dass sich die Jungknechte in einigen Bezirken vom Bocksbart ihre Essenszeiten anzeigen ließen.[21]

Leider sind solche Berichte sehr dünn gesät. Und es kann gut sein, dass es zumindest auf den Britischen Inseln keine gängige Praxis war, an Löwenzahn und Ringelblume abzulesen, wie lange es noch bis zum Sonnenuntergang dauerte. Andererseits waren solche Gebräuche vielleicht auch zu normal, als dass man sie aufgezeichnet hätte, und Pflanzen mit einem tageszeitabhängigen Verhalten waren nur eine kleine Zutat im großen Mix der alltäglichen Zeitmesser auf dem Lande.

Wie auch immer: Wir dürfen wohl annehmen, dass das Bewusstsein für natürliche Zeitmesser in Europa verloren ging, als mechanische Uhren im 17. und 18. Jahrhundert immer genauer wurden und immer leichter verfügbar waren. Jedenfalls galt das für den Alltag. Auf der anderen Seite entstehen in Europa genau zu dieser Zeit zwei berühmte Uhrenanlagen aus lebenden Blumen.

Die erste dieser legendären Uhren war von der großen Sonnenblume *(Helianthus annuus)* inspiriert. Für viele von uns gibt es weltweit kaum ein botanisches Wesen, das wir so leicht wiedererkennen wie diese hohe Pflanze mit ihrem riesigen, goldgeränderten Blütenkopf. Doch in jenen Jahren war die Sonnenblume in Europa ein selten beobachtetes Wunder, nach dem man sich umdrehte, wenn man es zu sehen bekam.

Die Sonnenblume war in Nord- und Südamerika schon seit Tausenden von Jahren angebaut worden, bevor Kolonisten und Entdecker ihre Samen Mitte des 16. Jahrhunderts nach Europa brachten. Am Ende jenes Jahrhunderts berichtete der britische Pflanzenkundler John Gerard seinen Leserinnen und Lesern von seinen Erfahrungen mit dem Anbau der »Sunne flower«.[22] Er schreibt, diese Pflanze sei »von solcher Statur und Höhe«, dass sie sich in nur einem Sommer »in meinem Garten zu einer Höhe von vierzehn Fuß erhoben« habe.

Gerards Garten lag wohl an der Fetter Lane in Holborn, also mitten im heutigen London – damals war Holborn eher ein Vorort. Als ich das letzte Mal diese Straße hinuntergeradelt bin, war noch eine Handvoll Löwenzahn in den Ritzen des Pflasters zu sehen, und eine »grüne Wand« aus Plastikpflanzen schmückte die Fassade einer Bar, aber botanische Überraschungen fand ich dort kaum. Stellen Sie sich jedoch vor, Sie wären vor etwa 400 Jahren dort vorbeigekommen und hätten vorher noch nie von der »Sunne flower« gehört. Dann wäre die Begegnung mit dieser strahlenden Blume, die sich über Gerards Gartenmauer erhob, sicher beeindruckend gewesen. Er beschrieb die Blüte als »sechzehn Zoll breit« mit einem »Rand aus schönen gelben Blütenblättern«. Die Mitte, so schrieb er, »erinnert an ungeschorenen Samt«.

Gerard neigte zu der Ansicht, die Sonnenblume habe ihren Namen erhalten, »weil sie der strahlenden Sonne gleicht«, nicht wegen ihrer Bewegung. Und in der Liste weiterer Namen fehlen »Heliotrop« und »Turnesole«, die anderen Pflanzen zugeschrieben wurden, die sich nach der Sonne drehen, darunter Ringelblume und Sonnwend-Wolfsmilch.[23] Erst später wurden diese Namen auf die Sonnenblume übertragen[24] – im Französischen heißt die Sonnenblume heute *Tournesol*.

Die Ringelblume, deren Blüten der Sonne folgen, ist seit alter Zeit in der europäischen Tradition ein Symbol der Hingabe an das Göttliche. Und so sollte es nicht überraschen, dass die große, majestätische Sonnenblume, die so viele dramatische Assoziationen weckt, wenn sie voll erblüht ist, ebenfalls zahlreiche Bedeutungen annahm. Auf Porträts aus dem 17. Jahrhundert und in Emblembüchern (das sind Sammlungen allegorischer Bilder und Merksätze) stand die Sonnenblume für die profane Liebe und Treue. In der religiösen Bildkunst illustrierte sie mit ihrer Bewegung, die den Sonnenstrahlen folgt, die Hinwendung der christlichen Seele zum göttlichen Licht. Sie stand für den Tag, während der Schlafmohn die Nacht repräsentierte, und beide zusammen spielten auf den Gegensatz zwischen Gut und Böse an. Es scheint, als wäre diese mächtige Pflanze in der Lage gewesen, gewichtige Bedeutungen zu tragen.

Eine der spektakulärsten Ideen dieser Zeit war, dass man diese große, der Sonne folgende Blume als Uhr verwenden könne. Der Erfinder dieses wundersamen »Geräts« war Athanasius Kircher (1602–1680), ein deutscher Jesuit und bedeutender Universalgelehrter.[25]

Kircher hatte sich im Laufe seines Lebens mit zahlreichen Wissensgebieten beschäftigt und z. B. ein ganzes Buch über die Analyse der Akustik verfasst. Außerdem erfand er zahllose spannende Gerätschaften, darunter komplizierte Sonnenuhren und Uhrwerke, eine astrologische Monduhr, eine Orgel, die angeblich alle möglichen Vogelstimmen nachahmen konnte, ein Gerät, das mithilfe von Spiegeln Bilder in der Luft erzeugen konnte, und hydraulische Statuen, die zur Freude von Gästen Getränke erbrechen konnten. Im späteren Leben wurde Kircher mit seinem Museum der Wunder von Philosophen, Päpsten und Fürsten aufgesucht.[26]

Im Jahr 1641 stellte er in seinem Meisterwerk über den Magnetismus eine feine Illustration der Sonnenblumenuhr vor.[27] Die Pflanze ist voll erblüht abgebildet und schwimmt auf einem Floß aus Kork auf dem Wasser, umgeben von einem Kreis mit Markierungen für die Stunden. Eine Nadel im Blütenkopf deutet auf die jeweilige Uhrzeit, während sich die Blüte dreht. Kircher ging davon aus, dass diese Drehung durch die magnetische Anziehungskraft der Sonne bewirkt werde.

Allerdings konnte die Sonnenblumenuhr nur dann die richtige Zeit anzeigen, wenn verborgene Magneten zu Hilfe genommen wurden. Tatsächlich handelte es sich um eine von Kirchers aufregenden Erfindungen, die einer genauen Untersuchung nicht standhielten. Kein Wunder, dass Zeitgenossen ihn wegen seiner Liebe zu Taschenspielertricks und Spektakeln aufzogen. Doch Kircher wollte mehr als nur unterhalten. Der Historiker Mark Waddell hat mir im Gespräch erklärt, Kircher habe seine Sonnenblumenuhr konstruiert, um sichtbar zu machen, dass unsichtbare Naturkräfte Myriaden von Dingen im Universum untereinander verbinden.[28]

Hätte Gerard lange genug gelebt, um eine Abbildung von Kirchers Uhr zu sehen, wäre er wohl skeptisch gewesen. In seinen Aufzeichnungen über die Namen der Sonnenblume bemerkt er, es gebe Berichte darüber, »dass sie sich mit der Sonne dreht, was ich aber niemals beobachtet habe, obwohl ich mir Mühe gegeben habe, die Wahrheit darüber herauszufinden«. Die reife Sonnenblume hat ihren Ruf, sich nach der Sonne zu drehen, nie ganz abschütteln können, doch Gerard hat recht: Nur die unreifen Blütenknospen drehen sich im Laufe des Tages langsam in Richtung Westen und während der Nacht wieder zurück. Sobald die Blume aufgeblüht ist, bleibt sie für den Rest ihres Lebens starr nach dem Ort des Sonnenaufgangs ausgerichtet.[29]

Irgendwann im August habe ich mal eine Zwergsonnenblume bewundert, die es irgendwie geschafft hatte, in einem Stück kahler Erde vor einem Supermarkt zu wachsen. Sie sah so lebendig und üppig aus zwischen ausgetrockneter Erde und Steinen, mit ihrer großen Blüte, die sich der warmen Morgensonne entgegenstreckte. Ihre Mitte war so voller gelbem Blütenstaub, dass eine Honigbiene, die sie besuchte, vollkommen davon bedeckt war und auch die grünen Blätter bestäubt waren. Als ich am späten Nachmittag dort vorbeikam, blickte die Sonnenblume immer noch Richtung Osten. Nur ihr Schatten hatte sich im Verlauf des Tages gedreht.

Die faszinierende Idee, die Zeit mithilfe lebhafter Blumen zu messen, ließ auch in der Zeit nach Kircher nicht nach. Der englische Dichter Andrew Marvell beschreibt einen Garten, in dem »süße und heilsame Stunden« mithilfe einer Uhr berechnet werden, die aus »Blüten und Kräutern« gemacht ist.[30] Und im darauffolgenden Jahrhundert wurde ein neues Modell vorgestellt: eine Uhr aus vielen Blumen. Seitdem hat diese Idee immer wieder die Fantasie beflügelt.

Stellen Sie sich einen Garten vor, der am Ende einer kurzen Sommernacht sanft leuchtet. Ein Ring aus Zahlen ist von einem Beet mit schlafenden Blumen umgeben. Nach ein paar Stunden, in denen sich nichts tut, rühren sich die Blumen langsam, eine Art nach der anderen. Zwischen vier und fünf Uhr morgens blinzeln die himmelblauen Blüten der Zichorie in den Tag wie erwachende Augen. Kurz nach sechs werden die fest zusammengezogenen des Habichtskrauts[31] zu kleinen gelben Sonnen. Nach sieben Uhr entfalten sich die weißen Blütenblätter der Wasserlilie[32] und zeigen die goldene Krone in ihrem Innern. Um acht zeigt der Acker-Gauchheil sein winziges Gesicht. Zwischen neun und zehn gehen die sternförmigen Blüten der Mittagsblume[33] auf, als wollten sie im Licht baden. Und so setzt sich die Bewegung in Zeitlupe einmal um den Ring fort: Die Öffnung jeder Blüte zeigt eine Stunde an, wie eine lautlose Glocke.[34]

Die Vorstellung, man könne aus verschiedenen Blumenarten mit regelmäßigen rhythmischen Bewegungen eine funktionierende Uhr »konstruieren«, wird dem großen schwedischen Biologen und Arzt Carl von Linné (1707–1780) zugeschrieben. In seinem Buch *Philosophia Botanica* (1751) stellt er Blumenuhren für jedes Klima vor, »sodass jeder auch ohne Uhr oder Sonnenschein die Stunde des Tages berechnen kann«.[35]

Linné ist heute am ehesten wegen der Entwicklung der binomischen Nomenklatur bekannt, des ersten einfachen Prinzips, um Pflanzen und Tiere zu benennen. Bis heute verwenden wir diese Methode, indem wir jede Spezies mit einem zweiteiligen lateinischen Namen bezeichnen, der die Gattung und eine spezifische Umschreibung kombiniert. *Homo sapiens* – wie Linné den heutigen Menschen benannte – ist z. B. die kluge, wissende Art innerhalb der Gattung Homo.

In seiner *Philosophia* nähert sich Linné den (wie er sagt, »wohlbekannten«) Blumen, die im Laufe des Tages ihre Blüten öffnen und schließen, in ähnlicher Weise an. Er bringt sie in eine Ordnung, nennt sie »solare Blumen« und unterteilt sie in drei Gruppen: Die erste Gruppe ist in ihrer Bewegung eher unregelmäßig, weil sie von Licht und Schatten sowie atmosphärischen Veränderungen beeinflusst wird. Die zweite passt die Zeit des Öffnens und Schließens der Tageslänge im Jahreslauf an. Und die dritte, die er als äquinoktial bezeichnet, »öffnet und schließt ihre Blüte jeden Tag zu einer bestimmten Uhrzeit«. Die Blumenuhr, so Linné, sollte aus äquinoktialen Arten bestehen. Er liefert auch gleich eine Tabelle mit mehr als vierzig Arten und den Zeiten, wann sie sich öffnen und schließen.[36]

Carl von Linné hatte »seine sogenannte Blumenuhr auf Grundlage langjähriger Beobachtungen in Uppsala« entwickelt.[37] An die dortige Universität war er 1741 als Professor für Medizin berufen worden, und zu seiner Stelle gehörte ein Haus in einer Ecke des Botanischen Gartens. Von dort aus beobachtete er sehr genau die Pflanzen in den Beeten und Gewächshäusern und hielt einige, die ihm besonders wichtig waren, in Töpfen auf seinem Fensterbrett. Im Sommer, so schreibt er in seinen Erinnerungen, schlief er nur kurz und stand bereits morgens um drei auf, dafür ruhte er in den Winternächten besonders lange.[38] Es scheint, als hätte er sehr im Einklang mit seinen Pflanzen gelebt.

Ich habe mir Linné im Botanischen Garten vorgestellt, wo er die Arten zu einer Uhr anordnet wie in der Abbildung, die sein Buch enthält. Ich hatte mir auch vorgestellt, wie er Pflanzen auf ihre Genauigkeit hin überprüft, solche mit schwachen Leistungen wieder entfernt, Notizen auf Papier kritzelt und schließlich voller Befriedigung inmitten seiner botanischen Uhr steht.

Doch es gibt keinen Beweis, dass er die Blumenuhr wirklich anlegte, die er so lebhaft beschreibt. Möglicherweise fehlte ihm die Zeit, seine Hypothese weiter auszuarbeiten, und er übergab die weitere Erforschung an seinen Sohn, der aber damit nie zu einem Ende kam.[39] Seine Nachfolger jedoch haben immer wieder versucht, sein Schema zu perfektionieren, haben lokal vorhandene Arten eingebaut und die Uhr sogar mit Blumen ergänzt, die ihre Blüten im Dunkeln öffnen.[40]

Im 18. Jahrhundert waren die Briten zunehmend fasziniert von allem, was botanisch anmutete: von Pflanzenstudien bis hin zu Blumengärten und, wie es scheint, sogar von gärtnerisch inspirierten Frisuren.[41] Blumen mit aufregenden Formen und Gewohnheiten – einige davon Neuankömmlinge in Europa, die man aus Übersee mitgebracht hatte – waren besonders beliebt. Sehr lebhaft werden sie in dem Werk *The Loves of the Plants* (1789)[42] vorgestellt, das der große Universalgelehrte Erasmus Darwin (der Großvater von Charles Darwin) verfasst hat. Dieses ausgefeilte Lehrgedicht ist eine Art botanische »Soap Opera«,[43] die in einem magischen Garten spielt und sich über einen Tag hinzieht. Es war deutlich inspiriert von Linnés System der Klassifizierung von Pflanzen.

Umstritten war Linnés Annahme, dass sich Pflanzen geschlechtlich vermehren. Traditionalisten knirschten mit den Zähnen, weil seine Methode der Klassifizierung darauf beruhte, die reproduktiven Organe in den Blüten zu zählen. Er gab diesen Organen die wissenschaftlichen Namen »Stempel« und »Staubgefäße«, vermenschlichte sie aber auch als »Ehemänner« und »Ehefrauen«, die sich auf dem »Brautbett« des Blütengrundes vermehren – oft in nichtmonogamen Gruppen.[44]

Während die Beschützer der »weiblichen Keuschheit« versuchten, die literarischen Jalousien vor derartig unanständigen Vorgängen im Garten zu schließen,[45] betrachtete Erasmus Darwin die Geschlechtlichkeit der Pflanzen als grundlegende Voraussetzung für Linnés Methode – und als in höchstem Maße kreativ und suggestiv.[46] Er leitete nicht nur die Übersetzung von Linnés Werk ins Englische, sondern schrieb auch – begleitet von ausführlichen Anmerkungen – sein langes Lehrgedicht *The Loves of the Plants*, um seine Botanik einem allgemeinen – und mit Sicherheit im Wesentlichen weiblichen – Publikum auf lebendige Weise näherzubringen.

In Erasmus Darwins spielerischer Darstellung bewohnen personifizierte Staubgefäße und Stempel die »üppigen Wälder« und »umwerben und gewinnen ihre pflanzlichen Liebsten«,[47] oft in Gruppen mit mehreren Partnerinnen und Partnern. Unter den Damen der Pflanzenwelt entfaltet der Dichter einen Reigen von keuschen Jungfern und gefährlichen Verführerinnen, so vorhersehbar, dass man geneigt ist, die Augen zu verdrehen. Wenn der nachts blühende Kaktus *Cerea* »in der Dämmerstunde« aufblüht, so heißt es, öffnet sie ihre »schönen Lippen und haucht ihre jungfräulichen Schwüre«. Später dann leuchtet ihr »glatter Busen« im Mondlicht, während Scharen von bewundernden jungen Schäfern sie betrachten.[48] Und so geht es weiter in einem Stil, den wir heute entweder als wunderbar theatralisch oder einfach nur entsetzlich betrachten mögen. Der Zeitgenosse, Schriftsteller und Kenner Horace Walpole bezeichnete es als »köstlichstes Gedicht auf Erden«.[49]

In dem Garten, den Darwin uns vor Augen führt, befinden sich einige Darsteller – darunter Cerea, die einer Kaktusart nachempfunden ist, welche nur einmal im Jahr für eine Nacht blüht[50] – mit schnellen und dramatischen Bewegungen. Und nicht alle diese ausdrucksvollen Gestalten werden umworben oder umwerben andere. *Lapsana* (Gemeiner Rainkohl, auch Gemeine Milche genannt), *Nymphaea* (Wasserlilie) und *Calendula* (Ringelblume) – drei weibliche Pflanzen, die direkt Linnés Blumenuhr entnommen sind – »folgen getreu dem Lauf der Zeit«.[51]

The Loves of the Plants war so erstaunlich und aufrührerisch, dass es zum Bestseller wurde. Doch in den 1790er-Jahren, während der Französischen Revolution, wandelte sich die Stimmung: Denker wie Erasmus Darwin wurden nun für ihre Ideen verurteilt, weil sie die Stabilität der gesellschaftlichen, sexuellen und religiösen Ordnung in Gefahr brachten. Auch die künstlerischen Ideale wandelten sich, sodass Darwins literarischer Ruf dahinschwand.[52]

Dessen ungeachtet tauchten lebhafte Blumen mit rhythmischen Bewegungen in den verschiedensten poetischen Verkleidungen immer wieder auf. Ein beliebtes Gedicht aus dem 19. Jahrhundert, »A Dial of Flowers« (1828) von Felicia Hemans, blickt zurück auf Marvells »The Garden« und Linnés Blumenuhr, als handele es sich um einen verlorenen, ungewissen Garten Eden: »Was für ein lieblicher Gedanke, die Stunden zu zählen … durch sich öffnende und schließende Blüten … Wie wäre die Zeit dahingeströmt mit solch süßen Zeichen«.[53] Und auch bei Tennyson höre ich Nachklänge früherer Gedichte, wenn es heißt: »Nun schläft das rote Blütenblatt, nun das weiße … nun entfaltet die Lilie ihre ganze Süße«.[54]

Die »berühmte Blumenuhr« ließ »Linnaeus' Namen weiter duften«, auch für künftige Generationen, bemerkte die spätviktorianische Autorin Florence Caddy. »Allein die Vorstellung davon amüsierte die Engländer sehr, seitdem sie in populären Büchern verbreitet worden war.«[55] Und auch wenn das wissenschaftliche Interesse daran seit dem späten 19. Jahrhundert eher abnimmt,[56] scheint die Idee, die Zeit anhand der Bewegungen lebhafter Kräuter und Blumen zu messen, uns immer noch anzusprechen.

An einem frostigen Novembertag besuchte ich den Pflanzenbiologen Alex Webb im Botanischen Garten der Universität Cambridge. Wir spazierten unter riesigen Bäumen zu zwei sichelförmigen Beeten, die Alex zusammen mit den Gärtnern angelegt hatte. Arten, die sich hauptsächlich am Morgen öffnen oder ihren Duft verströmen, waren in dem einen Beet versammelt, die abendlichen Arten auf der anderen Seite. Gemeinsam bilden diese Pflanzen einen Tag-und-Nacht-Garten. Webb nennt die Anlage »zirkadiane Beete«.

Als wir kamen, hatten die Gärtner die Beete gerade ausgeräumt. Die struppigen Reste der letztjährigen Pflanzen türmten sich auf ihrem Wagen. Doch der reiche, dunkle Erdboden schien voller Verheißungen. Und mit einer gewissen Aufregung betrachtete ich die Etiketten und Informationstafeln neben den Beeten. Da war von der Gemeinen Nachtkerze die Rede und von verschiedenen Arten der nachtblühenden Silene, darunter das Taubenkropf-Leimkraut,[57] dessen nelkenartiger Duft am Abend besonders stark ist. Die Tafeln zeigten die Prunkwinde,[58] die ihre Blüten im Morgengrauen öffnet und in der Abenddämmerung schließt, und eine lilafarbene Verwandte des Wiesen-Bocksbarts.[59]

Die zirkadianen Beete sind eine lebendige Ausstellung, die Besucher und Besucherinnen wie mich dazu anregt, zu erforschen, warum und wie Pflanzen ihren täglichen Rhythmus beibehalten. Das grüne Leben ist nicht besonders flink auf den Füßen, selbst die schnellsten unter ihnen haben Wurzeln, die sie an einen Ort binden. Andererseits sind botanische Wesen gewieft im Zeitmanagement: Sie besitzen eine innere Uhr, die eine ganze Reihe von Prozessen koordiniert. Alex erklärte mir, dass jede Pflanze zwei Mechanismen hat, mit denen sie sich an die Rhythmen der Außenwelt anpasst. Die Sinnesorgane der Pflanze reagieren auf kurzfristige Veränderungen wie das Nachlassen des Lichts am frühen Abend oder das Absinken der Temperatur, wenn es Frost gibt. Und die innere Uhr bereitet die Pflanze auf das vor, was passieren wird.

An den meisten Orten der Welt wird die Sonne morgen zu einer anderen Zeit aufgehen als heute. Für einen grünen Organismus, so Alex, verändert sich damit ständig die Möglichkeit, durch Photosynthese Energie zu produzieren. (Photosynthese ist der Vorgang, durch den Pflanzen ihre Energie, also Zucker, herstellen, und zwar aus Sonnenlicht, Wasser und Kohlendioxid.) Würde eine Pflanze nur auf das erste Dämmerlicht am Morgen *reagieren*, würde sie Zeit verlieren. Ihre innere Uhr aber ahnt die Morgendämmerung voraus und bereitet den Photosynthese-Apparat darauf vor, jeden einzelnen Sonnenstrahl aufzunehmen. Dies ist nur ein entscheidendes Beispiel dafür, wie sie Uhr Prozesse koordiniert, damit sie zur richtigen Zeit ablaufen.[60]

Das erste Licht stellt die Uhren der Pflanzen jeden Morgen zurück und hält sie so synchron mit dem Zyklus von Sonnenlicht und Dunkelheit. Während des restlichen Tages greift die Uhr Signale aus der Außenwelt auf – Lichtstärke, Umgebungstemperatur, steigende Zuckerspiegel, wenn die Pflanze aus Sonnenlicht Energie produziert. Dieses subtile System der Zeitmessung ist wichtig, denn – so hat Alex' Forschungsgruppe herausgefunden – eine Pflanze, die Mühe hat, im Rhythmus von Tageslicht und Dunkelheit zu bleiben, wird kleiner und schwächer sein als ihre Artgenossen.[61]

Wohlgemerkt: Alle Pflanzen verfügen über eine innere Uhr, nicht nur diejenigen, die in den zirkadianen Beeten versammelt sind. Tatsächlich besitzen fast alle Lebewesen irgendeine Art von biologischer Uhr. Wir bezeichnen dieses System als *zirkadian*, abgeleitet von den lateinischen Wörtern *circa* (ungefähr) und *dies* (Tag), weil es gewisse Spielräume besitzt. Das zeigt sich auch, wenn ein Lebewesen ein paar Tage in kompletter Dunkelheit verbringt, sodass die biologische Uhr sich vom 24-Stunden-Rhythmus der Außenwelt abkoppelt. Sobald das Lebewesen wieder hinaus in die Welt kommt, passt sich die biologische Uhr der neuen Umgebung an und synchronisiert sich wieder mit dem lokalen Zyklus von Tageslicht und Dunkelheit.

Der erste wissenschaftliche Nachweis dafür, dass diese »innere Uhr« existiert, wurde vor dreihundert Jahren durch Experimente an einer Pflanze erbracht. Auch diesmal handelte es sich um eine botanische Berühmtheit, die über den Atlantik nach Europa gekommen war: die beeindruckende und leicht beeindruckbare *Mimosa pudica*, ein echtes Sensibelchen unter den Pflanzen. Wenn man auf einen ihrer Zweige tippt, schließen sich die Reihen von paarigen Blättern mit bemerkenswertem Tempo. Es ist, als würde sie leise erschauern. Die Blätter reagieren auch auf den Einbruch der Dunkelheit, denn am Ende des Tages falten sie sich zusammen bis zum Morgen.

Um 1720 hielt der französische Astronom Jean-Jacques d'Ortous de Mairan eine Mimose in ständiger Dunkelheit und konnte feststellen, dass ihre Blätter sich trotzdem öffneten und schlossen, obwohl sie keine Morgen- oder Abenddämmerung erlebte. De Mairan hatte offenbar nicht erwartet, dass die Pflanze sich ohne ein unmittelbares Signal von außen bewegen könnte – andere rechneten durchaus damit. Sie verwendeten Linnés Begriff »Schlaf«, um Pflanzen zu beschreiben, die sich schließen, und leiteten daraus ab, die Mimose besitze durchaus einen eigenen Antrieb.[62] Darüber wurde dann viel diskutiert und geforscht. Das wichtigste Experiment fand etwa ein Jahrhundert nach De Mairan statt. Der französisch-schweizerische Botaniker Augustin Pyramus de Candolle hielt eine Mimose unter Dauerbeleuchtung und stellte fest, dass sich ihr Schlaf-Wach-Rhythmus verkürzte. Da keine äußere Kraft diese Veränderung auslösen konnte, vermutete er, die Pflanze verfüge über eine eigene innere Uhr, die ihr sage, wann Schlafenszeit sei.

Trotz der sich häufenden Beweise argumentierten Zweifler, da müsse doch irgendein verborgenes externes Signal am Werk gewesen sein. Erst im 20. Jahrhundert konnten Wissenschaftler die Existenz der eingebauten biologischen »Uhr« mit Gewissheit bestätigen. Wobei die moderne Erklärung sich von den Theorien des 18. Jahrhunderts deutlich unterscheidet, doch De Mairans

Studie gilt trotzdem als erstes Experiment im Bereich der Chronobiologie, also der Erforschung von biologischen Rhythmen in allen Organismen.

Die Bewegung der Sonnenblume, so hat sich gezeigt, wird nicht von der Anziehungskraft der Sonne reguliert, sondern von der inneren Uhr der Pflanze.[63] Auch der Hahn wird von seiner eigenen inneren Uhr dazu veranlasst, vor Sonnenaufgang zu krähen.[64] Und im menschlichen Körper sorgt die innere Uhr dafür, dass wir zu ziemlich vorhersagbaren Zeiten schläfrig oder hungrig werden, um nur zwei von vielen biologischen Prozessen zu nennen. Wie bei den Pflanzen wird unsere zirkadiane Uhr von Sonnenaufgang und Sonnenuntergang reguliert. In dieser Hinsicht sind wir alle verwandt.

Doch die innere Uhr von Menschen und anderen Säugetieren ist anders strukturiert als die der Pflanzen, so erklärte mir Alex. Wenn wir mit einer Pflanze in eine andere Zeitzone fliegen, braucht unser eigener zirkadianer Rhythmus länger, um sich an den lokalen Tag-Nacht-Zyklus anzupassen. Oder ganz einfach gesagt: Die Pflanzenuhren sind anpassungsfähiger als unsere.

Im Botanischen Garten von Cambridge existieren Tausende von Pflanzenarten aus der ganzen Welt, die keine schnellen rhythmischen Bewegungen zeigen, anders als die besondere Auswahl in den zirkadianen Beeten. Will sagen: Die meisten Blühpflanzen bewegen sich nicht in der Weise, wie es Winde oder Ringelblume tun. Warum also wenden einige von ihnen Energie dafür auf, sich zu schließen und zu öffnen?

Ein wesentlicher Einflussfaktor ist die lebenswichtige Beziehung, die viele Pflanzen zu ihren Bestäubern unterhalten, also zu Bienen, Fliegen, Motten und kleinen Säugetieren, die den Pflanzenpollen dorthin tragen, wohin die Pflanzen selbst nicht gelangen. Belohnt werden diese Partner mit Nahrung. Bestimmte spezialisierte Arten haben sich so entwickelt, dass sie nur von wenigen Partnern bestäubt werden, und bei einigen sind die Blüten nur dann geöffnet, wenn ihre wichtigsten Bestäuber aktiv sind.

Neben den zirkadianen Beeten findet sich ein Etikett von einer Tabakpflanze aus dem Nordwesten Argentiniens: *Nicotiana sylvestris.* Ihre weißen Blüten öffnen sich abends und intensivieren ihren berauschenden Duft, um die Motten anzulocken, die nachts in ihrem angestammten Habitat unterwegs sind. Beverley Glover, die Leiterin des Botanischen Gartens, erklärt mir später noch, dass es für eine Pflanze, die sich auf einen bestimmten Bestäuber eingestellt hat, absolut Sinn ergibt, ihre Anstrengungen auf dessen Hauptnahrungszeiten zu konzentrieren. Andernfalls würde die Blume riskieren, dass sie Energie verschwendet, indem sie Besucher zu anderen Tageszeiten anlockt, die nicht in der Lage sind, ihren Pollen weiterzuverteilen, und unter Umständen sogar Pollen von fremden Arten eintragen würden.

Beverley erzählte mir auch von einer anderen außergewöhnlichen Tabakpflanze, die ihre Alltagsroutine radikal verändert, weil sie Probleme mit ihrem wichtigsten Bestäuber hat. Die *Nicotiana attenuata* stammt aus dem Südwesten der USA. Normalerweise öffnet sie ihre Blüten bei Nacht und verströmt ihren Duft, um eine bestimmte Mottenart anzulocken, den Schwärmer. Doch diese Motten können bei ihrem Besuch Eier legen, aus denen hungrige Larven schlüpfen. Ironischerweise wird die Pflanze von den Nachkommen genau jener Tiere angegriffen, die ihr die Fortpflanzung überhaupt erst ermöglichen. Passiert dies, dann ändert die Pflanze ihr Verhalten, bringt Blüten hervor, die sich am Morgen öffnen, und setzt fortan auf die Hummel als Bestäuber.[65]

Alex und ich standen bei den Tag-und-Nacht-Beeten und stellten uns vor, wie sie in ein paar Monaten wieder aufblühen würden. Am Tag würden die vielfarbigen Blumen zu unserer Rechten von Bienen wimmeln, die den Pollen an ihren Hinterbeinen und ihrem pelzigen Körper weitertragen würden. In der Nacht würden Pflanzen mit blassen Blütenblättern im Mondlicht leuchten und von Motten umflattert werden.

Wir flüchteten aus der Kälte in das Gewächshaus, das dem tropischen Regenwald gewidmet ist. Die warme Luft war schwer von erdigen Gerüchen. Sobald meine Brillengläser nicht mehr beschlugen, besuchten wir eine weitere Pflanze, die wegen ihrer Bewegungen bekannt ist: *Victoria cruziana*, eine riesige Wasserlilie aus dem tropischen Südamerika. Was wir fanden, war ein kleines Blatt, das wie ein Floß ganz allein auf einem dunklen Teich schwamm. Im Juli würde es einen Durchmesser von einem Meter haben, die großen Knospen würden aufblühen und vorsichtig mit dem Pinsel von einem Gärtner des Gewächshauses bestäubt werden.

In ihrer natürlichen Umgebung setzt die Bestäubung dieser großen Wasserlilie eine besonders lange und ausgefeilte Choreografie zwischen Blume und Insekten voraus. Sie beginnt am Ende eines Tages unter den vielen weißen, weiblichen Blüten, die die Wasseroberflächen im Amazonasgebiet bedecken. Zunächst öffnen sich die Knospen, um Wärme und einen Duft zu verströmen, der an Ananas erinnert. Beides zusammen zieht Skarabäuskäfer an, die in der Abenddämmerung fliegen und in das stärkehaltige gelbe Gewebe im Inneren der Blumen eintauchen. Bei Tagesanbruch schließen sich die Blütenblätter wieder und sperren die Käfer ein, die in Ruhe weiterfressen. Als Nächstes verwandeln sich die weißen Wasserlilien in männliche Blumen mit rosafarbenen Blütenblättern. Sie wechseln ihr Geschlecht, ähnlich wie die Hauptfigur in Virginia Woolfs Roman *Orlando*.[66] Bei Sonnenuntergang öffnen sie sich wieder und entlassen die Käfer, die jetzt ganz mit Pollen bedeckt sind. Die Käfer fliegen los und wiederholen den Zyklus mit der nächsten Gruppe von weißen Wasserlilien, die sich am folgenden Abend öffnen. Die rosafarbenen Lilien, die nun befruchtet sind, ziehen sich unter die Wasseroberfläche zurück. Und so wiederholt sich dieser komplizierte Rhythmus wieder und wieder, dieses Geben und Neben von Bestäuber und Pflanze.[67]

Alex, Beverley und das Team im Botanischen Garten der Universität Cambridge haben nicht versucht, Beete mit strikten Stundeneinteilungen anzulegen, die als Uhr fungieren könnten. Diese Aufgabe gilt selbst unter Spezialisten als absolut schwierig.[68] Aber sie kennen jemanden, der genau das getan hat, nämlich ihren ehemaligen Kollegen Sylvain Aubry. Er gehört zu den wenigen, die in den letzten Jahren damit experimentiert haben, Linnés Schema in die Praxis umzusetzen. Im Jahr 2022 hat er im Botanischen Garten von Bern mit seinem Team eine Blumenuhr angelegt.

Sylvain ist Biologe und erforscht, wie sich Pflanzen entwickeln, um mit Variationen in der Tageslänge zurechtzukommen. Doch genau wie Alex ging es ihm nicht darum, zu zeigen, wie grüne Wesen ticken. Heutzutage bewegt sich die Chronobiologie der Pflanzen auf molekularer Ebene. Das Berner Experiment war eher eine Art »Vintage-Wissenschaft«, eine vorübergehende Installation, um Besucher einzuladen, selbst zu beobachten, wie sich Pflanzen im Zusammenspiel mit ihrer Umgebung bewegen.

»Das war wirklich intensive Arbeit«, berichtete mir Sylvain, als wir ein paar Jahre später darüber sprachen. Die Berner Blumenuhr hatte einen eigenen hingebungsvollen Gärtner, und »es bedeutete harte Arbeit, sie von Mai bis September am Laufen zu halten«. Vor Beginn des Experiments musste das Team zunächst herausfinden, welche Pflanzen sich eigneten, denn die Arten, die Linné auflistete, blühen nicht alle zur selben Jahreszeit, und außerdem sind die Lichtverhältnisse in Bern ganz anders als in Uppsala. Andererseits gibt es heute mehr kommerziell verfügbare Pflanzen als damals. Doch verschiedene Varietäten von z. B. Zucchini bringen auch Blüten mit unterschiedlichen Gewohnheiten hervor. Zwei Sommer lang mussten mehr als 50 Kandidaten getestet werden. »Am Ende«, so Sylvain, »hatten wir um die 20 Arten, die eine anständige Linné-Uhr ergeben würden.« Je nach Monat konnten die Stunden an Winden,[69] blauem Enzian,[70] Bocksbart, Sonnenröschen,[71] Zichorie, Gewöhnlichem Ferkelkraut,[72] Stern von Bethlehem,[73] Gazanie und Acker-Lichtnelke[74] abgelesen werden.

Hat das Experiment denn nun funktioniert? »Die meiste Zeit schon«, bestätigte Sylvain im Gespräch. »Gazanien sind perfekte Uhrenpflanzen, solange die Wolkendecke nicht zu dicht ist.« Der Zeitpunkt, zu dem sich ihre Blüten öffneten und schlossen, hat den ganzen Sommer nicht mehr als eine halbe Stunde variiert. »Enzian ist auch sehr gut«, ergänzte er, »aber sehr empfindlich gegen Regen.« Und genau wie bei uns hängt auch die Bewegungsfreude der Blumen vom Alter und der Tagesform ab.

Diese Arten, deren Entstehung evolutionär betrachtet Millionen von Jahren auseinanderliegt, kennen viele verschiedene Strategien, so Sylvain. Und es ist auch nicht immer ganz klar, warum eine bestimmte Art sich schließt oder öffnet. Einige Pflanzen haben sich mit dem Rhythmus ihrer Bestäuber synchronisiert, andere schließen sich vielleicht, um die empfindlichen Fortpflanzungsorgane in ihrer Mitte vor der Tageshitze oder der Nachtkühle zu schützen. Bei der einen Art tickt die innere Uhr vielleicht lauter als bei anderen. Das Team hatte eigentlich erwartet, dass bestimmte Arten sich früher schließen, wenn sie bestäubt worden sind, doch diese Hypothese konnte nicht mit Sicherheit bestätigt werden.[75] Immerhin konnte man beobachten, dass einige Arten aus Linnés Tabelle, darunter Zichorie und Bocksbart, ihre Öffnungszeiten im Laufe der Zeit deutlich änderten. Dieser Wechsel des Timings, so Sylvains Überlegung, war vermutlich durch die Veränderung der Tageslänge und Temperatur beeinflusst.[76]

Blumen so zu arrangieren, dass sie wie ein Uhrwerk funktionieren, erwies sich als noch schwieriger, als dieses erfahrene Team es sich vorgestellt hatte. Das liegt aber nicht daran, dass Blumenuhren langweilig oder zu schlicht sind. Nach den Gesprächen mit Sylvain, Alex und Beverley ist mir klar, dass das Gegenteil der Fall ist. Pflanzen besitzen eine erstaunlich ausgefeilte Fähigkeit, sich und ihre Methode der Zeitmessung auf die Außenwelt einzustellen.

Wenn wir uns mit Linnés Idee beschäftigen, erwarten wir vielleicht zunächst ein Schauspiel streng kontrollierter Blumen, die funktionieren wie eine Uhr. Doch wie sieht es in Wirklichkeit aus? Was für eine Art von Zeit können wir von einer Uhr aus lebenden Blumen ablesen?

Sylvain berichtete mir von Gesprächen mit Besucherinnen und Besuchern wie auch mit Kolleginnen und Kollegen, die gemeinsam mit ihm die Uhr betrachteten, die da in Bern wuchs. Eine der wichtigsten Erkenntnisse war, dass eine Blumenuhr nicht unsere Art von Zeit repräsentiert, sondern die Zeit der Blumen und ihrer Bestäuber. Ihre Rhythmen sind bestimmt vom Sonnenlicht, von der Wärme der Luft, von der Berührung durch eine Biene. Und diese Empfindsamkeit für die Außenwelt, vor allem für die Tageslänge, hat »unsere sehr starren westlichen Zeitvorstellungen infrage gestellt«, so Sylvain. »Wir spüren das ja selbst, wenn die Tage kürzer werden. Gerade dann erleben wir, dass unsere Uhrzeit und die Welt um uns herum nicht übereinstimmen.«

Ich empfinde das ähnlich. Der Rhythmus der lebendigen Blumen in den Straßen und Parks um mich herum steht dem mechanischen Herzschlag der Stadt entgegen. Es liegt eine sanfte, aber geradezu radikale Freude darin, die Zeit anhand der Bewegungen ihrer Blüten und Laubblätter zu erspüren.

Eines Abends sprach ich mit Jmeel und Shab über die himmelblauen Zichorien und den Rotklee. Die beiden fanden die richtigen Worte für das, was mich daran so sehr fasziniert: »Ihre Bewegungen«, so Jmeel, »erinnern uns daran, dass Pflanzen wirklich lebendig sind und nicht nur eine dekorative Kulisse für unser menschliches Drama.« Und das gilt für alle Pflanzen, nicht nur für die, deren Entfaltung oder Neigung unsere Aufmerksamkeit auf sich zieht.

Zugegeben: Meine leichte Besessenheit von Blumen mit rhythmischen Bewegungen führt vielleicht manchmal dazu, dass ich mich allzu sehr mit ihnen identifiziere. Ich merke auf, wenn ich eine Pflanze sehe, die dabei ist, ihre Augen zu schließen, oder die auf eine kaum beschreibbare Weise ein Mittagschläfchen hält.

Doch wenn wir menschliche Züge auf nichtmenschliches Leben übertragen, laufen wir Gefahr, die Unterschiede zwischen den nichtmenschlichen Arten zu übersehen. Gleichwohl: Wenn ich wie zum Spaß einer Pflanze zunicke, die langsam ihren Kopf senkt, empfinde ich das als einen absurd-zärtlichen Akt, der unsere gemeinsame Existenz ebenso anerkennt wie unsere absolute Einzigartigkeit.[77] In jedem Fall weiß ich, dass mich die Gesamtheit der Pflanzen umso mehr faszinierte, je länger ich mich mit den Gewohnheiten einer kleinen Gruppe beschäftigte. Heute schenke ich dem erstaunlichen Leben der Pflanzen, ihren Bestäubern und auch den Menschen, die sie pflegen, viel mehr Aufmerksamkeit.

Nach jenem Sommer, in dem der Wiesen-Bocksbart eine Saison lang auf unserem Parkplatz gewachsen war, haben wir die Pflanze nie mehr an diesem Ort gefunden, obwohl ich sogar versucht habe, ihn wieder auszusäen. An seiner Stelle habe ich Kalifornischen Mohn[78] mit seinen orangefarbenen Blüten gepflanzt. Shab findet mich also immer noch gelegentlich beim Fahrradschuppen, wo ich darauf warte, dass eine Blüte sich öffnet. Und ich habe auch Nacht-Levkojen[79] auf dem Parkplatz gesät, deren lieblicher Duft sich jetzt mit Jasmin und Geißblatt mischt.

Wenn ich im milden Abendlicht herumlaufe, Blumen beobachte und an ihnen schnuppere, höre ich manchmal jemanden, der am Küchenfenster steht und beim Abwasch zum Klappern der Teller singt. Was für eine gute Art, sich die Arbeit zu verschönen!

Und so wollen wir uns nun an einen Ort und in eine Zeit begeben, wo die Menschen in ihrem Alltag bei der Arbeit ständig sangen.

Kapitel 3

Arbeitslieder und Furchenlängen

Im Takt der menschlichen Stimme und des Körpers bleiben

Der Ort: eine kleine, sturmumtoste Insel der Äußeren Hebriden vor der Küste Schottlands. Die Zeit: ein milder Herbstmorgen. Ein paar Schafe rupfen das grobe Gras auf dem Hügel. Graue Möwen schweben über der ruhigen Bucht. Ein kleines Boot fährt zügig über das Wasser, die Ruderer singen den Takt. Ihr Lied erreicht die Uferwiese, wo ein Mädchen singt, während es die Kühe melkt. Es nickt den Frauen zu, die ein paar Bretter, die sie sich am Anleger ausgeborgt haben, zu dem kleinen Hof tragen. Als die Frauen bei der Scheune ankommen, legen sie die Bretter auf ein paar Hocker, sodass ein stabiler Tisch entsteht. Sie bereiten sich darauf vor, eine neue Bahn Tweed fertigzustellen, indem sie den Stoff kneten, bis er schrumpft und weich wird. Sie legen die schwere Bahn aus nassem Wolltuch auf den Tisch und setzen sich rundherum. Dann schlagen sie mit den Handflächen auf den Tisch, und während der Beat lauter wird, beginnen sie zu singen. Sie bewegen ihre Körper wie die Ruderer auf dem Wasser – sie greifen den Stoff, schlagen, schieben und geben ihn in einer synchronen Bewegung weiter. Und dabei wird der Puls ihres Liedes immer schneller.[1]

Dieses musikalische, lyrische und rhythmische Bild beschreibt, wie es an einem gewöhnlichen Tag in den Fischer- und Bauerndörfern auf den Äußeren Hebriden zugegangen sein könnte, jedenfalls zu einer Zeit vor drei oder vier Generationen. Heutzutage bringen vermutlich die wenigsten von uns das Musizieren mit Arbeit in Verbindung. Doch an diesem Ort waren Lieder und Dichtung eng mit dem Alltag verwoben, der bestimmt war von der Herstellung von Dingen, vom Fischen, dem Ackerbau, der Viehhaltung und harter körperlicher Arbeit. Die gälische Traditionsträgerin Annie Johnston (Anna Aonghais Chaluim, geboren 1886) schrieb, ein großer Teil der Lieder, die auf ihrer Heimatinsel Barra gesungen wurden, seien Arbeitslieder gewesen: Lieder, die beim Spinnen, Weben, Melken, Viehhüten und Rudern gesungen wurden. Lieder, die die Arbeit erleichterten und Gemeinschaftsarbeiten aller Art eher ein Vergnügen als eine Last werden ließen.[2]

Überall auf der Welt gibt es solche Gesangstraditionen, die den Geist erheben und die Langeweile lindern, während man eine lange, schwere, monotone Arbeit verrichtet.[3] Und ein Teil der Lieder dient auch dazu, die Arbeit leichter zu machen, indem sie den Puls und Takt angeben und dafür sorgen, dass sich die Körper im Einklang bewegen. Anders gesagt und um den Unterschied noch klarer zu machen: Manche Arbeitslieder dienen sowohl dazu, die Zeit zu messen, als auch dazu, sich die Zeit zu vertreiben.[4]

Viele der Lieder und Gesänge in diesem Kapitel, die dazu genutzt wurden, Zeit zu messen – also Bewegungen zu synchronisieren, das Tempo zu halten, die Dauer abzuschätzen –, sind nicht so präzise wie eine Uhr, ein Metronom oder eine Time-Tracking-App, aber sie können mehr als diese. Wer bei der Arbeit ein Gebet spricht, segnet sie. Lieder können auf den Rhythmus einer bestimmten Arbeit abgestimmt sein. Und wie schon Annie Johnston bemerkte: Singen macht die Last leichter.

Die zu Beginn dieses Kapitels beschriebene Szene zeigt ein besonders schönes und komplexes Beispiel dafür, wie bei einer gemeinschaftlichen Arbeit gesungen wird. Die Frauen walken den Tweed, ähnlich wie die Gruppe auf dem nächsten Foto, das 1934 auf der kleinen Hebrideninsel Eriskay aufgenommen wurde.

Die Herstellung von Tweedstoffen war eine gemeinschaftliche Arbeit, die im Sommer begann, wenn die Schafe der Insel geschoren wurden. Die Wolle wurde dann gewaschen, gekämmt und kardiert und anschließend zu Garn versponnen. Dann wurde auf den Webstühlen, die auf den Höfen standen, das Tuch gewebt. Manchmal wurde die Wolle gefärbt, z. B. mit Nessel (hellblau) oder Heidekraut (gelb) oder anderen Substanzen, um Farbschattierungen zu erzeugen. Fixiert wurde die Farbe, indem man das Tuch in abgestandenem Urin einweichte. Später dann, wenn die Feldarbeit weniger wurde, kam das Walken *(luadh)* an die Reihe, indem man das Tuch schlug, was viele Stunden dauern konnte.

Das Walken hatte den Zweck, den Stoff schrumpfen zu lassen und dichter zu machen. So wurde er weicher, dicker und winddicht, was für Kleidungsstücke, die im rauen Wetter des Nordatlantiks getragen wurden, sehr wichtig war. Die Inselbevölkerung hatte ihre eigenen lokalen Methoden, diese schwere Arbeit auszuführen. Es gab keine starren oder festen Regeln, aber gesungen wurde immer. Unter den traditionellen Liedern von den Hebriden, die uns überliefert sind, stellen die Walk-Lieder *(òrain luaidh)* die größte Gruppe.

Kehren wir zurück zu der musikalischen Szene, wie sie sich zugetragen haben könnte, in einer Scheune, einem Webschuppen oder im Zuhause einer der Frauen.

Während die Hände auf den Tisch schlagen, singt die Vorsängerin: »Ach, was für ein Kummer, dass ich nie und nimmer eine Wildgans oder eine graue Möwe bin.« Während sie Luft holt, antworten die anderen mit einem Refrain aus stark akzentuierten Silben: »O ho rò hò gù.« Die Vorsängerin fährt fort: »Schwimmen könnt ich dann im großen Ozean.« Und wieder antworten die Frauen: »O ho rò hò gù.« – »Fliegen könnt ich dann zur hohen Burg.« – »O ho rò hò gù.« – »Brechen könnt ich dann das feste Schloss.« – »O ho rò hò gù.« – »Und dann ließe ich dich endlich frei.« – »O ho rò hò 'gu.«[5]

Der nasse Wollstoff ist rau und riecht unangenehm. Die Hände der Walkerinnen sind kalt und wund. Sie atmen schwer bei der harten Arbeit. Doch sie singen ihre »beating songs« *(òrain bualadh)* immer weiter. Wenn sie sich aufgewärmt haben und in Schwung gekommen sind, beschleunigt die Vorsängerin das Lied, sodass die Frauen sich immer schneller bewegen. Pausen machen sie bei der Arbeit kaum, denn es heißt, das würde Unglück über das Tuch bringen.[6]

Die Walkerinnen singen von Meer und Land, von Vögeln und Blasentang, von Wild und Elfen. Ihre Lieder erzählen vom Melken, Viehhüten und Jagen. Es gibt alte Balladen über die Clans und ihre Häuptlinge, über Siege und Niederlagen. Es gibt erschütternde Trauerlieder über Ertrunkene, Hungersnöte, Elend und Gewalt. Ein Lied handelt von der Angst einer Mutter, ihr Kind könne während der Zeit der Kartoffelfäule an Diphterie erkranken.[7] Mehr als einmal hören wir die Stimmen von Frauen, die von ihren »hochgeborenen« Liebsten verlassen wurden: »Ich bedeute dir nicht mehr als die Vögel in der Luft.«[8] Und natürlich gibt es auch lüsterne Liebeslieder: »Du bist meine Haselnuss, meine Beeren, du bist mein Nest im Gras, mein wilder Honig.«[9] Die Verse können von den Walkerinnen im letzten Winter erdacht worden sein, vor einer Generation oder vor 400 Jahren – jede Sängerin verleiht ihnen ihre eigene Bedeutung.[10]

Sobald sich die Wolle im Verlauf des Walkens leichter verarbeiten lässt, werden auch die *beating songs* leichter, und ihr kräftiger Takt wird schneller. Nach vielleicht sieben oder acht Liedern misst die Vorsängerin die Breite des Tuchs mit der Hand ab, um festzustellen, ob es schon genug geschrumpft ist. Wenn nicht, entscheidet sie, dass es noch zwei Lieder mehr braucht. Ist die Dicke und Textur dann richtig, enden die *beating songs*, und die Walkerinnen rollen das Tuch auf, während sie ein langsameres Lied singen, den sogenannten »folding song« *(òran pasgaidh)*. Sobald das Tuch aufgerollt ist, verändert sich die Energie wieder, denn jetzt kommen die »clapping songs« *(òrain basaidh)*. Diese schnellen Lieder werden gesungen, während zwei Frauen einander gegenüberstehen und das Tuch mit den Händen schlagen, mit einem Tempo von etwa zwei Schlägen pro Sekunde.[11] Diese *clapping songs* sind schnell, lustig und boshaft. »Ich heirat' keinen alten Mann«, singen die Frauen. »Der denkt, der Mond ist wohl die Sonn'. Er denkt, der Schnee ist Zucker. Er denkt, die Felsen sind Schafe. Nein, nein, nein. Ich heirat' einen jungen Mann, der mich hochhebt und aufs Lager legt.«[12]

Und so wird der Stoff, der zum Klang von langsamen, traurigen Liedern gewalkt wurde, am Ende mit Fröhlichkeit in die Welt hinausgeschickt. Die Walkerinnen feiern anschließend mit Tee und Keksen. Beim Feiern wird gesungen, getanzt und gejubelt.

Nur wenige Menschen haben heute so viel Tweed von Hand gewalkt und dabei so viele Arbeitslieder gesungen wie Frances Dunlop. Sie ist die Leiterin der Sgioba Luaidh Inbhirchluaidh, einer Singgruppe, die sie vor etwa 20 Jahren im Bezirk Inverclyde (Inbhirchluaidh) westlich von Glasgow gegründet hat.[13] Sgioba Luaidh hat sich auf schottisch-gälische (Gàidhlig) Arbeitslieder spezialisiert, vor allem auf die Waulking Songs. Heutzutage wird beim Singen manchmal auf das Trommeln am Tisch verzichtet, doch für Sgioba Luaidh sind der Klang und die Bewegung der Arbeit untrennbar mit der Musik verbunden. »Auf einem guten, festen Holztisch entsteht dieses trommelnde Geräusch, das wirklich dazugehört.« Wir unterhalten uns per Videocall an einem Abend im Jahr 2024, und als Frances das Trommeln mit ihrer Hand vormacht, wackelt das Bild auf meinem Bildschirm. »Siehst du! Wir haben früher immer bei mir zu Hause geprobt, und mein Tisch ist auch nicht mehr, was er mal war.«

Wenn Sgioba Luaidh singen, schlagen sie dabei meistens auf ein trockenes Tuch. Doch die Gruppe ist auch insofern ungewöhnlich, als sie alle zusammen schon mehr als ein Dutzend Mal handgewebten Tweed gewalkt haben. Allerdings war der Stoff vorher in einer hygienischen Seifenlauge eingeweicht worden und zum Glück nie in abgestandenem Urin. (»Heutzutage achtet man eben auf Gesundheit und Sicherheit«, sagt Frances. »So ganz echt ist das nicht, aber man kann das einfach nicht mehr machen.«)

Ich möchte von Frances erfahren, warum die Walkerinnen so viel Energie ins Singen investieren, während sie ihre schwere Arbeit verrichten. »Na ja, du solltest sie mal sehen, wenn sie nicht singen – dann geht alles durcheinander!«, erklärt sie mir. »Der Rhythmus des Liedes hilft, den Takt zu halten. Das Tuch wird ja ständig weitergeschoben, damit es gleichmäßig bearbeitet wird.« Außerdem, so Frances, macht das Singen fröhlich und hilft, »die Arbeit voranzubringen, denn sie ist ja sehr ermüdend. Wenn man singt, kann man das Schlagen zwei oder drei Stunden lang durchhalten, oder sogar noch länger.«

Walken war stets Frauenarbeit und wurde mit großer Sorgfalt durchgeführt. »Das musste auch so sein – das Leben eines Mannes konnte von guter, kräftiger und wetterfester Kleidung abhängen«, erklärt mir Frances. »Es gibt ein gälisches Lied, in dem es heißt: Nicht die Kälte hat mir meinen Mann genommen. Nein, es war der Stoff, der nicht ordentlich gewalkt war.«[14] So wichtig war diese Arbeit. »Und die Frauen waren sehr, sehr stolz auf diese Arbeit, mit der das Tuch fertiggestellt wurde.«

Der Refrain ist der Teil des Liedes, der dafür sorgt, dass die Arbeit vorangeht, so Frances. Gemeint ist der Gruppen-Refrain, der normalerweise auf die Verse der Vorsängerin folgt. Er besteht aus rhythmischen Silben, die »vocables« genannt werden – das »O ho rò hò gù« haben wir schon kennengelernt – und in jedem Lied wieder anders lauten. Sie bilden keine Wörter, klingen aber wie eine Antwort der Gruppe auf die Vorsängerin. Der Refrain wird in einem kräftigen, treibenden Takt gesungen, während die Frauen mit den Händen auf den Tisch schlagen. Ein Augenzeuge schreibt, die Bewegungen der Frauen, zu Beginn noch langsam, seien perfekt aufeinander abgestimmt. »Und wie alle koordinierten Bewegungen auf diesen Inseln vollziehen sie sich *deiseil*, also mit der Sonne.« Das heißt, der Stoff wird so weitergeschoben, wie sich die Sonne von Osten nach Westen über den südlichen Horizont bewegt.[15]

Normalerweise leitet die Vorsängerin die Walkerinnen an wie der Schlagmann in einem Boot. Sie singt ihre Verse und bestimmt das Tempo, in dem der Stoff bearbeitet wird. So ein Lied kann durchaus 40 oder 50 Verse haben. Während die Walkerinnen den Refrain singen, hat die Vorsängerin die Möglichkeit, durchzuatmen und sich den nächsten Vers ins Gedächtnis zu rufen.

Wie fühlt es sich an, als Walkerin Teil der sich wiederholenden Bewegung zu sein und den Refrain in einem sehr langen, immer schneller werdenden Zyklus mitzusingen? Diese Frage stelle ich der gälischen Vorsängerin Fiona J. Mackenzie, die mir vom Tweed-Walken per Hand erzählt. »Du bist dir der anderen sehr bewusst«, sagt sie. Man sei den Frauen links und rechts körperlich sehr nahe und bewege sich fast wie ein Körper. Es sei anstrengend, aber man denke nicht bewusst darüber nach, was man tut, sondern mache einfach immer weiter.

Beide Frauen, Frances und Fiona, beschreiben das Gefühl, das dabei entsteht, als »hypnotisch«. Für Annie Johnston, die Anfang bis Mitte des 20. Jahrhunderts darüber schrieb, war diese Empfindung der Schlüssel dafür, dass die Lieder die Arbeit »eher zu einem Vergnügen als zu einer Last« machten. Es war die hypnotische Wirkung von Melodie und Rhythmus, so Annie Johnston, die die Walkerinnen immer weitermachen ließ, fast bis zur Erschöpfung.[16]

In den 1950er-Jahren erinnerte sich Margaret Fay Shaw, Expertin für gälische Lieder, dass die Person, die den Vers sang, »immer absolut synchron mit dem Walken war, mit einem Rhythmus, der mir wie ein Wunder vorkam«.[17] Das heißt aber nicht, dass die Vorsängerin einen strikten Takt einhielt. Fiona kann das erklären: »Da wird mal ein Schlag ausgelassen oder übersprungen, und es gibt Betonungen, die dem Text entsprechen.« In dieser mündlichen Tradition hat das Wort immer Priorität. »Eine wirklich gute traditionelle Sängerin kann man daran erkennen, dass sie die Wörter so singt, als würden sie gesprochen.«

Wer in der Tradition westlicher Klassik oder Popmusik aufgewachsen ist, wird Mühe haben, das zu verstehen. Selbst Frances brauchte ein Jahr, um ihre klassische Ausbildung zu »vergessen«, in der man »nach einem festen Takt singt und jede Punktierung exakt einhält«. Eine der größten Herausforderungen beim Singen der alten Lieder, so erzählt sie mir, entsteht eigentlich genau dann, wenn sie in moderner Notation aufgeschrieben worden sind. »Das lässt sie versteinern, es betoniert sie förmlich ein, der ganze Fluss, die Flexibilität, die sie haben sollten, geht verloren.«

Wenn Rhythmen, die eher elastisch angelegt sind, in Notenschrift aufgezeichnet werden, wird immer ein standardisiertes, metronomisches Tempo angegeben. Fiona stimmt Frances zu – sie habe oft versucht, Lieder aufzuschreiben, und irgendwann auf Taktstriche verzichtet. Aber wenn man mit Bandbegleitung singt, überlegt sie, »dann geht es nicht ohne Takte, und das verändert den Charakter ganz entscheidend«. Beide Frauen bringen ihre Sorge darüber zum Ausdruck, was das mit der Zukunft der Lieder macht.

Ich bin keine Musikerin und singe eigentlich nur, um mir auf langweiligen Autofahrten die Zeit zu vertreiben – will sagen, ich jaule ein paar Popsongs mit, die letztlich alle im Vier-Viertel-Takt und mit etwa 120 Beats pro Minute geschrieben worden sind.[18] Damit ich besser verstehe, worum es geht, singt Frances mir einen

Waulking Song vor. Ich brauche eine Weile, um meine Erwartungen abzulegen, doch dann höre ich es allmählich. Während ihre Hand einen regelmäßigen Takt schlägt, umspielen ihre Worte ihn wie Wellen.

Einer der lebendigsten Berichte über das Leben auf den Äußeren Hebriden in früheren Zeiten stammt von Margaret Fay Shaw. Die junge amerikanische Musikerin reiste im Jahr 1929 ans andere Ende des Nordatlantiks, um »die Alltagslieder der gälischen Menschen zu hören: Lieder, die sie sangen, wenn sie ihre Kinder wiegten oder am Spinnrad arbeiteten«.[19] Sechs Jahre lang lebte sie auf der langgestreckten Insel South Uist. Sie wohnte bei den Schwestern Peigi und Màiri MacRae in einem der reetgedeckten Cottages, die »wie Heuhaufen am Rande der Welt« standen.[20] Es gab schreckliche Stürme und keinen elektrischen Strom. Doch sie erinnerte sich später daran, wie sehr sie dieses Leben liebte. Shaw lernte die Sprache und Kultur der Fischer und Bauern. »Ich liebte ihre Lieder«, schreibt sie. »Die Melodien waren einfach himmlisch.«[21] Und sie liebte die Menschen auf den Inseln, vor allem die beiden MacRae-Schwestern.

Das Bild auf dieser Seite fotografierte Shaw etwa 1930 auf South Uist; es zeigt Peigi MacRae mit ihrer Kuh Dora. Dora gab keine Milch, wenn man beim Melken nicht sang,[22] also singt Peigi sicher auch auf diesem Bild, ganz im stetigen Rhythmus ihrer melkenden Hände. Shaw beschreibt auch, wie Peigi bei allen möglichen anderen Arbeiten sang, so als würden ihre Lieder aus der Arbeit herausfließen. Am Spinnrad »brachte der Rhythmus ihrer Füße auf dem Pedal die Lieder so natürlich hervor, wie ihre Finger die Wolle zu Garn verdrehten«.[23]

Es gab eine Zeit, so erklärt mir Fiona, da sangen die Menschen auf den Hebriden bei jeder Art von Arbeit. »Singen war ihr Leben. Es war der Rhythmus ihres Lebens. Ob sie den Boden fegten oder die Hühner fütterten, alles hatte einen Rhythmus. Ob sie die Wäsche aufhängten oder die Betten ausklopften, zu allem gab es ein Lied. Was auch immer sie taten, es hatte einen Rhythmus und eine Melodie. So war das einfach.«

Die Lieder passten zum Rhythmus und Tempo der jeweiligen Arbeit. Die verschiedenen Arbeitsgänge beim Walken verlangen entweder *beating songs* mit ihrem sich steigernden Puls oder langsame *folding songs*. Auf Uist und Barra gab es die schnellen *clapping songs*. Und es gibt noch weitere Lieder, die das Tempo anderer Arbeiten in sich tragen. Als Beispiel singt mir Frances ein Spinnlied vor, »Fuirich An Diugh Gus Am Maireach«. Es hat einen hüpfenden, sich beschleunigenden Rhythmus, der dem Drehen des Spinnrades folgt und dann auf einem einzelnen langen Ton pausiert. »Da wird das Garn ausgezogen«, erklärt sie. Die Spinnerin streckt den Arm aus und zieht die Wolle aus. Leider verstehe ich den Text des Liedes nicht, weil ich kein Gälisch kann. Doch der unerwartete Rhythmus und die rollende Melodie sind faszinierend, und Frances singt mit sehr viel Gefühl in ihrer sanften Stimme.

Querning Songs folgen einer anderen Bewegung. Die *quern* ist ein sehr altes Werkzeug, das auf der ganzen Welt benutzt wird, um mit der Hand Getreide zu mahlen. Sie besteht aus zwei Scheiben aus Stein, die übereinandergelegt werden. Der obere Stein hat ein Loch, durch das das Getreide in die Mühle geschüttet wird. Dann wird der obere Stein rundherum gedreht, um die Körner zwischen den beiden Steinen zu mahlen. Die Rotation kann nicht gleichmäßig ausgeführt werden, kein Wunder also, dass auch die entsprechenden Lieder einen unregelmäßigen Rhythmus haben.[24]

Das Mahlen von Hand ist auf den Inseln schon vor vielen Generationen ausgestorben. Im 18. Jahrhundert ließen die Grundbesitzer die Mühlsteine zerstören und zwangen ihre Pächter, für die Benutzung ihrer mechanischen Mühle zu bezahlen.[25] Einer der wenigen *querning songs, die* noch erhalten sind, hat eine fröhliche Melodie und trägt den Titel »Brà brà bleith«. Es gibt eine Aufnahme aus den 1950er-Jahren, auf der Annie Johnston dieses Lied singt.[26] Wenn Sie es sich anhören, werden Sie feststellen, dass der Refrain sehr gleichmäßig ist. Doch in den Strophen ist der Textrhythmus sehr dehnbar und kompliziert.

Da die gälischen Lieder mündlich tradiert werden, können sie sich bei der Weitergabe von einer Stimme zur anderen oder einem Ort zum anderen verändern. Frances erklärt mir den Text des Mühlenliedes, so wie sie ihn kennt. Alte Frau, heißt es da, dreh die quern, und du bekommst Bannockbrot (ein Fladenbrot aus Hafer- und Gerstenmehl). Das ist nicht meine Aufgabe, antwortet die Frau. Dreh die quern, und du bekommst Käse, heißt es daraufhin. Nicht meine Aufgabe, antwortet die Frau wieder. Dreh die Mühle, und du bekommst den Sohn des Hauses. Oh, sagt sie, dann mahle ich. Ich mahle! Frances muss über die Begeisterung der Frau lachen.

Gesang bei der Arbeit war in der poetischen Kultur der Hebriden bis vor etwa einer Generation üblich. Noch bis in die 1950er-Jahre wurde in einigen Gegenden der Tweed von Hand gewalkt, und dazu wurde gesungen. Und auch wenn wir es uns heute nur schwer vorstellen können: Singen war in ganz Großbritannien, wenn auch zu verschiedenen Zeiten und an verschiedenen Orten, ein Teil der Alltagsarbeit.[27]

Stellen wir uns den Gebirgszug der Pennines in Nordengland vor 200 Jahren vor, genauer gesagt die Dales zwischen Richmond und Kendal. Grasbewachsene Hänge, kreuz und quer von Schaf- und Ponypfaden, Fußwegen und Bächen durchzogen. Im Moor- und Marschland hört man die Rufe des Großen Brachvogels und der Rohrdommel. Auf den Weiden brüten Kiebitze. Wo die Hänge sanft zum Talboden hin auslaufen, stehen Bauernhäuser mit Steinmauern und Dörfer zwischen schützenden Bäumen. Und überall rundum – in den Schafspferchen, im Moor, auf den Feldwegen, am Herd – stricken Menschen, während sie gleichzeitig anderen Arbeiten nachgehen.[28]

Als der Maler George Walker zu Beginn des 19. Jahrhunderts in Wensleydale ankam, stellte er fest, dass fast alle Menschen strickten, sobald sie ihre Hände nicht für irgendeine andere Tätigkeit brauchten. »Junge und Alte, Männer und Frauen, sie alle beherrschen diese Kunst«, bemerkte er. »Schäfer, die ihre Herden bewachen, Männer beim Viehtrieb, Frauen auf dem Weg zum Markt, sie alle sind auf diese Weise fleißig und doppelt beschäftigt.«[29] Andere Besucher beobachteten im 18. und 19. Jahrhundert ähnliche Szenen in dieser entlegenen Dales-Region von Yorkshire und Westmorland (heute Cumbria). Für die Menschen dort war die Herstellung von Wollstrümpfen, Handschuhen, Mützen und anderen Strickwaren für die städtischen Märkte zu einer Möglichkeit geworden, ihre mageren Einkommen aus anderen Tätigkeiten aufzubessern – und diese Tätigkeiten gleichzeitig weiterzuführen.[30]

Durchaus passend für eine Gemeinschaft, in der Schafhaltung weit verbreitet war, zählten die Dales-Strickerinnen und -Stricker ihre Maschen, indem sie die Zahlwörter sangen, die auch für das Zählen von Schafen verwendet wurden: *Yahn, tayhn, tether, methe, mimph …*[31] Und sie sangen Zähllieder, die ihnen sowohl die Zeit vertrieben, als auch dafür sorgten, dass die Nadeln gleichmäßig und schnell liefen.[32] Besonders berühmt war Dentdale für seine Strickerinnen. In einem alten Gedicht heißt es, ein »kluges Mädchen« aus Dent sei in der Lage gewesen, zu stricken, zu singen, seinen Melkeimer zu tragen und seine Kühe auf die Weide zu treiben, alles zur selben Zeit.[33] Vielleicht hat das Singen dieser gewieften Multitaskerin geholfen, ihre strickenden Hände und ihre Füße zu koordinieren – und vielleicht hat es zugleich auch noch die Kuh angetrieben.

Die Dales-Strickerinnen und -Stricker sind für ihr blitzschnelles Stricktempo bekannt, das durch eine spezielle Technik mit gebogenen Nadeln erreicht wurde. In dem Buch *The Old Hand-Knitters of The Dales* (1969) erklären die Historikerinnen Marie Hartley und Joan Ingilby, das »Geheimnis der Methode« liege im »rhythmischen Auf und Ab der Arme«. Der Körper der strickenden Person bewege sich dazu »wie beim Schlagen einer Trommel«. Auf diese Art sei es unmöglich, langsam zu stricken. »Die Maschen fliegen so schnell von einer Nadel zur anderen, dass das Auge ihnen gar nicht folgen kann.«[34]

Alle Mitglieder des Haushalts strickten, von den Alten bis zu den jüngsten Kindern. Mit anderen Worten: Diese niemals endende, grenzenlose Form der Heimindustrie beruhte auf Kinderarbeit, und die Erfahrung konnte sehr trostlos sein. Eine ältere Frau blickte zurück auf die Zeit um 1760, die sie als kleines Kind in einer Strickschule verbracht hatte. Die Kinder strickten, so schnell sie konnten, und sangen dazu ein monotones Lied. Erst wenn sie ihr Tagespensum geschafft hatten, durften sie zum Essen gehen. »Bei Nacht und Tag«, so erinnerte sie sich, »gab es nichts anderes als *dieses* Stricken.«[35]

Wenn ihre Schule wie die Spitzenklöppelschulen in Mittel- und Südengland war, dann wäre sie wirklich schlimm gewesen. Dort wurden Kinder ab einem Alter von fünf Jahren für die Herstellung von Klöppelspitze ausgebeutet. Die Arbeitsdisziplin wurde mit dem Stock kontrolliert, und das Können bemaß sich »an der Zahl der Nadeln, die pro Stunde gesetzt werden«, so die Leitung.[36] In einer Spitzenklöppelschule in Northamptonshire beispielsweise »mussten die Mädchen zehn Nadeln pro Minute stecken, das entspricht sechshundert pro Stunde, und wenn ihnen am Ende des

Arbeitstages noch fünf Nadeln fehlten, mussten sie eine Stunde nachsitzen«.[37] Um Rhythmus und Tempo zu halten und »die noch verbleibende Arbeit abzuschätzen«,[38] sangen die Kinder Zähllieder, die »Tells« genannt wurden. In den Schulen gab es nach jedem Zählen eine Zeit, in der still gearbeitet werden musste, der sogenannte *glum*. Wenn ein Kind während dieser Phase aufblickte oder sprach, wurde der *glum* verlängert.[39] In der Wissenschaft bewertet man heute die Zähllieder dieser Schulen als ein besonders drastisches Beispiel für die potenzielle Grausamkeit von Liedern, die Tempo, Konzentration und Gleichmaß erzwingen.[40]

Ein entscheidender Unterschied zwischen verschiedenen Arten des Singens während einer körperlichen Tätigkeit liegt, so der Historiker Ken Mondschein, in der »verkörperten Erfahrung« der arbeitenden Personen. Wird ihnen das Timing aufgezwungen bzw. steht es im Widerspruch zu ihrem eigenen Rhythmus und Tempo, oder fließt es auf natürliche Weise aus der Aufgabe und zieht sie in den »gemeinschaftlichen Körper«?

In den Dales scheint die letztgenannte Erfahrung vorgeherrscht zu haben. Es gibt einen Bericht – eine liebevolle Erinnerung – des Cambridge-Dozenten Adam Sedgwick, der 1785 geboren wurde und in Dentdale aufwuchs. Er erinnerte sich daran, wie die Nachbarfamilien am Abend zum gemeinsamen »Sitzen« zusammenkamen und dann beim offenen Feuer gemeinsam zu ihrer Strickarbeit schaukelten. Während sie »in einem Tempo, dem man mit den Augen nicht folgen konnte« arbeiteten, so Sedgwick, erzählten sie sich Geschichten und sangen »alte Lieder von enormer Länge«. Die Erfahrung formuliert er so: Bei diesem gemeinschaftlichen Sitzen »trennten sich Arbeit und Kummer, und Arbeit und Freude waren für eine Weile vereint«.[41]

Eins der wenigen Stricklieder aus den Dales, die uns überliefert sind,[42] ist ein rhythmisches Liedchen aus Dent, in dem von Rockie dem Hund erzählt wird, der über einen nahe gelegenen Hügel rennt, um ein verirrtes Schaf zu finden (ein Drama voller Panik und Herzklopfen, das jede Schäfergemeinschaft kennt). Bei jedem Vers des Liedes wird eine Runde gestrickt, und das geht so, bis 20 Runden fertig sind. Als sollte dabei zu mehr Tempo angespornt werden, endet jeder Vers mit einem fröhlichen »Run Rockie, run Rockie, run, run, run«.[43] Und man kann sich vorstellen, dass gelacht wurde, wenn man gemeinsam Rockie dazu anspornte, dem abtrünnigen Schaf nachzulaufen, während man selbst so schnell wie möglich die nächste Runde strickte.

Im Jahr 1948 sprachen die Historikerinnen Hartley und Ingilby mit einem 95-jährigen Mann aus Dentdale, der sich an die Dorfschule erinnerte, in der die ersten Buchstaben zusammen mit dem Stricken gelehrt wurden. »Er selbst«, so heißt es in dem Buch, »konnte nie mit der schwingenden Bewegung stricken, die Frauen in seinem Haushalt aber sehr wohl«. Doch als Hartley und Ingilby ihre Aufzeichnungen machten, waren die Erinnerungen an die alte Heimindustrie stark verblasst. Es gab »keine Männer und nur noch wenige Frauen« in Dentdale, die noch »nach alter Art« stricken konnten. Die schönen Handschuhe, die zu Beginn des 20. Jahrhunderts für private Kundschaft hergestellt worden waren, galten als »letzte Blüte der alten Strickerinnen«, die in ein Leben hineingeboren worden waren, wo die Fertigkeit im Stricken seit vielen Generationen überliefert worden war.[44]

Mein Großvater wuchs zu Beginn des 20. Jahrhunderts in den Dales unweit Dentdale auf. Meine Mutter betrachtete seine Fähigkeit, zu stricken, mit liebevollem Stolz. In unserem Umfeld weiter im Süden des Landes war das für einen Mann ungewöhnlich – Stricken galt ausschließlich als Frauenarbeit. Ich habe diese Besonderheit immer auf seine erstaunliche Fähigkeit, Dinge zu erschaffen, und auf seinen Wunsch, seine Hände geschmeidig zu halten, zurückgeführt. Doch sind das wirklich die einzigen Gründe? Nachdem ich mehr über die Dales-Strickerinnen und -Stricker gelesen habe, frage ich mich, ob er damit nicht auch die innere Verbindung zu Menschen aufrechterhielt, die längst verloren waren: indem er Dinge herstellte, so wie sie es getan hatten (auch wenn er nicht mehr »nach alter Art« strickte). Leider können wir niemanden mehr danach fragen. Die Erinnerung, dieses Garn, das uns über die Generationen hin verbindet, entgleitet allmählich unseren Händen.

Die berühmte schnelle Handwerkstechnik der Menschen in den Dales stand sogar Pate für einen lokalen Ausdruck, den man benutzte, wenn etwas sehr schnell vorüberging. In dem Gedicht *Reeth Bartle Fair* (1870) von John Harland geht ein Bergmann aus Yorkshire vom Jahrmarkt nach Hause und begegnet seinem Freund Curly. Und dann heißt es: »Setz dich doch für sechs Nadeln, und erzähl uns, was du dort gesehen hast.« Diese »sechs Nadeln« stehen für die kurze Zeit, die man braucht, um die Maschen auf sechs Strumpfnadeln abzustricken.[45] Ich würde dafür eine ganze Weile brauchen, aber in den Dales ist das gleichbedeutend mit einem kurzen Moment.[46]

Diese Analogie ist typisch für eine Region, in der ein spezialisiertes Handwerk ausgeübt wird. Doch überall in der Gesellschaft haben die Menschen früher Zeitspannen mithilfe weitverbreiteter Techniken gemessen, indem sie den Rhythmus von Stimme und Körper nutzten. So gibt es Rezepte zum Kochen von Eiern oder zum Mischen von Farbe, in denen als Dauer »ein Vaterunser lang« angegeben wird.[47] Das Beten war dabei nicht nur nützlich, sondern eine fromme Tätigkeit, die auch dazu diente, die jeweilige Arbeit vor schädlichen Einflüssen zu schützen.[48]

Ging es um eine längere Zeitspanne, dann konnte man das Gebet wiederholen oder ein längeres rezitieren. Oder man konnte langsamer sprechen, wie es in einem Rezept aus dem 17. Jahrhundert empfohlen wird, das Sir Kenelm Digby aufgezeichnet hat. Darin heißt es zur Ziehzeit von Tee: »Das Wasser soll darauf nicht länger stehen bleiben, als man den *Miserere*-Psalm sehr ruhig sprechen kann.«[49]

Eine weitere Möglichkeit besteht darin, die vergehende Zeit anhand der unwillkürlichen Rhythmen unseres Körpers zu spüren, wobei der Hunger vielleicht das auffälligste Signal ist. Das hat man sogar wissenschaftlich untersucht: Mitte des 20. Jahrhunderts wurden für ein Forschungsprojekt Menschen für einen Zeitraum von acht bis 96 Stunden in absoluter Dunkelheit isoliert. Bevor die Isolation beendet wurde, bat man die Versuchspersonen, aufgrund ihrer beobachtbaren Körpervorgänge abzuschätzen, wie lange sie im Dunkeln gewesen waren. Fast alle unterschätzten die Zeit. Sie verließen sich dabei im Wesentlichen auf ihr Hungergefühl, gefolgt von »Bartwachstum, Harndrang, Stuhldrang und Schläfrigkeit«.[50]

Aber wie bewusst und explizit bestimmen Menschen in der realen Welt die Zeit, nicht nur anhand von Magenknurren, sondern auch mithilfe anderer biologischer Prozesse? Eine Quelle, die von der Historikerin Nina Gockerell zitiert wird, erwähnt einen Bericht aus der Steiermark in Österreich, der im späten 18. oder frühen 19. Jahrhundert aufgezeichnet wurde. Darin ist von einem Strafprozess die Rede, in dem ein Dieb die Tatzeit mit »irgendwann um den zweiten Gang« angibt. Gemeint war der zweite Gang zur Toilette, um Wasser zu lassen, etwa um 3 Uhr nachts (der erste Gang wurde gegen 23 Uhr angesetzt).[51] Ich bin skeptisch, ob pünktliche Pinkelrunden wirklich gerichtsverwertbar sein können, doch sie sind mit Sicherheit eine Methode, um eine lange Nacht in Phasen aufzuteilen.

Ich bitte um Vergebung, wenn ich noch einen Moment beim Thema bleibe, aber ein leicht verständlicher Ausdruck für eine kurze Zeitspanne war im Englischen die »pissing while«, also die Zeit, die man zum Pinkeln braucht. Der Begriff taucht in Komödien aus dem 16. und 17. Jahrhundert auf.[52] Eine etwas weniger drastische Version lesen wir in der Komödie *The Plain Dealer* (1676) von William Wycherley, wo die Witwe Blackacre sagt: »Bleib nur so lange da, wie man Wasser lässt (so könnte man sagen), dann bin ich wieder bei dir.« Ob dieser Begriff allerdings nur auf der Bühne als *running gag* benutzt wurde oder auch im Alltag, lässt sich nicht mit Gewissheit sagen.

Ein weniger lustiges, dafür aber vielleicht präziseres Maß ist die Zeit, die es braucht, um einen bestimmten Weg zurückzulegen.

Ende des 14. Jahrhunderts bezieht sich Geoffrey Chaucer auf eine kurze Zeitspanne, indem er von einem »furlong way« spricht.[53] Gemeint ist hier die Zeit, die man braucht, um eine Pflugfurche abzugehen, also etwa zwei bis drei Minuten. Dies könnte eine gebräuchliche Formulierung gewesen sein. In einem Rezept aus dem 15. Jahrhundert (Gebrannte Mandelcreme) habe ich jedenfalls den »forlongwey« auch gefunden.[54]

Längere Zeitspannen können natürlich mithilfe längerer Wege gemessen werden. Ein Heilmittel gegen Zahnschmerzen aus dem 16. Jahrhundert weist die Leidenden an, die Kugel mit Medizin so lange zwischen Wange und Zahn zu halten, »wie man braucht, um eine Meile zu gehen«.[55] Wir können im Interesse der Person mit schmerzendem Kiefer nur hoffen, dass der Marsch nicht als Teil des Heilmittels angesehen wurde. In jedem Fall sind Furlongway und Mileway Zeitspannen, die sich die meisten Menschen aus der Erfahrung vorstellen konnten, ohne dafür aus ihrem Sessel aufstehen zu müssen. Auch wir können ja abschätzen, wann zwei bis drei oder auch zwanzig Minuten vergangen sind.

Je nach Jahreszeit konnte ein Mileway allerdings eine unterschiedliche Zeitspanne bedeuten.[56] Das ergibt auch Sinn, denn der Weg zum nächsten Dorf dauerte natürlich länger, wenn die Straßen schlammig oder verschneit waren. Chaucer definiert seinen Mileway aber mit demselben Durchschnittswert, den wir heute ebenfalls ansetzen würden. In seiner Anleitung zur Benutzung eines Astrolabiums (das ist ein kompliziertes astronomisches Instrument, mit dessen Hilfe man u. a. die Zeit anhand der Sterne messen kann) erklärt er, dass »drei Mileway einer Stunde« entsprechen.[57] Oder anders gesagt, eine Stunde ist die Zeit, die man braucht, um drei Meilen bzw. knapp fünf Kilometer zu gehen.

Aus unserer Sicht kommt es uns vielleicht unwahrscheinlich vor, dass Autoritäten, die eine Uhr nutzen können, den Mileway verwenden, um die Arbeitsdisziplin zu fördern. Doch genau das geschieht in einer Anweisung aus dem Jahr 1370, also für Chaucers Zeitgenossen, in diesem Fall die Steinmetze, die an der großartigen Kathedrale von York arbeiteten. In dieser Anweisung heißt es, die Steinmetze sollen ihre Werkstatt an Feiertagen zu Mittag schließen, »smytyn by ye clocke«, also »nach dem Schlagen der Uhr«.[58] Das deutet darauf hin, dass sie eine Turmuhr schlagen hören können. An normalen Arbeitstagen im Sommer jedoch, die sehr lang sind, sollen die Steinmetze bei Sonnenaufgang beginnen und erst »einen Mileway vor Sonnenuntergang« Feierabend machen.[59]

Es mag verschiedene Motivationen geben, die Uhr mit älteren Zeitmessungsmethoden zu kombinieren. Im städtischen Europa des Mittelalters wurde der kollektive Tag durch eine Mischung lokaler Zeichen definiert, darunter Sonnenstand und bestimmte Kirchen- und Turmglocken. Die entscheidenden Zeitpunkte wandelten sich im Laufe des Jahres.[60] Und der Glockenklang in den Straßen des 14. Jahrhunderts[61] ging wohl im Netzwerk all der anderen Zeitsignale auf.[62]

Die Steinmetze am Münster von York arbeiteten übrigens unter besonderen Bedingungen. Sie brauchten gutes Licht für ihre außerordentlich feine Arbeit. In einer »Welt, die nur vom Feuer erleuchtet wurde«,[63] lief einem Kunsthandwerker die Zeit davon, wenn die Sonne unterging, und begann bei Sonnenaufgang wieder einzusetzen. Die Arbeitsanweisung wird diesen Grenzen mit einer wunderbaren Formulierung gerecht: Im Winter sollen die Steinmetze »so früh anfangen, dass sie *geschickt* bei Tageslicht sehen können«, und entsprechend ihre Arbeit beenden, wenn das nicht mehr der Fall ist. Für dieses Handwerk, für das man scharfe Augen braucht, muss das Licht so hell sein, dass man »geschickt« sehen kann.

Anders gesagt: Die Sonne definiert den Arbeitsbeginn und den Feierabend der Steinmetze im Münster von York. Und selbstverständlich ändert sich die Zeit des Sonnenauf- und -untergangs je nach Jahreszeit, auch im Winter. Soweit ich die Dinge verstehe, war die Uhr, die die Steinmetze hören konnten, höchstwahrscheinlich ein einfacher Mechanismus, der nur die Stunden schlug. Und so eine Uhr ist natürlich auch nicht geeignet, um die Helligkeit zu prüfen. Für Auftraggeber, die gerade an den kurzen Wintertagen so viel gute Arbeit wie möglich aus den Steinmetzen herauspressen wollten, war es also sinnvoll, den Tag bis zur letzten Minute auszunutzen – statt die Arbeitsstunden durch den Stundenschlag zu begrenzen, der der Beleuchtungssituation am nächsten kommt.

Für viele von uns ist die Uhr zu einem Präzisionswerkzeug für alle Gelegenheiten geworden, sie bestimmt bis ins kleinste Detail jeden Aspekt unseres Lebens. Die ersten Menschen, die den Stundenschlag in den Straßen hörten, waren allerdings vermutlich der Ansicht, er sei nur für einen begrenzten Bereich nutzbar. Die Steinmetze verwendeten ja schließlich auch nicht denselben Meißel, um grobe Blöcke für eine Säule zu schneiden und die zarten Rundungen eines Blattes zu gestalten. Das erklärt vielleicht auch, warum die Arbeitsanweisung die Uhr mit subjektiveren Techniken der Zeitbestimmung durch Körper und Sinne kombiniert.

Bei all dem finde ich es aber besonders spannend, dass es im Sommer die Regel gab, bis »einen Mileway vor Sonnenuntergang« zu arbeiten. Man braucht schon ein gewisses Maß an Körpergefühl, um diese Zeitspanne abzuschätzen. Um vorauszuahnen, wann der Zeitpunkt »einen Mileway vor Sonnenuntergang« gekommen ist, musste man mit aufmerksamem Blick das wärmere Leuchten auf einer Steinmauer oder den Winkel des Sonneneinfalls durch ein Fenster beobachten. Die Regel ist nicht einfach zu befolgen, selbst wenn man über den geübten Sehsinn eines Kathedralbaumeisters verfügt. Und noch schwieriger wird es, wenn der Sonnenuntergang von nassgrauen Wolken verdeckt wird, den »wete ploungy clouds«, wie Chaucer es so schön sagt.[64]

Wie ungewöhnlich und schwierig anzuwenden die Methode uns heute auch erscheinen mag, für die Steinmetze in York hat sie möglicherweise gut funktioniert. Andererseits konnten subjektive Maßeinheiten wie diese zu heftigen Diskussionen über das Ende des Arbeitstages führen. Das heißt: Gerade der Versuch, derartige Konflikte zu vermeiden, war womöglich eine der treibenden Kräfte hinter der allmählichen Ausbreitung der Uhr als Mittel zur Zeitmessung.[65]

»Was für Tageszeiten hast du noch auf Lager? Frühstück, zweites Frühstück, Elf-Uhr-Tee …?« Diese Nachricht schickte mir mein Freund Sabih eines Morgens, gerade als meine Gedanken wieder einmal zur Keksdose wanderten. Erst lachte ich, dann dachte ich einen Moment nach. Seine Botschaft war ein spielerischer Seitenhieb, erinnerte mich aber an etwas, was ich vernachlässigt hatte. Wenn wir über Zeit sprechen, verwenden wir nämlich immer noch eine Vielfalt von Maßeinheiten, die über die abstrakte, quantitative Sprache von Stunden und Minuten hinausgeht.

Wir unterteilen den Tag in Mahlzeiten (allein das Wort ist schon ein Hinweis darauf): »Es passierte zur Frühstückszeit.« – »Wir sehen uns um die Mittagszeit.« Etwas ist von einem Augenblick zum anderen passiert, blitzartig oder im Schneckentempo. Wir sagen zum Spaß: »Noch ein halbes Pint, dann komme ich zu dir.« Wir benennen Tageszeiten nach ihren sinnlich wahrnehmbaren Eigenschaften, wenn wir von tiefster oder finsterster Nacht oder vom Tagesanbruch sprechen. Selbst in meinem städtischen Umfeld gibt es ein Schild am Parkeingang, auf dem steht, dass die Tore bei »Einbruch der Dämmerung« geschlossen werden.

Mehr noch: Wir können die Dauer oder den Zeitpunkt von Ereignissen sehr genau anhand von körperlichen Reaktionen oder unserer Stimme messen. Musiker sind natürlich sehr geübt darin, lautlos den Takt mitzuzählen oder mit dem Fuß zu klopfen. Und während der COVID-19-Pandemie lernten wir alle, 20 Sekunden ohne Uhr zu bestimmen: Wenn wir uns gründlich die Hände wuschen, um eine Ansteckung zu vermeiden, sangen wir zwei Mal »Happy Birthday«.

Doch die superpräzise Zeitmessung durch moderne Uhren ist mit unserem Alltag inzwischen untrennbar verbunden, vor allem an Arbeitsplätzen, wo die Produktivität in Minuten gerechnet wird. Die Geschichte der Zeitdisziplin am Arbeitsplatz ist lang und sehr komplex. Gleichzeitig lohnt es sich, über eine der wichtigsten Methoden nachzudenken, die die Zeitregulierung ins entfremdende Extrem getrieben hat: der weitverbreitete Einfluss des Taylorismus.

Der amerikanische Ingenieur Frederick Winslow Taylor kam Ende des 19. Jahrhunderts auf die Idee, manuelle Arbeiten in elementare Abläufe zu unterteilen und diese dann mit der Stoppuhr zu überwachen, um die schnellste Technik zu identifizieren. Diese Daten sollten dann verwendet werden, um »alle falschen, langsamen oder nutzlosen Bewegungen zu eliminieren«.[66]

»Unter dem Einfluss von Taylor«, so bemerkt Ted Gioia in seinem Buch *Work Songs* (2006), »wurden die Kräfte von Harmonie und Rhythmus bei der Arbeit, Kräfte also, die eigentlich spontan entstanden, studiert, systematisiert und propagiert.« Der »Arbeiter sollte nun maschinelle Abläufe nachahmen und die sich wiederholenden Bewegungen einer Maschine ebenso übernehmen wie ihren unnachgiebigen Takt. Der Rhythmus der manuellen Arbeit wurde damit dem Tempo und der Anordnung der Automatisierung unterworfen.«[67] Mit anderen Worten: In der Fabrik wurden die Organisation körperlicher Rhythmen, ihre Synchronisierung und ihr Tempo – alles Dinge, die sich einst aus der Aufgabe selbst ergeben hatten und von Liedern orchestriert worden waren – nun von Stoppuhr und Fließband bestimmt.[68] Das gesamte Timing wurde von einer Maschine definiert, die Arbeiterinnen und Arbeiter wurden den Maschinen angeglichen. Wir alle sind heute vertraut mit dem Erbe des Taylorismus: mit dem »wissenschaftlich fundierten Management« von Arbeitsplatzeffizienz, der Standardisierung und Überwachung von Arbeitsabläufen mithilfe der Uhr und der Reduzierung von Fertigkeiten und Kreativität auf einfache, repetitive, monotone Abläufe.

Die Arbeitsbedingungen in den Städten fielen Mitte des 20. Jahrhunderts auch denjenigen auf, die sich darum bemühten, die Traditionen der Hebriden zu bewahren. Denn diese Traditionen lösten sich schnell auf. In den 1960er-Jahren blickte der Volkskundler John Lorne Campbell (übrigens der Ehemann von Margaret Fay Shaw) auf das Walken und andere von Gesang begleitete Arbeiten auf den gälischsprachigen Inseln und in den Highlands zurück. Arbeit, so schrieb er, »wurde als freudvolle, soziale und kreative Tätigkeit ausgeführt«, ganz im Gegensatz zur »Monotonie der modernen Fabrikarbeit in den Städten«.[69]

Ein Jahrzehnt zuvor, im Mai 1956, hatte Shaw für die BBC eine Radiodokumentation über die Gesänge von South Uist produziert. Zweifellos sangen Inselbewohnerinnen wie ihre Freundin Peigi MacRae immer noch, wenn sie spannen, strickten oder ein Kind wiegten. Doch das Tweed-Walken per Hand, unterstützt durch Gesänge, stand kurz vor dem Aussterben.[70] Shaws Dokumentation lässt diese verschwindende Welt noch als lebendige Gegenwart erscheinen. In einer der Aufnahmen, die sie in der Sendung präsentiert, singt eine Gruppe Frauen mit leisen, sanften, etwas brüchigen Stimmen einen Waulking Song, der immer wieder zu denselben traurigen Tönen zurückkehrt, während der Rhythmus sich beschleunigt. Das Mikrofon ist ihnen ganz nahe und zieht uns beim Hören in den inneren Kreis hinein.

Shaw muss gewusst haben, wie fremd das von Gesängen erfüllte Leben auf den Hebriden ihren Zuhörerinnen und Zuhörern im städtischen Bereich erscheinen würde.[71] Und es gibt eine Stelle in ihrem Skript, die mir besonders wichtig ist. »Die Zeit, die man zum Walken braucht«, sagt sie, »wird immer nach der nötigen Anzahl von Liedern berechnet, nicht nach der Uhrzeit.«[72]

Wahrscheinlich besaßen zu Beginn des 20. Jahrhunderts auch die Fischer und Bauern auf den Hebriden Uhren, die in ihren Häusern tickten. Ich vermute, Shaw möchte suggerieren, dass es eine bewusste Entscheidung – vielleicht sogar ein notwendiger Teil des Rituals – war, das Timing ausschließlich durch die Lieder bestimmen zu lassen. Ich habe Fiona, die Shaws Biografie geschrieben hat, nach ihrer Ansicht zu diesem Punkt gefragt.[73] Sie erklärte mir, es gebe einen ganz praktischen Grund, warum die

Walkerinnen ihre Arbeitszeit nicht nach der Uhr berechneten: »Jedes Tuch verhält sich anders.« Man kann nicht vorhersagen, wie lange ein bestimmtes Stück Stoff brauchen wird, bis es ausreichend geschrumpft ist und sich richtig anfühlt. Die Berechnung nach Liedern versetzt die Walkerinnen in die Lage, das Tempo an die Notwendigkeiten der jeweiligen Aufgabe anzupassen. Das ist bei einer vorher festgelegten Dauer nicht möglich.

Außerdem sind die Waulking Songs, wie schon erwähnt, mehr als nur ein Werkzeug, um den Rhythmus zu schlagen, Körper zu synchronisieren und das Tempo zu bestimmen. Eine ihrer bemerkenswertesten Eigenschaften ist ihre emotionale Intimität: Sie enthalten und transportieren Erfahrungen, die sonst nicht zum Ausdruck kommen könnten.[74] Tatsächlich, so Fiona, tragen diese Lieder die Kultur – der Sprache, Geschichte, Dichtung, Glaubensrichtung, Identität – von einer Person zur anderen und von einer Generation zur nächsten. Sie sind ein gemeinschaftlicher Schatz. Das Walken selbst war eine besondere Gelegenheit, um Menschen zusammenzubringen. Es war, so Fiona, »ein Ort, um Unterstützung zu erfahren und Freude zu teilen«. Bis heute haben diese Lieder etwas von dieser Kraft bewahrt.

Wenn Frances' Singgruppe Sgioba Luaidh Inbhirchluaidh sich am Montagabend in einem Raum der Kirchengemeinde von Greenock trifft, sind die Mitglieder manchmal »müde und haben eigentlich keine Lust«, so berichtet sie mir. »Doch am Ende ist es immer erhebend, und wir fühlen uns viel besser.« (Wenn Sie selbst jemals in einem Chor gesungen haben, werden Sie die positiven Auswirkungen des gemeinsamen Singens sicher auch schon erlebt haben.[75]) Hinzu kommt, dass die Sgioba-Luaidh-Sängerinnen die Waulking Songs ja nicht nur singen: Sie geben dabei eine, wenn auch trockene, Stoffbahn zwischen ihren Händen weiter. Wie Frances bereits sagte: »Der gesamte Vorgang war – nein: ist – sehr therapeutisch. In den Liedern können wir alle Emotionen ausdrücken. Das hypnotische Schlagen des Tuchs auf dem Tisch baut alle Spannungen und Frustrationen ab. Und in der Gemeinschaft von Freundinnen kann man herrlich tratschen und auch Probleme besprechen.«[76]

»So war es sicher in alter Zeit«, sagt Frances. »In so einem kleinen Dorf oder auf einem Hof gab es ja keine Beratungsstellen.«

Vor allem hoffen die Mitglieder von Sgioba Luaidh, jene Menschen zu ehren, die ihre Geschichten in diesen Liedern weitergegeben haben, während sie daran arbeiteten, den Stoff fertigzustellen. Die Lieder »handelten von allem, was im Leben einer Frau passiert«, sagt Frances. Ihre Lieder zu singen, Freude und Leid jener Frauen zu teilen, die sie verfasst haben, »ist etwas ganz Besonderes«. Und ihre Lieder bei der Arbeit zu singen, verstärkt das noch.

In Auchindrain, in den Hügeln von Argyll, hat die Gruppe viele Male tatsächlich gewalkt. Dieses Bauerndorf in den Highlands ist das einzige, das die Clearances[77] überlebt hat. Heute ist es verlassen. »Wir alle spüren bei solchen Gelegenheiten eine kraftvolle Verbindung mit der Vergangenheit«, berichtet Frances. »Wir sind uns bewusst, dass wir alte Klänge wiederbeleben, und spüren die Gegenwart unserer Vorfahren, die mit uns singen.«

Die Vergangenheit drückt der Gegenwart überall um uns herum ihren Stempel auf. Das gilt für die Beule in der Autotür ebenso wie für den Pfotenabdruck im Zement, die nicht mehr benutzten Straßenbahnschienen in der Mitte einer Straße und die geflickte Tweedjacke am Mantelhaken an der Wand. Doch zugegeben, manche materiellen Spuren sind kaum mehr zu erkennen – im nächsten Kapitel werden wir uns auf die Suche nach den feinsten und unscheinbarsten Linien begeben, die vor langer Zeit in Stein geritzt wurden, um die Zeit anhand von Schatten nachzuvollziehen. Doch selbst noch die schwächste Kratzspur in einer Mauer besitzt eine Dauerhaftigkeit, die der Hand, dem Gefühl oder der Geschichte, die diesen Kratzer hervorgebracht haben, verwehrt ist.

Die alten Methoden, um feste oder flexible Zeitmessungen anzustellen – all das Singen und Chanten, das Klopfen mit der Hand und das Schwingen der Gliedmaßen –, sind flüchtig und kaum mehr greifbar. Eine Furche auf einem Feld kann jahrhundertelang sichtbar bleiben, doch der Rhythmus und die Bewegung der Körper, die diese Furche hergestellt haben, sind so vergänglich wie eine Handbewegung. Die Worte, die beim Pflügen gesungen wurden, um den Ochsen anzutreiben und das Wachstum des Getreides zu fördern, sind ebenso vergänglich wie die Stimme des Sängers.

Was die gälischen Arbeitslieder angeht, die aufgezeichnet wurden, bevor sie verloren gehen konnten, besteht die Herausforderung jetzt darin, die Rhythmen der Stimmen und der Arbeit, aus denen sie flossen, nicht zu verlieren. Genau aus diesem Grund schlagen die Frauen von Sgioba Luaidh immer noch den Stoff und geben ihn zwischen ihren Händen weiter. Sie versuchen damit, so Frances, »die Lieder so zu singen, wie sie gemeint waren, und ihnen Atem und Leben zu geben«.

Kapitel 4

Sonnenuhren – Schattenuhren

Die Stunden anhand des Tageslichts messen

Ende Juni 2023 in Woolstone, einem kleinen Dorf unterhalb des Kalkstein-Höhenzuges am nördlichen Rand der Berkshire Downs, etwa 35 Kilometer südwestlich von Oxford. Auf den steilen Hängen verfärbt sich das lange Gras zu einem sanft cremigen Gelbton. In den Büschen, die die Feldwege säumen, haben die Blätter die Frische des Frühsommers schon verloren. In den Gärten blühen pinkfarbene Stockrosen und rote Rosen strahlend unter den überhängenden Reetdächern. Eine Katze schleicht an der Mauer des Pubs entlang. Sonst ist niemand unterwegs außer uns, die wir dem Pfad zu der weißen Steinkirche folgen.

Rosie und ich sind an diesem Morgen von London angereist, um den Ridgeway abzuwandern, jenen uralten Weg aus Kalkstein, der von Osten nach Westen auf dem Kamm des Höhenzuges entlangführt. Eine der großen Freuden in Rosies Leben ist es, ihre Wanderstöcke über einen hügeligen Weg zu schwingen. Und wenn es nach ihr ginge, wären wir idealerweise bereits jetzt ganz oben in der Weite der Downs unterwegs, ohne den Umweg auf schattigen Wegen im Tal. Doch wir müssen diese Stippvisite in Woolstone absolvieren, weil ich gelesen habe, dass es in der Dorfkirche, All Saints, ein lange vergessenes Gerät zur Zeitmessung gibt, eine mittelalterliche Sonnenuhr, eingekratzt in die Wand. Dabei handelt es sich im Grunde genommen nur um einen Stab oder eine Stange, die in einer Mauer steckt, umrahmt von eingekratzten Linien, die bestimmte Zeiten anzeigen, sobald der Schatten des Stabes darauf fällt. Diese Uhren sind sehr einfach in ihrer Bauart, doch ihre Geschichte und ihre Bedeutung sind auf faszinierende Weise unergründlich.

Viele moderne Sonnenuhren sind komplizierte Werkzeuge, mit deren Hilfe dieselbe präzise Uhrzeit festgestellt werden soll wie bei einer mechanischen Uhr. Sie unterteilen die Zeit also in identische Abschnitte, die sich von Tag zu Tag oder von Ort zu Ort nicht unterscheiden. Doch meine Begeisterung gilt den wunderbar variablen, provisorischen Methoden, die frühere Generationen zur Messung der Zeit mithilfe der Schatten anwandten: indem sie Stöcke in Wiesen steckten, den Schatten ihres eigenen Körpers beobachteten oder eben zittrige Linien in Mauern ritzten.

Übrigens stellen diese geritzten Uhren nicht einmal die früheste Form von Sonnenuhren auf den Britischen Inseln dar. Vermutlich gab es solche Uhren bereits während der römischen Besatzung, die um 410 unserer Zeitrechnung endete.[1] Die ältesten bestätigten Beispiele, die bis heute erhalten sind, finden sich in Irland und Wales und wurden in den Jahrhunderten unmittelbar nach der römischen Besatzung von frühchristlichen Gemeinden angelegt.[2] In England wurden Sonnenuhren wohl später (wieder) eingeführt, zur Zeit der Angelsachsen.

Im Römischen Reich wurde die Zeit zwischen Sonnenauf- und -untergang in zwölf gleichmäßige Abschnitte unterteilt, die man als »jahreszeitliche Stunden« bezeichnet, weil sie je nach Tageslänge länger oder kürzer waren. Je weiter man vom Äquator entfernt war, desto größer war die Varianz. An diesem luxuriös langen Mittsommertag in Woolstone wäre jede Tagesstunde auf einer römischen Sonnenuhr etwa zwei Mal so lang wie im Mittwinter. Lediglich zur Tag-und-Nacht-Gleiche im März und September, wenn Tag und Nacht sich im Gleichgewicht befinden, hätten die römischen Stunden die gleiche Länge wie unsere Stunden heutzutage.

Tatsächlich waren die Einteilungen des Tages zwischen Sonnenauf- und -untergang überall in Europa fließend und richteten sich nach den Jahreszeiten – bis der Glockenschlag der Uhren sich im Alltag durchgesetzt hatte.[3] Im Mittelalter verwendete man noch die römische Einteilung, und ursprünglich waren auch die Gottesdienst- und Gebetszeiten – die sogenannten kanonischen Stunden – damit verbunden.[4] Die kanonischen Stunden variierten allerdings in der Praxis je nach Jahreszeit und Ort und wurden im Laufe der Zeit immer wieder verändert.[5] Und nicht nur sie: Das Glockengeläut von Klöstern und Kirchen bildete den Rahmen auch für den säkularen Tag. Die Gesellschaft jener Zeit achtete sehr auf die Natur und eine gute Ordnung. Andererseits unterlag der gemeinsame Stundenschlag keinem präzisen oder absoluten Standard wie die Einheiten der modernen Uhr, ohne die so vieles in unserer heutigen Welt gar nicht mehr funktionieren würde.[6]

Eine der wenigen erhaltenen Sonnenuhren aus angelsächsischer Zeit findet sich im St. Gregory's Minster in Kirkdale (North Yorkshire). Sie sehen sie auf dem nächsten Foto. Sie wurde vor etwa tausend Jahren dort eingeritzt.

Die Inschrift in altenglischer Sprache, die sich um den Halbkreis zieht, erklärt: »+ ÞIS IS DÆGES SOLMERCA + ÆT ILCVM TIDE + – Dies ist eine Sonnenuhr für alle Tagesstunden.« Das Loch oben konnte einen Stab aufnehmen, der waagerecht aus der Wand ragte, um seinen Schatten auf die eingeritzten Linien zu werfen. Die Kreuze auf einigen Linien weisen wohl auf Gebetszeiten hin.

Für mich sehen die ordentlich gezogenen Linien so aus, als würden sie den Tag in gleichmäßige Abschnitte teilen. Doch in Wirklichkeit messen diese Abschnitte keine gleichmäßigen Zeitintervalle. Um das zu erreichen, müssten die Linien anders positioniert sein, und dazu ist eine ausgefeilte mathematische Berechnung erforderlich, die von den Astronomen der Antike entwickelt worden war. Doch vermutlich haben die Menschen in ihrem Alltag gar nicht nach dieser Art von Präzision gesucht und auch Unterschiede zwischen den einzelnen Stunden nicht wahrgenommen.[7]

Vor unserer Reise nach Woolstone habe ich mit Ben Jones gesprochen, einem Schriftbildschnitzer und Sonnenuhrkonstrukteur. Er führt auch das Verzeichnis von Sonnenuhren in mittelalterlichen Kirchen, das die Britisch Sundial Society unterhält.[8] Ihn fragte ich nach seinem Lieblingsstück im Archiv – und er nannte mir die Sonnenuhr von Kirkdale. Als Künstler hat Ben seinen Spaß daran, wie der angelsächsische Schnitzer, der am unteren Ende nicht genug Platz für die Buchstaben hatte, den Rest etwas ungeschickt darüber setzte. Trotzdem, so Ben, wurde diese alte Sonnenuhr gekonnt in den Steinblock geritzt, bevor sie in luftiger Höhe in die Wand eingesetzt wurde. Sie ist zu sorgfältig konstruiert, um als ein rasch hingekratztes Provisorium zu gelten. Und sie ist dafür auch zu alt.

Ansonsten werden die frühesten eingeritzten Sonnenuhren in den Wänden englischer Kirchen nämlich auf die Zeit der normannischen Eroberung datiert, also aufs 11. Jahrhundert. Bei diesen Uhren kann man einen bemerkenswerten Niedergang der Kunst feststellen. Sie scheinen den angeblich so linearen technologischen Fortschritt wirklich Lügen zu strafen.

Zurück nach Woolstone. Unter den alten Methoden, die Zeit mithilfe des Schattens zu messen, sind mir die eingeritzten Sonnenuhren besonders lieb, weil sie so zart und flüchtig wirken und weil sie so direkt den immateriellen Schatten in festen Stein übersetzen. Doch bisher habe ich nur von ihnen gelesen und Bilder in Zeitschriften gesehen. Ein Artikel hat mich auf Woolstone aufmerksam gemacht.[9] Und meine Begeisterung war so groß, dass Rosie schließlich einwilligte, sich die Sache anzusehen.

Da der natürliche Ort für eine Sonnenuhr eine sonnige Südmauer ist, stapfen wir durch das hohe Gras zur Rückseite der Kirche. In dieser versteckten Ecke des Kirchhofs herrscht eine angenehme Trägheit. Hühner gackern zufrieden im Hof nebenan, der Himmel über uns ist hell und ein bisschen dunstig. Wir lassen unsere Blicke über die grob behauenen Blöcke aus hellbraunem Kalkstein wandern, doch wir finden keine Ritzung.

Die Jagd nach eingeritzten Sonnenuhren ist ein Spiel für geduldige Menschen mit scharfen Augen. Oft bestehen die Uhren nur aus ein paar dünnen, flach eingeritzten Linien, die nach Jahrhunderten in Wind und Regen erodiert sind. Wenn man einen Schritt zurücktritt, verschwinden sie im rauen Stein. Um sie aus ihrer Tarnung zu locken, muss man die Mauer sorgfältig und abschnittsweise betrachten und auf das kleinste Anzeichen einer Kreis- oder Halbkreisform achten.

Als Rosie und ich langsamer und stetiger suchen, entdecken wir eine Sonnenuhr am westlichen Rand der Südmauer. Sie sehen sie auf dem nächsten Foto.[10]

Sie wirkt eher wie eine grobe Skizze: ein wenig präziser Fächer von Linien, ausgehend von einem Zementfleck, der vielleicht viel später dorthin geraten ist. Vermutlich verdeckt dieser Fleck ein kleineres Loch, wo der Gnomon (der Schattenwerfer) in Form eines Stabs oder Dorns im rechten Winkel zur Wand angebracht war.

Wenn die Sonne im Laufe des Tages von Ost nach West wandert, bewegt sich auf der Nordhalbkugel der Schatten eines Baumes oder unseres Körpers im Uhrzeigersinn über den Boden. Doch zur Verwirrung unseres durch Uhren trainierten Geistes sorgt der Winkel, in dem die Sonnenstrahlen auf einen Stab treffen, der in einer senkrechten Wand steckt, dafür, dass sich der Schatten gegen den Uhrzeigersinn bewegt. Der Pfeil auf dem folgenden Diagramm zeigt die Bewegung an.[11]

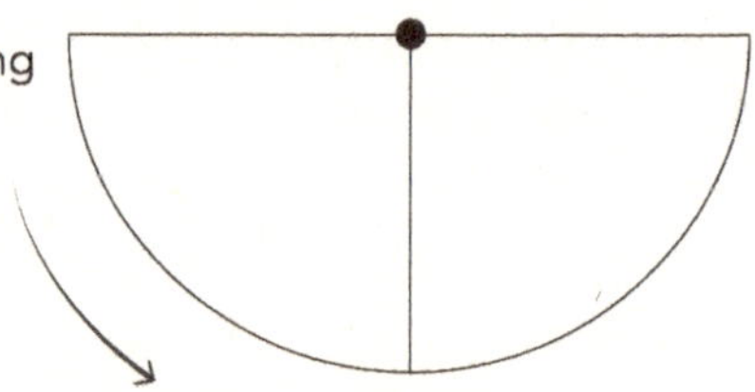

Um meinen Blick zu schärfen und die Details der Uhr an der Kirchenmauer wahrzunehmen, hole ich mein Notizbuch aus der Tasche und fertige eine Zeichnung an. Sobald die Bewegung meiner Hand über die Seite jene Hand nachahmt, die die Linien in den Stein geritzt hat, wird mir bewusst, wie locker und skizzenhaft diese Linien sind. Bei der Anlage dieser Sonnenuhr hat man offenbar keine Winkel berechnet und auch keine Schablone übertragen. Man hat nicht einmal ein Werkzeug benutzt, um gerade Linien zu ziehen. Eine Theorie besagt, dass manche dieser eingeritzten Sonnenuhren entstanden sind, indem man die Zeit aufgrund des Sonnenstandes abschätzte und dann mit einer Klinge den Schatten des Stabes nachfuhr.[12] Ich frage mich, ob die Linien hier nicht auch nur einen flüchtigen Moment eingefangen und auf ewig »in Stein gemeißelt« haben.

Interessanterweise setzt sich der skizzierte Fächer aus Linien auf dieser Sonnenuhr über die Markierung für Sonnenauf- und -untergang hinaus fort, wo der Schatten eines horizontal angebrachten Stabes gar nicht hinreicht. Geht man ganz nah heran, kann man erkennen, dass die Uhr einen vollen Kreis beschreibt und auch die Nachtstunden zeigt. Ich möchte nur zu gern wissen, warum eine Sonnenuhr auch die dunklen Stunden anzeigt.

Nach unserer Rückkehr suche ich den Rat des italienischen Künstlers und Historikers Mario Arnaldi, der außerordentlich viel über Sonnenuhren weiß und eine der schönsten modernen Sonnenuhren erschaffen hat, die ich jemals gesehen habe.[13] Unter Chronometrie-Historikern ist er eine anerkannte Autorität für mittelalterliche europäische Sonnenuhren. Von ihm habe ich am meisten darüber gelernt, wie gewöhnliche Menschen mithilfe der Schatten die Zeit maßen.

Mittelalterliche Sonnenuhren, so Mario, hatten sowohl symbolische als auch praktische Bedeutung.[14] Eine kreisförmige Uhr, die auch die Nachtstunden einschließt, könnte neben ihrer praktischen Nutzanwendung ein Abbild des göttlichen Zyklus der Zeit sein.

Diese Uhr teilt den Abschnitt unterhalb der Sonnenaufgang-Sonnenuntergang-Linie in acht Teilstücke ein. Warum acht und nicht die zwölf Stunden, die das christliche Europa von den Römern übernommen hat? Mario erklärt mir, dass es alle möglichen lokalen Praktiken gab. Im Fall dieser Sonnenuhr könnten die acht Abschnitte ein Erbe der alten angelsächsischen Einteilung in vier »Stunden« und acht oder sechzehn feinere Unterteilungen sein. Das würde auch die Einteilung auf der angelsächsischen Sonnenuhr von Kirkdale erklären, die ebenfalls acht Abschnitte aufweist.

Mittelalterliche Sonnenuhren an Kirchenmauern in ganz Europa – von Armenien bis Irland – haben sehr oft dieselbe Form: ein Halbkreis, der in Segmente unterteilt ist, wie wir es auch in Kirkdale sehen. Doch die Zahl dieser Segmente kann sich erheblich unterscheiden. Es gibt viele Uhren mit zwölf Abschnitten, aber ebenso solche mit vier, sechs oder elf Segmenten. Seltener und schwer erklärbar sind Variationen, die den Tag in zehn, dreizehn oder achtzehn Abschnitte einteilen.[15]

Was die Linien auf der einfachen Uhr von Woolstone bedeuten, ist nicht ganz klar. Geritzte Uhren, so Ben Jones, werden auch Mess-Uhren genannt, weil man vermutet, dass sie die täglichen Gottesdienst- oder Gebetszeiten anzeigen. Doch auch Ben Jones betont, dass wir es nicht genau wissen. Die meisten der geritzten Uhren haben keine Kreuze oder andere Markierungen, die auf Gebetszeiten hinweisen würden. Tatsächlich gibt es nur sehr wenig sichere Erkenntnisse darüber, wer sie angefertigt hat – und warum. Wir können uns ja nicht in den Körper und Geist der Menschen hineinversetzen, die sie gemacht haben. Wir können nicht wissen, was sie dachten oder fühlten. Wir können nur die Spuren entziffern – aber gerade deshalb sind diese Uhren so reizvoll.

Für viele Expertinnen und Experten auf dem Gebiet der Sonnenuhren sind diese einfachen und rätselhaften Uhren aber weniger interessant.[16] Erst im letzten Jahrhundert wurden sie ernsthaft untersucht, und das auch nur von wenigen Forschenden. Welches Nischendasein diese Forschungsrichtung fristete, zeigt sich auch daran, dass die einfachen Sonnenuhren als »fast ausschließlich« englisches Phänomen galten.[17] Tatsächlich gibt es hierzulande besonders viele von ihnen. Doch dank Mario und anderen wissen wir inzwischen, dass es geritzte Sonnenuhren an vielen Orten in Europa gibt, von Frankreich bis nach Italien.

Für Mario ist und bleibt das schwierige Geschäft, jede Form von vormodernen Uhren und ihre Bedeutung für die Menschen ihrer Zeit zu entziffern, eine Quelle niemals endender Faszination. Die mittelalterlichen Kirchenuhren geben uns so viele Rätsel auf, sagt er, und die geritzten Sonnenuhren sind das größte Rätsel von allen.

Es ist schon erstaunlich, dass diese unbedeutenden Objekte, die vor Hunderten von Jahren angefertigt wurden, offenbar allein in England zu Tausenden bewahrt wurden. Und ich habe inzwischen gelesen, dass in Woolstone sogar mehr als eine zu entdecken ist.[18]

Und tatsächlich ruft mir Rosie zu, dass sie an einem Fenster am östlichen Ende der Kirche noch eine Uhrenscheibe gefunden hat, gut versteckt hinter einem Wasserfass in einem Durchgang. Letztlich befindet sich aber auch diese Uhr da, wo man sie erwarten würde, an einer Südwand und ungefähr in Kopf- oder Brusthöhe, nicht weit von der alten Priestertür, die jetzt von der modernen Sakristei verdeckt ist.

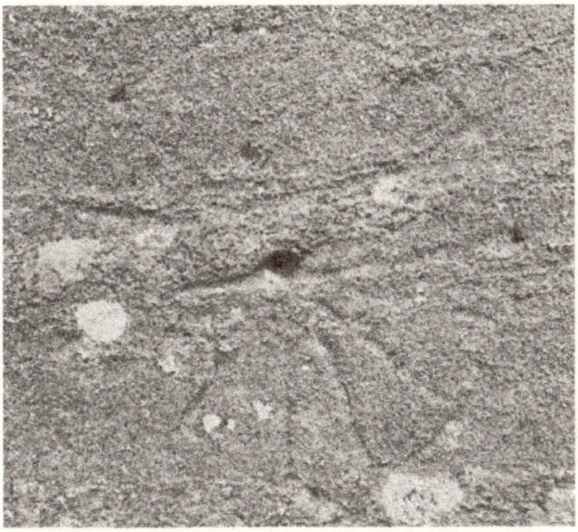

Geritzte Sonnenuhren sind bekannt dafür, dass man sie nur schwer datieren kann. Doch dank der Detektivarbeit eines früheren Forschers, Frank Poller, können wir das Entstehungsdatum von dieser hier ganz gut eingrenzen. Die Kirche stammt vermutlich aus dem Jahr 1195, aber das Querhaus, das gleich neben uns aus der südlichen Mauer herausragt – und die Sonnenuhr in Schatten taucht –, wurde gegen Ende des 13. Jahrhunderts gebaut. Vernünftigerweise lässt sich annehmen, dass die Sonnenuhr vor dem Bau des Querhauses eingeritzt wurde. Das hieße dann, sie existiert seit mehr als 700 Jahren.[19]

Diese ebenfalls kreisrunde Uhr ist sorgfältiger geritzt als die erste, aber ich frage mich, wie effektiv ihre zittrigen Linien sein konnten, um die Zeit abzulesen. Dann erinnere ich mich an eine Erklärung, die Ben mir gegeben hat: Wenn alle Mitglieder einer Gemeinschaft über dieselben Mittel verfügten, um wichtige Ereignisse zu markieren, »dann arbeiteten sie alle mit denselben wackeligen Zeitbegriffen und waren sich einig«.

Die zweite Uhr ist so dicht bei der Priestertür eingeritzt, dass die Vermutung naheliegt, sie sei genutzt worden, um festzustellen, wann es Zeit für die Messe war. Während ich sie zeichne, stelle ich mir einen Priester aus dem Spätmittelalter vor, der eine lange Soutane trägt und den Kopf aus der Tür streckt, um den verschwommenen Schatten zu überprüfen, der sich über die Uhrenscheibe bewegt. Ich frage mich, ob in all den Dramen des dörflichen Lebens jemals Uneinigkeit über diesen wackeligen Zeitbegriff entstand.[20] Wenn der Schatten meinen imaginären Priester tatsächlich dazu veranlasste, seine Gemeindemitglieder zusammenzurufen, haben sie ihn jemals umringt und sich über die Uhrzeit gestritten? Haben sie auf eine andere geritzte Sonnenuhr gedeutet? Und wenn es so war, hatten sie möglicherweise eine gewisse Auswahl, denn es sieht so aus, als wäre da mindestens noch eine weitere Uhrenscheibe in der Nähe der Priestertür.

Als Frank Poller Woolstone in den 1990er-Jahren besuchte, fertigte er die unten abgebildeten Skizzen von den Markierungen an der Priestertür an, die jetzt von der Sakristei verdeckt sind. Der Türstock wurde mit einer dicken Schicht weißer Farbe überstrichen, doch ein paar feine Ritzungen in Uhrenform kann man noch erkennen.[21] Immer vorausgesetzt, dass sie tatsächlich dazu genutzt wurden, die Zeit zu messen, denn kurioserweise scheinen sie den Tag nicht in acht Abschnitte einzuteilen wie die Uhrenschreiben, die wir bereits gefunden haben.

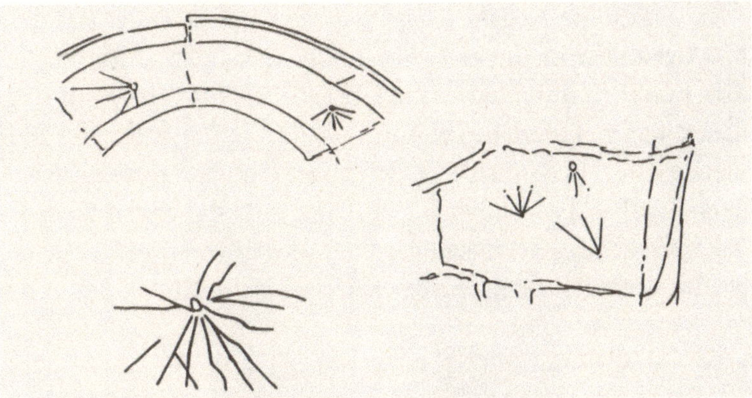

Es ist nicht ungewöhnlich, dass Kirchen mehrere geritzte Sonnenuhren besitzen. Und es gibt viele mögliche Erklärungen dafür, auch wenn nicht alle in jeder Hinsicht befriedigend sind. An einigen Orten wurde vielleicht der Weg verlegt, der an der alten Uhr vorbeiführte. Möglicherweise sind einige Uhrenscheiben auch einfach Kopien oder Graffiti.

Wenn eine Kirche über mehrere Uhrenscheiben mit unterschiedlichen Einteilungen verfügt, wurden diese Uhren womöglich zu verschiedenen Jahreszeiten verwendet, wenn sich die Gebetszeiten änderten. Oder sie waren »Updates« alter Modelle, da sich über die Jahrhunderte hinweg auch die Gebetszeiten änderten. Einige dieser Veränderungen waren ja durchaus substanziell.[22] Eine Nachwirkung dieser zum Teil beträchtlichen Verschiebungen lebt in der Bedeutung des englischen Wortes *noon* für Mittag weiter. Das Wort leitet sich von der *None* ab, der Gebetszeit zur neunten römischen Stunde, die auf den Nachmittag fiel. Doch im 13. Jahrhundert konnte *noon* ebenso gut Mittag bedeuten.[23] Eine alte Theorie geht davon aus, dass die Mönche während der Fastenzeit erst zur None die erste Mahlzeit des Tages zu sich nehmen durften und dass dieser Zeitpunkt nach vorn verlegt wurde. Nicht zwingend, aber durchaus plausibel.[24] Vielleicht haben wir unseren Begriff *noon* ja hungrigen Mönchen zu verdanken.

In Woolstone, so habe ich gelesen, gibt es auch einige seltsame Markierungen im Inneren des Kirchengebäudes. Also stapfen Rosie und ich durch das hohe Gras zurück zum Haupteingang, drücken gegen die schwere Tür und treten ein. Ein leichter Blumenduft liegt in der kühlen Luft. In der Nähe des fein ausgearbeiteten Taufbeckens finden wir an einer nichtssagenden Stelle an der Nordwand einen tief eingeritzten Fächer von fünf Linien, die eng beieinanderliegen, wie das nächste Foto zeigt.

Die Linien gehen von einem Loch aus, das ganz klar so aussieht, als hätte ein Stab darin gesteckt, der einen Schatten werfen sollte. Wenn das hier eine Sonnenuhr war, dann markierte sie möglicherweise einen kurzen Ablauf von Ereignissen am Vormittag und Mittag, vielleicht irgendein Ritual. Warum sie an der Nordwand im Inneren der Kirche angebracht wurde, wo kein Sonnenstrahl hingelangt? Vielleicht bekam sie ihr Licht früher von einem Fenster, das inzwischen zugemauert wurde.[25] Oder der Stein, in den sie geritzt wurde, saß früher an einer anderen, sonnigeren Stelle. So viele Fragen und Rätsel![26]

Ich überlasse Rosie ihren Gedanken an die Muster auf dem Taufbecken und mache mich an der Innenseite des Türstocks und an den Fenstern auf die Suche, wo die Kalkfarbe abgeblättert ist, sodass der Stein freiliegt. Die Kalksteinblöcke wurden vor vielen Generationen von geschickten Steinmetzen geschnitten. Einige sind mit einem feinen Schleifmuster versehen, andere haben eine unregelmäßigere Zeichnung, als hätte man sie mit dem Meißel bearbeitet. Und auf diesen selbstbewussten Arbeiten findet sich ein Wirrwarr von skizzenhaften Markierungen – Schichten von kleinen Bildern, die mit dünnen Werkzeugen und von weniger geübter Hand in den Stein geritzt wurden. Ein Viereck, möglicherweise eine Raute, mit einem Kreuz darin. Die Buchstaben VV. Eine Leiter? Und eine Harfe – oder ist es ein Schild?

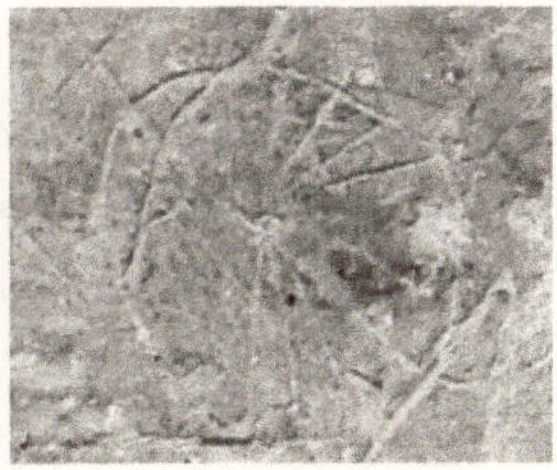

Diese rätselhaften Zeichen werden als mittelalterliche »Hexenzeichen« interpretiert, auch wenn diese Bezeichnung die Expertinnen und Experten eher frustriert. Der irreführende Name klingt so, als hätten sie dazu gedient, das Kirchengebäude zu verhexen. Dabei ist eher das Gegenteil der Fall: Vermutlich hat man sie als Schutzzauber oder »visuelles Gebet« gegen das Böse in den Kirchen angebracht – und als Glücksbringer. Wir wissen fast nichts Genaues darüber. Doch sie wurden wohl von Menschen jeglicher Herkunft angebracht, oft auch in verzweifelten Situationen: um Neugeborene vor bösen Geistern zu schützen, um sich in Pestzeiten vor Infektionen zu bewahren oder womöglich, um einen Übeltäter mit einem Fluch zu belegen. Es kann gut sein, dass wir hier Zeichen und Symbole betrachten, die über viele Jahre hinweg von vielen verschiedenen Menschen angebracht wurden.[27]

Die meisten dieser Zeichen sind kleiner als die Uhrenscheiben, doch ihre Linien sind ebenso zittrig, und einige ähneln tatsächlich den Uhren. Wo verläuft die Grenze zwischen diesen verschiedenen Ritzungen?[28] Schließlich waren Sonnenuhren Teil eines Bedeutungsgeflechts in einem heiligen Gebäude, in dem jedes Objekt einen tieferen Sinn hat.[29] Ich frage mich, ob die Grenze zwischen den Sonnenuhren und all den anderen Ritzungen nicht eher fließend ist. So viele Hände, ein Symbol neben dem anderen, eine Hoffnung auf die andere geschichtet. Doch welche Botschaften auch immer diese Wände bergen, wir verstehen sie heute nicht mehr.[30]

Nachdem wir einen Vormittag lang nach geritzten Sonnenuhren gesucht haben, bin ich tief gerührt darüber, wie offen sie die liebenswert ungeschickten Hände all derer zeigen, die sie angebracht haben, und wie wenig Hinweise sie gleichzeitig über ihren Status und ihre Bedeutung preisgeben. Es fällt mir richtig schwer, meine Suche aufzugeben. Und als wir ins Nachbardorf Bishopstone wandern, um dort zu Mittag zu essen, schlage ich vor, dass wir einen winzigen Umweg machen, um einen Blick auf die dortige Kirche zu werfen.

Bishopstone ist eigentlich ein recht großes Dorf, doch am Tag unseres Besuchs wirkt es geradezu unheimlich ruhig. Zu Beginn sehen wir nur ein paar langsam dahinschwimmende Enten und umherhuschende Insekten auf dem Mühlenteich. Dann hören wir jedoch zu unserer Freude Kinderstimmen, die aus der Grundschule dringen, an der wir vorbeigehen. Und wenig später schlägt die Glocke der Kirche St. Mary the Virgin mit süßem Ton die Viertelstunde. Der Weg dorthin ist voller Rosenduft und, so denke und hoffe ich, voller Versprechen.

Die Kirche ist beeindruckender als die in Woolstone und hat mehr Wandfläche. Da wir nicht viel Zeit haben, muss ich strategisch handeln und mich beeilen. Ich habe gelesen, dass es in der Nordmauer der Kirche eine spätnormannische Tür gibt, die möglicherweise von einem anderen Ort hierhergebracht wurde. Also konzentriere ich mich auf diese und laufe zur Rückseite der Kirche.

Der steinerne Durchgang ist in der Tat wunderbar und besitzt einen schön gestalteten Zickzackbogen. Auf einer Seite findet sich eine bezaubernd ungeschickt geritzte Uhrenscheibe, deren Linien irgendwann den Tag in zwölf Abschnitte eingeteilt haben könnten, anders als die Uhren in Woolstone. Ich freue mich, dass ich die Uhr so schnell gefunden habe, fotografiere sie und laufe zurück auf die andere Seite, wo Rosie im Sonnenschein wartet.

Sie wirkt abgelenkt und unruhig. Allmählich ist ihre Begeisterung für unsere Funde wohl erschöpft.

Doch als ich näher komme, bemerke ich ein Funkeln in ihren Augen. »Schau doch mal!«, ruft sie. »Hier ist alles voller Sonnenuhren.« Ja, die hatte ich in meiner fokussierten Eile vollkommen übersehen: Nicht weniger als fünf Sonnenuhren schmücken die Mauer der Marienkirche, vielleicht sogar noch mehr. Alle sind direkt in den grauen Mauerstein geritzt. Als Sammlung repräsentieren sie möglicherweise eine ungewöhnlich reiche Bandbreite kultureller und wissenschaftlicher Epochen.

Rosie zeigt mir die beiden faszinierendsten Entwürfe, beide auf demselben Strebebogen an der Südmauer. Die erste Uhr, auf dem nächsten Foto links, bildet einen Kreis mit ordentlichen Stundenlinien in einem sehr speziellen, asymmetrischen Muster.[31]

Direkt über diesem seltsamen Objekt befindet sich eine noch größere Uhr, auf dem Foto rechts zu sehen. Sie hat die typisch mittelalterliche Halbkreisform, wirkt aber irgendwie modern. Wer auch immer sie hier einritzte, hat zunächst den Strebebogen bearbeitet, um eine grob behauene, aber besser nach Süden ausgerichtete Fläche zu erschaffen. Die Linien liegen gegen Mittag enger beieinander. Der heute fehlende Gnomon war möglicherweise gebogen, um auf den Polarstern zu weisen. Diese Innovation, die den Gnomon an der Erdachse ausrichtet, kam erst im 16. Jahrhundert nach England, in einigen Landstrichen wurde sie sogar noch später eingeführt.[32] All dies lässt vermuten, dass diese Sonnenuhr wirklich geschaffen wurde, um das ganze Jahr über gleich lange Stunden zu messen.

Betrachtet man den ziemlich unscheinbaren Strebebogen genauer, dann scheint er zwei erstaunlich verschiedene Methoden zur Aufteilung des Tages zu beherbergen. Die untere Uhr verwendete ein je nach Jahreszeit fließendes Maß, während die Uhr darüber gleich lange Stunden anzeigte wie eine moderne Uhr. Und es scheint, dass sie in derselben Epoche benutzt wurden, nur eben zu unterschiedlichen Zwecken im Leben dieser Kirche und dieses Dorfes.[33]

Rosie führt mich den Weg entlang, damit wir uns noch eine weitere Sonnenuhr ansehen können, die am westlichen Ende der Kirche in den Stein geritzt wurde. Diese Uhr befindet sich hoch am Turm an einer nach Süden ausgerichteten Fläche nicht weit von dem großen Ziffernblatt der mechanischen Uhr. Die Linien und Zahlen sind zu schwach, um sie von dort unten zu erkennen, wo wir so weit entfernt stehen. Doch diese Sonnenuhr ist einzigartig intakt, und der Gnomon aus rostigem Draht ist gebogen, sodass er vermutlich auf den Polarstern zeigt. Wie alle Sonnenuhren, die wir hier gefunden haben, ist auch diese direkt in den Stein eingeritzt und nicht von einem sorgfältigen Steinmetz angefertigt worden. Doch die Zeit, die sie angab, war wohl recht präzise.

Nur zu leicht kann man annehmen, dass die heutigen Uhren

diese Sonnenuhren überflüssig gemacht hätten. In den 1930er-Jahren dichtete Hilaire Belloc ein prägnantes Motto für eine Sonnenuhr: »Ich bin eine Sonnenuhr und stümpere mit etwas herum / was eine Armbanduhr viel besser kann.«[34] Diese wohlgesetzten Worte fassen sehr bündig zusammen, was diejenigen unter uns erwarten, die an dekorative Sonnenuhren im Garten gewöhnt sind. Doch Bellocs Motto ärgert all jene Spezialisten, die wissen, dass Uhren die meiste Zeit ihrer Geschichte durch den Schatten auf einer Sonnenuhr oder einer Mittagsmarkierung reguliert wurden.

Im Inneren der Kirche findet sich ein besonderes Objekt, das einen Hinweis darauf geben könnte, wann zum ersten Mal in diesem Dorf eine Kirchenuhr schlug. Im Kirchenschiff, bewacht von den Glubschaugen der steinernen Köpfe an der Wand, findet sich eine Ansammlung von Zahnrädern und Hebeln, die stolz ausgestellt werden. Auf einer polierten Messingplakette ist zu lesen: »William Barnestone Esqyer schenkte diese Uhr der Gemeinde Bishopstone im Jahr unseres Herrn 1654.« Dieser einfache Mechanismus sorgte für Klarheit an Tagen, an denen die Sonne nicht schien. Und wenn er falsch ging, konnte man ihn mithilfe des Schattens, der über eine Mittagsmarkierung oder eine Sonnenuhr lief, korrigieren. Gut möglich, dass dafür die Sonnenuhr am Turm genutzt wurde.

Selbst die Stunden auf einer perfekt funktionierenden Uhr wurden bis vor nicht allzu langer Zeit mit dem lokalen Sonnenstand abgeglichen. Kurz und einfach gesagt: Nachdem William Barnestone der Kirchengemeinde die Uhr zum Geschenk gemacht hatte, sollte es noch etwa 200 Jahre dauern, bis man in Städten und Dörfern auf den Britischen Inseln die Uhren nicht mehr nach dem Sonnenstand stellte[35] und wir die alltägliche Fähigkeit verloren, die Zeit danach einzuschätzen, was sich am Himmel über uns tat.[36]

Als Rosie und ich die knarrende Kirchentür hinter uns zuziehen, nehmen wir einen Hauch von Holzrauch in der Luft wahr. Wir treten einen Schritt zurück, um die kaum erkennbaren Linien in den grauen Mauern noch einmal anzusehen, und spüren eine seltsame Aufregung angesichts dieser reichen Vielfalt von Uhrenscheiben, die den Tag mithilfe der Sonne in verschiedene Abschnitte teilten.

»Diese Uhren scheinen sich zu verstecken, obwohl sie direkt vor unseren Augen sind«, überlegt Rosie. In der Tat ist es viel einfacher, die Grimassen schneidenden Wasserspeier auf dem Turm oder die lebhaften Zickzackmuster rund um das normannische Portal zu bemerken als diese viel unscheinbareren Kratzer daneben. Doch wenn wir lange genug hinschauen, um ihre Präsenz wahrzunehmen, finden wir vielleicht auch noch andere bedeutungsvolle Markierungen im Stein.

Etwas früher an diesem Morgen, als das dunstige Licht sich so weit klärte, um einen Schatten auf eine der Uhrenscheiben zu werfen, zeigte ich auf die Stelle, wo der Stab gesteckt haben mag, wobei ich darauf achtete, den weichen Stein nicht zu berühren. Der Schatten meines Fingers fiel auf eine der Stundenlinien, und ich stellte mir gleich neben mir die andere Hand vor, die genau diese Linie vor vielen Jahrhunderten in den Stein geritzt hat. Das Gefühl, dass unsere Körper sich räumlich so nah, doch zeitlich so weit auseinander waren, rief mir ein anderes altes Motto von Sonnenuhren ins Gedächtnis: *umbra sumus* – wir sind Schatten.

Die zarten Ritzungen auf Kirchenmauern sind Spuren von Menschen, die uns sonst nicht bekannt wären. Matthew Champion hat darüber sehr bewegend in seinem Buch *Medieval Graffiti* geschrieben. Doch diese Spuren entgleiten uns. Nach einem halben Jahrhundert mit saurem Regen sind die Linien dort, wo sie der Witterung ausgesetzt sind, deutlich schwächer geworden.

Manche dieser Uhren werden in den Annalen noch erwähnt, doch ich konnte sie nicht mehr finden, als hätten sie sich Gespenstern gleich im Stein versteckt. Ich bin sicher, andere Detektive haben mehr Glück als ich. Und es ist ja schön, dass wir alle an der Jagd teilnehmen können. Sehr viele mittelalterliche Sonnenuhren in Großbritannien und auch auf dem europäischen Kontinent sind noch nicht registriert. Ben und seine Kollegen ermuntern uns, sie zu suchen und unsere Funde der British Sundial Society bzw. ihren europäischen Partnerorganisationen mitzuteilen.

»Hier ist die Stadtmitte«, sagt uns ein Hinweisschild zu einer hübschen Ansammlung von reetgedeckten Cottages am Rande des Dorfes. Dieser winzige Teil von Bishopstone wirkt, als würde sich ein Eremit aus dem 16. Jahrhundert eine Großstadt vorstellen. Es gibt keine Straße in dieser »City«, nur einen gewundenen Fußweg durch schöne Gärten. Und zu Rosies besonderer Freude führt uns dieser Weg endlich hinauf in die Downs.

Oberhalb des Dorfs bringt uns der von Hecken gesäumte Pfad auf hügelige Felder, deren reifende Weizenähren durch den Kalkboden darunter silbrig grün leuchten. Weiter oben trifft der Fußpfad auf den Kammweg, den alten Ziehweg, der über die Kalksteinhöhen am Rande der Downs führt. Wir wenden uns nach links, um nach Woolstone zurückzuwandern.

Hier oben auf dem Kammweg wogen die grasbewachsenen Downs wie ein samtenes Meer unter einem Himmel mit einer dünnen Wolkenschicht. Selbst an einem so schönen Tag im Juni wirkt dieser weite, offene Raum einsam und ungeschützt. Auch die Zeit scheint sich auf beeindruckende Weise auszudehnen. Eine verwitterte Tafel am Wegrand besagt, dass hier bereits vor 6000 Jahren Menschen gesiedelt haben. Die Landkarte ist mit den Überresten von Befestigungen und Langgräbern übersät. Und als wir weitergehen, kommen wir an Wayland's Smithy vorbei, einem riesigen Steingrab in Bootsform, das vor mehr als 5000 Jahren erbaut wurde, lange bevor die Legende von dem zauberkräftigen Schmied Wayland überhaupt entstand.

Wenn die Menschen glaubten, dass solche Ruinen von Geistern und Kobolden bewohnt wurden, näherten sich dann auch Reisende diesen seltsamen Formationen aus Erde und Steinen nur mit Zittern? Jagten sie den Menschen Angst und Schrecken ein, wenn es dunkel wurde? Selbst wenn man sich nicht vor übernatürlichen Kräften fürchtete, war der weiße Weg, der die Menschen durch die Wildnis führte, an dunklen Tagen und in mondhellen Nächten sicher ein beruhigender Anblick. Wie viele Generationen von Wanderarbeitern, Händlern und Pilgern sind hier wohl vorbeigezogen?

Und wenn man müde wurde oder einen die Furcht überkam, wie konnte man feststellen, wann es Zeit war, den Kammweg zu verlassen und in einem der Dörfer im Tal unter Ahorn- und Eichenbäumen Schutz zu suchen? Wie maßen diese Menschen die Zeit? Woher wussten sie, wie viel noch vom Tag übrig war, bevor es dunkel wurde? Vielleicht konnte man Kirchenglocken hören, deren Klang aus dem Tal heraufwehte. Aber wenn jeder Ort die Glocken mithilfe seiner eigenen Sonnenuhr einstellte, war ihr Läuten auf wunderbare Weise asynchron. Und wenn der Sturm brüllte oder der Wind den Klang verwehte, hörte man die Glocken sicher nicht.

Als gut ausgerüstete Reisende hätten wir vielleicht eine Taschen-Sonnenuhr bei uns gehabt. Lange nach unserer Reise nach Woolstone und Bishopstone hatte ich Gelegenheit, Mario in Canterbury zu treffen. Im nebligen Licht eines Winternachmittags spazierten wir zwischen den Säulen der Kathedrale zum Water Tower, wo er mir den Anhänger zeigte, der auf dem nächsten Foto zu sehen ist. Diese Plakette aus Silber und Gold wurde von Arbeitern während der Ausgrabungen im großen Kreuzgang 1938 gefunden. Es handelt sich tatsächlich um eine tragbare Sonnenuhr mit Löchern für den Vormittag, Mittag und Nachmittag in jedem einzelnen Monat – der Sommer befindet sich auf der einen Seite, der Winter auf der anderen. Mario zeigte mir, dass der Gnomon herausnehmbar ist und am einen Ende den winzigen Kopf eines

Ungeheuers mit Augen aus Edelstein aufweist. Das Ungeheuer hält eine Scheibe (die Sonne?) im Maul. Dieser Anhänger ist ein sehr einfaches Werkzeug, aber von ergreifender Schönheit und sicher auch großer symbolischer und praktischer Macht. Traditionell wird er dem Heiligen Dunstan zugeschrieben, der im 10. Jahrhundert Erzbischof von Canterbury war. Er muss wunderbar im Licht gefunkelt haben, wenn sein Besitzer ihn an der Kette baumeln ließ, um die Zeit abzulesen.

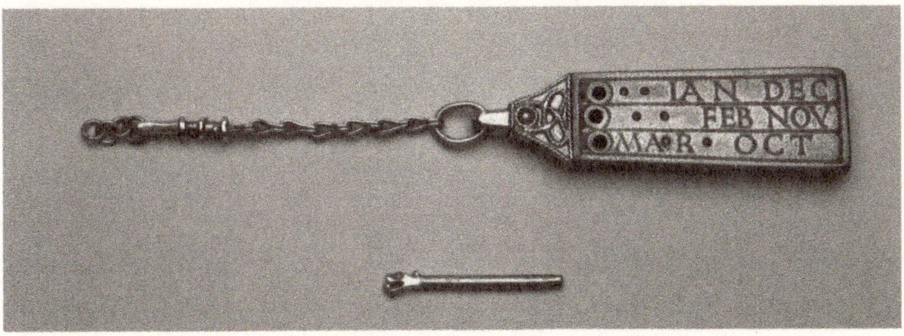

Dieses feine Werkzeug gehörte sicher einem Mitglied der Elite. Es gilt als eigene angelsächsische Entwicklung. Doch tragbare Sonnenuhren in anderen Formen und aus billigeren Materialien wie Knochen oder Holz wurden über Hunderte Jahre von Reisenden durch ganz Europa und die islamische Welt getragen.[37] Eine der größten Entdeckungen, die Mario gemacht hat, war ein kleiner Zylinder aus Knochen, der im Grab einer römischen Ärztin gefunden wurde und den er als Sonnenuhr identifizierte. Sie hat dieses mathematisch sehr präzise Werkzeug wohl benutzt, um die beste Zeit zur Gabe von Medikamenten zu bestimmen.[38]

Hätten Rosie und ich hier oben auf dem Kammweg kein Gerät zur Zeitmessung bei uns gehabt, so wären wir vollkommen steuerlos in einem Meer aus namenloser Zeit gesegelt. Doch da der Himmel aufreißt, stehen uns viele Sonnenuhren zur Verfügung. Wir wissen, es ist Zeit zum Essen, wenn die Schatten von Bäumen und Zaunpfählen Richtung Norden fallen, denn das tun sie in der nördlichen Hemisphäre jeden Tag zur Mittagszeit. Und wir wissen auch, dass sie sich im Laufe des Nachmittags Richtung Osten bewegen werden. Und wenn wir uns nicht sicher sind, wo Norden ist, dann können wir die Tageszeit auch über die Länge der Schatten bestimmen. Mittags, wenn die Sonne am höchsten steht, sind die Schatten am kürzesten. Am Ende des Tages lassen die Schatten, um es mit den bezaubernden Worten von Charles Cotton zu sagen, »Maulwurfshügel wie Berge aussehen und Ameisen wie monströse Elefanten«.[39]

Mittellange Schatten zu anderen Tageszeiten sind jedoch schwieriger abzuschätzen. Dann können wir uns aber dem Schattenwerfer und dem Messinstrument zuwenden, die wir immer bei uns haben: unserem Körper und unseren Füßen.

Intuitiv bemerken wir, wie die Schatten kürzer oder länger werden. Mario bezeichnet dies als eine der frühesten Möglichkeiten, die Zeit zu bestimmen. Die Kulturen der Welt kennen viele Methoden, den Schatten unseres eigenen Körpers oder eines aufrecht stehenden Pfahls dafür zu verwenden. In mittelalterlichen Klöstern wurden die wechselnden Schattenlängen in den einzelnen Monaten wunderschön auf halbkreisförmige Tafeln gemalt, die man »horologium viatorum« nannte, den Zeitgeber des Reisenden.[40] Der Fuß war die Maßeinheit, der Körper der Gnomon. Doch der Fuß war kein festgelegter Standard, wie es heute der Fall ist. Man ging vielmehr davon aus, dass der Fuß des Reisenden einem bestimmten Teil der eigenen Körperlänge entsprach, zum Beispiel einem Sechstel. Um die Zeit zu bestimmen, stellten sich die Reisenden mit dem Rücken zur Sonne und maßen die Länge ihres Schattens mit den Füßen ab (vermutlich indem sie die Länge markierten und sie dann abschritten). Dann verglichen sie das Ergebnis mit der Stundentafel für diesen Monat. Mario ist der Ansicht, dass diese Tabellen leicht im Gedächtnis behalten werden konnten, ohne dass man jedes Mal einen zerknitterten Zettel mit Zahlen aus der Tasche ziehen musste.

Später wurden ähnliche Tabellen für die gleich langen Stunden entwickelt. Sie berücksichtigten wechselnde Schattenlängen über das Jahr hinweg. Chaucer, dessen literarische Figuren die Zeit auf alle möglichen Weisen berechnen, bezieht sich zu Beginn des Prologs in den *Canterbury Tales* (1387–1400) indirekt auf eine solche Tabelle. Der Erzähler schätzt unter anderem aufgrund der Länge seines Schattens, den er in Fuß misst, die Zeit auf vier Uhr. Ein Fuß entspricht bei ihm einem Sechstel seiner Körperlänge.[41]

Rosie und ich leben in der Nähe der (heute so bezeichneten) Old Kent Road, der alten Landstraße, auf der wohl Chaucers Protagonisten und ganz sicher reale mittelalterliche Pilger gingen, wenn sie London in Richtung Canterbury verließen. Jedes Mal, wenn ich die Straße überquere, stelle ich mir vor, wie sie sich auf Pferden ihren Weg durch den heutigen Verkehr bahnen und auf ihre Schatten blicken, um die Zeit zu bestimmen. Ihre Methoden waren grob und fehlerbehaftet, doch die Bestimmung der Zeit mithilfe des eigenen Schattens fühlte sich wahrscheinlich präziser an, als wenn man sich auf die zittrigen Linien von Sonnenuhren an Kirchenmauern verließ.

In umgekehrter Richtung mögen sich die Viehtreiber aus Kent mit ihren Herden auf dieser Straße bewegt haben. Da sie draußen auf dem Land lebten, mussten sie abschätzen, wann es Zeit zum Aufbrechen war, um zur richtigen Stunde die Londoner Märkte zu erreichen, aber auch, wann es Zeit zum Abendessen war und wann die Herde vor Einbruch der Dunkelheit in einen schützenden Pferch getrieben werden musste. Wahrscheinlich haben auch sie sich auf ihre Schatten verlassen. Es gibt durchaus Berichte darüber, dass auch in jüngerer Zeit Hirten in Europa ihre eigenen Methoden hatten, unterwegs eine improvisierte Sonnenuhr zu benutzen.

Litauische Schäfer haben z. B. bis vor Kurzem ihre Herden zu Mittsommer am Mittag zusammengetrieben, und zwar dann, wenn der eigene Schatten kurz genug war, dass man ihn überspringen oder überschreiten könnte (ich stelle mir vor, wie lustig diese jungen Schäfer ausgesehen haben müssen, die unter der hoch stehenden Sonne herumsprangen). Ein Mann, der 1936 geboren wurde, erinnerte sich daran, wie die Schattenlänge je nach Jahreszeit angepasst wurde: »Wenn man das Vieh im Mai hinausbringt, ist der Schatten fünf Fuß lang, im Juni/Juli vier Fuß, im August wieder fünf Fuß.«[42] Und ich habe auch eine kurze Erinnerung eines Isländers aus dem Jahr 1970 gelesen, in der es heißt, dass die Menschen ihren eigenen Schatten abmaßen, um die Zeit zu bestimmen.[43]

Es gibt auch noch andere Möglichkeiten, mithilfe des Körpers eine improvisierte Sonnenuhr zu bauen. Mario hat mir von verschiedenen Techniken berichtet, die italienische Hirten im späten 18. und 19. Jahrhundert anwendeten, um den Schatten mit ihren Händen abzumessen.[44]

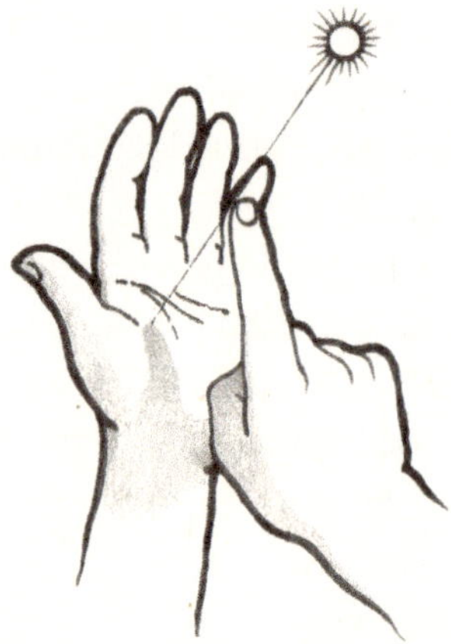

Auf der Zeichnung oben ist eine besonders einfache Methode zu erkennen. Es gibt keine Erklärung dazu, aber man kann es sich leicht vorstellen.[45] Man hält die Handinnenfläche der linken Hand so, dass sie dem südlichsten Punkt am Horizont gegenübersteht (dort, wo die Sonne mittags am höchsten steht), und richtet den rechten Zeigefinger ebenso aus. Wenn der Schatten auf der Handfläche direkt hinter dem Finger steht, ist es ungefähr Mittag. Wenn er näher am Daumen steht, ist es noch Vormittag. Steht der Schatten näher zum kleinen Finger, ist es Nachmittag.

Die Handhaltung, die dazu nötig ist, erinnert erstaunlich genau an die Bewegung, die wir machen, um auf unsere Armbanduhr zu blicken. Doch in diesem Fall steckt die Zeit nicht in einem Werkzeug, sondern wird durch den Lichteinfall bestimmt.

An diesem Tag, den wir auf dem Ridgeway verbringen, sehen die kleinen Gruppen dösender Schafe aus wie Wattebäusche, die vom wolleweichen Himmel gefallen sind. Die Weiden sind jetzt eingezäunt, aber in früheren Jahrhunderten waren hier sicher Schäfer unterwegs, die ihre Herden über weite Strecken führten, damit den Tieren immer frisches Futter zur Verfügung stand. Nicht unwahrscheinlich, dass einige dieser Schäfer Sonnenuhren am Boden bauten.

Der Dichter und Historiker Geoffrey Grigson aus dem 20. Jahrhundert versicherte, dass Sonnenuhren »früher in das dichte Gras der Schafwege und Hügel in vielen Teilen Englands geritzt wurden«.[46] Er ist nicht allein mit der Annahme, dass alte Flurnamen wie Dial Hill und Dial Pasture von solchen Sonnenuhren erzählen. (Freilich könnten diese Namen auch Orte bezeichnen, von denen aus man die Uhr an einem Turm sehen konnte.)[47]

Ausgerechnet Shakespeare liefert uns einen der eindeutigsten Hinweise darauf, dass englische Schäfer für ihre Sonnenuhren am Boden bekannt waren. Er muss damit gerechnet haben, dass sein Publikum wusste, was Heinrich VI. meint, wenn er auf einem Hügel sitzt und sich wünscht, er wäre ein Schäfer, der voller Sorgfalt eine Sonnenuhr zeichnet, um darauf die Minuten abzulesen.[48]

Im Jahr 1909 berichtete der Volkskundler Edward Lovett von den Methoden zur Zeitmessung bei Schäfern in den South Downs, einer weiteren hoch gelegenen Landschaft aus Grasflächen und Kalkstein, etwa 180 Kilometer von uns entfernt an der Südküste.[49] Sie verbrachten ihre Tage auf Wanderschaft mit ihren Tieren und brauchten genügend Zeit, um die Herde zusammenzutreiben und in den Pferch zu bringen, bevor es dunkel wurde. Doch nicht alle besaßen eine Uhr oder konnten eine Kirchenglocke hören. Deshalb bauten sie sich verschiedene Arten von Sonnenuhren, indem sie Markierungen in den Boden ritzten und den Schatten von einem oder mehreren Stöcken benutzten.[50]

Lovett erklärte eine solche Methode aus den South Downs etwa so: Man markiert einen Kreis von etwa 45 Zentimeter Durchmesser am Boden und steckt ein Stöckchen senkrecht in die Mitte. Außerdem platziert man einen längeren Stock, etwa 30 Zentimeter lang, ein Stück südlich des kleinen Stöckchens, einen weiteren langen Stock westlich und fünf weitere in gleichmäßigen Abständen dazwischen. Das nächste Foto zeigt meinen eigenen Versuch ein paar Wochen vor dem Ausflug auf den Ridgeway.

Viele einfache Sonnenuhren, auch die, welche wir an den Kirchenmauern gefunden haben, besitzen nur einen einzigen Gnomon in der Mitte, dessen Schatten nach außen fällt, auf einen Bogen von Zeitmarkierungen. In diesem Aufbau hier gibt es mehr als einen Schatten, und sie alle fallen nach innen, nämlich auf das kleine Stöckchen. Auf dem Foto fällt der Schatten des ersten langen Stocks nördlich des Stöckchens, es ist also ungefähr Mittag. Während die Sonne sich am Nachmittag in Richtung Westen bewegt, fallen die Schatten der weiteren Stöcke auf das kleine Stöckchen in der Mitte und zeigen unterschiedliche Zeiten an.

Als ich dieses Foto Mario zeigte, bestätigte er mir, dass die Uhr nach einigen Tagen nicht mehr »richtig« gehen würde, selbst wenn die Stöcke perfekt platziert wären. Der Grund: Der Lauf der Sonne über den Himmel verändert sich jeden Tag ein bisschen. Doch er erklärte mir auch, dieses Werkzeug sei nicht auf Dauer ausgelegt und deshalb wohl, ähnlich wie die einfache »Handuhr«, für die Zwecke der Schäfer vollkommen ausreichend gewesen.

Als ich Lovetts Anleitung zum Bau dieser Sonnenuhr zum ersten Mal folgte, streckte ich mich im weichen Gras aus, um ihre Form zu betrachten. Wann hatte ich als Erwachsene jemals so lange innegehalten, dass ich einen Schatten hatte wandern sehen? Und sei es nur um die Breite eines Grashalms? Die Veränderung war sowohl schmerzhaft gering als auch erschütternd schnell.

Wie bei vielen Methoden, die ich für dieses Buch ausprobiert habe, gibt es bei mir keine praktische Notwendigkeit für eine Zeitmessung mithilfe der Schatten. Die Digitaluhr des Telefons in meiner Tasche ist auf die ultrapräzise Standardzeit abgestimmt. Ihr altmodisches Design sieht zwar immer noch ein bisschen so aus wie frühere Ziffernblätter, auf denen der Stundenzeiger ungefähr den Lauf der Sonne nachahmte.[51] Doch die Zeit, die sie anzeigt, hat mit dem Himmel über mir nichts mehr zu tun. Ihr Stundenzeiger ist sozusagen ein versteinerter Sonnenstrahl, der von seiner Quelle abgekoppelt ist.

Wir vergessen heute leicht, dass die Sonne für frühere Generationen der wichtigste Zeitgeber war. Und gerade deshalb habe ich durch den Bau meiner einfachen Sonnenuhr mein Gefühl für Zeitmessung jenseits von Maschinen und Bildschirmen erweitert. Ich werde nie wissen, wie es sich vor 1000 oder 100 Jahren anfühlte, den Schatten mithilfe von Linien im Stein oder Stöcken im Erdboden zu folgen. Doch der Stundenschlag fühlt sich anders an, wenn ich den Weg der Schatten betrachte und spüre, wie mich die Wärme der Sonnenstrahlen mit dem Himmel verbindet. Schon deshalb lohnt es sich, eine Weile im Gras zu liegen und den Schatten zuzuschauen. Ihre wechselnden Muster zeigen uns, dass jeder Augenblick einzigartig ist und keine stur wiederholte Maßeinheit.

Als Mario und ich über die Sonnenuhren der Schäfer in den South Downs sprachen, erinnerte er sich, wie sein Großvater, der Landwirt in Italien war, abends nach Hause kam, wenn die Sonne die Baumwipfel berührte. Im Laufe des Jahres geschah dies zu wechselnden Zeiten, aber die Methode funktionierte gut.

Die Erinnerung an Marios Großvater ruft mir eine Geschichte ins Gedächtnis, die mein Vater erzählte. Er wurde 1933 geboren. Wir sprachen darüber, wie die Arbeitstage in seiner Kindheit und Jugend aussahen, und ich erwähnte zufällig, dass ich irgendwie gedacht hatte, er hätte immer eine Armbanduhr getragen. Doch das war nicht so. Als er ein junger Mann war, gab es kaum erschwingliche Armbanduhren, die die Feuchtigkeit, den Dreck und die Schläge aushielten, welche bei der Farmarbeit die Regel waren. Mein Vater erinnerte sich: »Außerdem tragen Bauern oft schon deshalb keine Armbanduhr, weil sie schnell mal im Weg ist.«

Er erinnerte sich an einen Mann auf der Farm, der immer eine Uhr bei sich trug. Wenn man mit ihm draußen arbeitete, holte er gelegentlich eine Tabakdose aus der Tasche, öffnete den wasserdichten Deckel, schlug den Filz zurück, warf einen Blick auf seine Uhr und packte sie dann wieder ein. Wann er das tat? »Wenn ihm langweilig war«, vermutete mein Vater. »Oder wenn er dachte, jetzt müsse bald Zeit zum Mittagessen sein.«

Meistens verließen sie sich auf den Glockenschlag der Kirchenuhr, wenn sie draußen arbeiteten und Schafe schoren, droschen, Zäune reparierten oder Disteln aus dem Getreidefeld zogen. Doch es gab auch Bereiche, wo man die Kirchenglocke nicht hören konnte. Dort bestimmten sie ihre Pausenzeiten anhand der Züge, die zwischen den Städten hin und her fuhren: »Wenn der Viertel-nach-zehn-Zug vorbeifuhr – was irgendwann zwischen zehn und elf Uhr sein konnte –, holten wir die Thermosflasche mit Tee raus und verspeisten unseren Vormittagssnack.«

»Der Zug zeigte uns die Zeit an«, erklärte Dad. Und er gehörte auf angenehme Weise zum Lebensrhythmus. »Wenn du keine Uhr bei dir hast, stellst du deinen Körper auf die Zeit ein.«

Meine Mutter stimmte ihm zu. »Man hört auf die Glocken oder auf den Zug, mit dem die Kinder aus der Schule kommen.«

Auch auf den Feldern der industrialisierten Midlands, wo Uhren schon seit Jahrhunderten Teil des Alltags sind, kann man immer noch die Zeit an Hinweisen aus der Umwelt ablesen. Und ich vermute, das Klappern des Milchlasters am Morgen, das Krächzen der Krähen und das Nachlassen des Tageslichts waren ähnlich offensichtliche Hinweise.

Lovett schreibt, dass einige der alten Schäfer in den abgelegenen South Downs sehr gut die Zeit schätzen konnten, »auch ohne Armbanduhr oder Sonnenuhr und bei bedecktem Himmel«.[52] Er macht keine Angaben darüber, wie sie das taten, doch an diesem bewölkten Tag in den Berkshire Downs spüre ich, wie ich dank all der Abenteuer aus den bisherigen Kapiteln selbst aufmerksamer gegenüber den Veränderungen werde, die sich in meiner Nähe vollziehen. Am auffälligsten sind die rosa-weißen Blüten der Winden, die wir überall am Wegrand sehen. Ich bringe keine präzisen Schätzungen zustande, doch ich kann sehen, dass die Blüten sich am späteren Nachmittag schließen.

Wenn die Himmelsgötter gerade jetzt durch eine Wolkenlücke hinunterblicken würden, dann könnten sie Rosie und mich sehen, wie wir vom Ridgeway weg- und auf ein riesiges Tier zugehen, das in den Kalk gezeichnet wurde. Dieses Wahrzeichen, das sogenannte Weiße Pferd von Uffington, wurde vor etwa 3000 Jahren in den Hang geritzt. Archäologen haben herausgefunden, dass seine Gestalt sich erstaunlicherweise im Verlauf von 100 Generationen nicht substanziell geändert hat.[53]

Wir kommen gerade bei dem Pferd an, als Mitglieder der jüngsten Generation, eine Gruppe von Kindern aus der örtlichen Grundschule, ihre Arbeit beendet haben: Sie haben dem Ranger des National Trust geholfen, Unkraut zu zupfen und die Oberfläche des Pferdes zu schrubben, damit sie mit frischem Kalk bestreut werden kann. Jetzt trotten und hüpfen sie zurück zu ihrem Minibus, die feste Stimme der Lehrerin ist über dem Geplapper der Kinder gut zu hören. Bald sind die menschlichen Stimmen nicht mehr zu vernehmen, und wir sind allein auf dem Hügel. Nur eine Lerche singt hoch über uns, und ein roter Drachen kreiselt weiter unten.

Rosie und ich umrunden vorsichtig das Pferd. Wir sind überrascht, wie schmal die Linien sind. Schon aus mehreren Meilen Entfernung im Tal leuchtet das springende Pferd auf dem Hang. Aus der Nähe betrachtet, ist das Auge des Tiers nicht breiter, als mein Arm lang ist.

Wir steigen wieder den Hang hinauf und blicken über das Vale of the White Horse. In der Ferne sind die Stadt Swindon und eine Reihe großer weißer Windräder zu sehen. Links unter uns ragt die kleine Kirche von Woolstone aus den Baumwipfeln. Fast genau vor uns sehen wir den gedrungenen Glockenturm von Uffington und weiter rechts ein anderes Dorf, das zwischen Bäumen verborgen ist. All diese Strukturen in der Ebene rufen mir ins Gedächtnis, was Lovett in einer Fußnote erwähnte. Die Schäfer, so schreibt er, berechneten die Zeit auch anhand der Position der Sonne zum hohen Turm der Kathedrale von Chichester.[54] Mit anderen Worten, sie berechneten die Stunden nach dem Lauf der Sonne an diesem riesigen Zeitgeber am Fuße der Downs.

Ich muss daran denken, wie hilfreich es für die Schäfer gewesen wäre, wenn sie mehrere Türme hätten sehen können, die gleichmäßig über ihren Horizont verteilt waren. Damit hätten sie den Tag noch viel feiner unterteilen können. Wahrscheinlich wäre es gut gewesen, wenn sie die Türme irgendwie hätten mit sich tragen können, solange sie die Downs durchstreiften.

Ich frage mich, ob ein solcher Gedanke nicht die Entwicklung der Sonnenuhr mit den vielen Stöcken angeregt hat. Für mich sieht diese Uhr aus wie ein tragbares Modell einer idealen Landschaft. Der kurze Stock in der Mitte dieser Miniaturwelt ist der Schäfer selbst. Und während die Sonne über den Horizont wandert, treffen die Schatten verschiedener Türme, Bäume oder Bergspitzen den Schäfer. Das Gefühl, dass die Landschaft selbst eine Art Sonnenuhr darstellen könnte, werden wir im nächsten Kapitel genauer betrachten.

Ich habe keine Ahnung, ob die Schäfer in den South Downs so dachten, wenn sie ihre Sonnenuhren bauten. Doch warum sollten Hirten, die ihre Tage damit zubringen, die Weide, das Wetter, das schwindende Licht und den besten Weg nach Hause zu betrachten, nicht auch eine Sonnenuhr konstruieren, die einer Landschaft nachempfunden ist?

Während ich von der Höhe des Ridgeway über das Vale of the White Horse blicke, stelle ich mir vor, wie viele Entsprechungen des Kirchturms von Chichester die Schäfer, deren Tiere hier grasten, hätten finden können, um den Lauf der Sonne abzulesen. Dann jedoch wird mir klar, dass wir, im Gegensatz zu Lovetts Schäfern, die nach Süden blickten, den Blick nach Norden richten. Wir haben das Licht im Rücken. All die Landmarken, die vor uns ausgebreitet liegen – Dörfer und Städte, Wälder und Türme –, sind als Zeitgeber nicht zu gebrauchen, weil wir aus dieser Perspektive niemals die Sonne an ihnen vorbeiwandern sehen könnten.

Doch jemand, der unten im Tal steht und zu uns hinaufblickt, würde den Lauf der Sonne über den Bergkamm sehen, jenen hohen nördlichen Rand der Berkshire Downs, der meilenweit in ost-westlicher Richtung verläuft. Und an dunklen Wintermorgen könnten die Menschen im Tal das Leuchten über der auffälligsten Landmarke überhaupt erkennen: über dem weißen Pferd. Eine verführerische Theorie lautet, dass dieses prähistorische Monument möglicherweise an der Morgensonne ausgerichtet wurde, wenn man den Hang von der Gegend um Woolstone aus betrachtet. Darüber werden wir im nächsten Kapitel mehr erfahren.

Kapitel 5

Tagesmarken

Das Licht über der Landschaft betrachten

Auf Island gibt es überall Ortsnamen, die etwas mit der Tageszeit zu tun haben, beispielsweise Miðmorgunsvarða (Frühmorgens-Steinhügel), Dagmáladalur (Morgental), Miðdegishæð (Mittagshöhe), Nónfjall (Nachmittagsberg), Miðaftansrúst (Abendruine), Náttmálafoss (Nacht-Wasserfall). Diese Art von Landmarken wird auch als Tagesmarken bezeichnet; sie waren in den Kulturen Nordeuropas einst sehr gebräuchlich. Doch in Island haben sie besonders lange überlebt und außerordentlich viele Spuren hinterlassen. Wenn man eine isländische Landkarte nach solchen Tagesmarken absucht, findet man sie überall.[1] Rund um den Flughafen, an den Stadträndern, zwischen eiskalten Schären im walgrauen Meer. Unter aufgetürmten Wolken auf schroffen Gebirgen. In der Nähe des rot glühenden Lavagrabens, aus dem riesige Rauchwolken aufsteigen. Auf schneebedeckten Gipfeln, die sich wie silbrig schwarze Türme aus Geröllsockeln erheben.

In früheren Jahrhunderten hatte jeder Hof auf Island seine eigenen Tagesmarken, um den Tag nach dem Stand der Sonne über dem lokalen Horizont einzuteilen. Wenn Menschen an einem bestimmten Ort Ausschau hielten und das helle Leuchten hinter der Wolke einen Berg in südlicher Richtung erreichte, wussten sie, dass es ungefähr Mittagszeit war. Heute würden wir nicht mehr direkt in die Sonne blicken, weil wir wissen, dass das unseren Augen schadet, doch wir können ohne Weiteres erkennen, wo die Sonne steht, ohne direkt hinzuschauen, und wir können die Schatten betrachten, wenn wir ihren genauen Stand über dem Horizont bestimmen wollen.

Etwa sechs Monate nach unserem Besuch im Vale of the White Horse reisen Rosie und ich nach Island. Eine Freundin hat uns netterweise eingeladen, eine Woche bei ihr in Reykjavík zu verbringen. Schon seit langer Zeit faszinieren mich die Tagesmarken dort, und endlich haben wir die Chance, sie vor Ort zu erforschen. Es ist Mitte Januar, doch das macht mir nichts aus, denn wir werden mit Sicherheit sonnige Augenblicke erleben. Doch das Wetter in dieser Woche überrascht selbst die Einheimischen. Eine dicke, feuchte Wolkendecke liegt dauerhaft über den verschneiten Bergen. Das schwache bläuliche Tageslicht wird schon bald nach dem Mittagessen zur Abenddämmerung. Und all die Morgenhügel und Mittagsgipfel, die im Land verstreut sind, wirken weniger als Mittel zur Zeitmessung denn als hoffnungsvolle Mahnung an eine lange verlorene Sonne.

Nein, die Bedingungen sind nicht ideal, um nach Tagesmarken zu suchen, bestätigt mir Gísli Sigurðsson mit großartigem Understatement. Trotzdem sind wir zusammen unterwegs und steigen vorsichtig über einen verschneiten Pfad hinunter, der zwischen Wänden aus schroffem schwarzem Gestein verläuft.

Gísli ist ein bekannter Experte für isländische Literatur und Überlieferungen. Es ist ganz wunderbar, dass er sich bereit erklärt hat, mit mir über die alten Methoden zur Zeitmessung anhand von Landmarken zu sprechen. So düster das Licht heute auch ist – als ich vorschlug, dass wir an einem Tag mit einigermaßen günstigem Wetter in die Berge gehen, war er sofort dabei.

Rosie hat unseren gemieteten Geländewagen 50 Kilometer weit über schlechte Straßen aus Reykjavík hinausgefahren, immer im Konvoi mit Reisebussen. Wir haben unsere Stiefel und warmen Jacken angezogen und sind hinausgewandert in die Weite der Hügel- und Moorlandschaft. Der eisige, stechende Wind färbt unsere

Wangen rosig, und bald spüre ich mein Gesicht nicht mehr, während wir durch den Schnee in die Schlucht namens Almannagjá absteigen. Doch Gísli inspiriert uns mit seiner ansteckenden Energie. Er führt uns an einen ganz besonderen Ort. Diese tiefe Felsspalte und das Tal unterhalb waren früher Islands Machtzentrum, denn hier tagte das mittelalterliche Parlament. Und auch wenn man es sich gerade jetzt kaum vorstellen kann, wurde der Zeitpunkt für die wichtigsten Zeremonien hier mithilfe der Sonne bestimmt, die sich über das Land bewegte.

Nach der letzten Eiszeit war die subarktische Insel im Nordatlantik eine der letzten Landmassen dieser Größe, die von Menschen besiedelt wurde. Die erste Besiedlungswelle aus Norwegen und von den Britischen Inseln erreichte Island um 870 n. Chr.[2] Bemerkenswerterweise war diese frühe Gesellschaft kein Königreich, sondern eine Republik, bestehend aus ein paar Tausend bäuerlichen Gemeinschaften, die von Häuptlingen regiert wurden. Das Alþingi, ihr Parlament, wurde im Jahr 930 gegründet. Mehr als drei Jahrhunderte lang trafen sich zu Mittsommer die Häuptlinge aus dem ganzen Land zu ihrer alljährlichen Versammlung, und zwar hier in Þingvellir, was so viel heißt wie Versammlungsebene.[3]

Aus der Vogelperspektive sieht die Schlucht, in der wir jetzt stehen, aus wie eine dünne schwarze Linie am westlichen Rand des flachen Tals. Beide zusammen liegen auf dem langgestreckten Mittelatlantischen Rücken zwischen zwei tektonischen Platten: der eurasischen und der nordamerikanischen. Diese beiden Platten driften langsam auseinander, und diese gewaltige Bewegung hat hier diese tiefe Schlucht entstehen lassen, die sich nach wie vor verbreitert. Tatsächlich reißen auf dieser Vulkaninsel, so warnt uns Gísli, immer wieder Erdspalten verschiedener Größe auf. Wir müssen also aufpassen, wohin wir gehen.

Gísli geht langsam voran zu einer Stelle, wo die enge Schlucht uns einigermaßen vor dem Wind schützt. Wir stehen da und blicken über den östlichen Rand ins Þingvellir-Tal und über die Ebene dahinter: weiß-blaues Land unter einem grau-weißen Himmel. Unter uns windet sich der schmale Fluss Öxará durch das Tal, von den Bergen im Norden zum See im Süden. Gísli zeigt uns die halb unter Schnee verborgenen Reste der Steinhütten, wo die Häuptlinge ihre Zelte aufschlugen. In der Nähe sieht man eine Art natürlichen Pferch, wo die Pferde zusammengetrieben wurden.

Ich versuche mir vorzustellen, wie dieses Tal vor tausend Jahren zur Mittsommerzeit ausgesehen haben mag. Rauch von zahlreichen Lagerfeuern schwebt in der Abendluft, Pferde grasen und schlagen mit dem Schweif. Und weitere Reiter kommen auf uns zu. Sie wollen unbedingt noch vor Sonnenuntergang ankommen.

Die Reise über Berge, Moor und Sumpf nach Þingvellir dauerte für manche von ihnen mehrere Tage, die Häuptlinge mussten also genau planen. Gísli erzählt uns, dass sie ihren Platz in der Versammlung verloren, wenn sie nicht pünktlich ankamen. Eine Gesetzessammlung namens *Grágás* (Graugans) erklärt, dass dieser Zeitpunkt erreicht war, wenn die Sonne zu einem bestimmten Datum nach Mittsommer am Abend aus dem Tal verschwand.[4]

Die Häuptlinge wirkten hier als Gesetzgeber, Ankläger, Verteidiger und Richter. Bei ihren Verhandlungen wurden Erbstreitigkeiten beigelegt und Schafdiebstähle geahndet. Später, nach der Reformation, gab es auch Prozesse wegen Hexerei und Unzucht – die Verurteilten wurden mit unvorstellbarer Grausamkeit bestraft. Gísli deutet hinüber zu einem Teich am Fluss, wo Verurteilte ertränkt wurden. Der Wind heult in der Schlucht.

Von der weltlichen und religiösen Macht der Häuptlinge erzählt auch die altnordische Bezeichnung *goði* (*goðar* in der Mehrzahl), die mit dem Wort »Gott« zusammenhängt. Der Oberste der *goðar* war der Gesetzessprecher *(lögsögumaðr)*, der unter anderem den Zeitpunkt für den Beginn der Verhandlungen bestimmte. Dies war nach Aussage der *Grágás* am Samstag nach dem Beginn der Versammlung der Fall. Die Gerichtsverhandlungen starteten, wenn die Sonne die westliche Wand der Schlucht erreichte, gesehen vom Sitz des Gesetzessprechers auf dem Lögberg (dem Gesetzesfelsen).[5]

Diese strenge Festlegung unterscheidet sich kaum von den strikten Regeln heutiger Gerichte. Nur dass wir davon ausgehen, dass sie sich nach einer Standardzeit richten, die auf einem transportablen und universellen Gerät angezeigt wird. Im alten Island wurden die Zeitabläufe durch die einzigartige Form dieser Schlucht und ihre Position zur Sonne definiert, wie sie von einer einzelnen Person an einer bestimmten Stelle wahrgenommen wurden.

Wo genau der Sitz des Gesetzessprechers war, lässt sich heute nicht mehr sagen. Wir erkennen unter dem Schnee am östlichen Rand der Schlucht einen Felsblock, neben dem eine Flagge weht, die den Lögberg markieren soll, doch Gísli sagt uns, dass wir, wie bei so vielen der Geschehnisse hier, keine genauen Kenntnisse von dem Ort hätten. Er bezweifelt, dass ein so wichtiger Offizieller an einem Ort saß, wo er ständig Wind und Wetter ausgesetzt war.

Auch die Angabe in der *Grágás* dazu, wann genau die Sonne auf die westliche Wand der Schlucht trifft, ist umstritten. Ist es am Morgen, wenn die Strahlen der niedrig stehenden Sonne die Wand aufleuchten lassen? Oder am Abend, wenn die Sonnenscheibe hinter der Wand versinkt? Oder zu irgendeiner anderen Tageszeit, wenn die Sonnenstrahlen die Wand in einem bestimmten Winkel treffen?

Zu denen, die versucht haben, diese Frage zu beantworten, gehörte im 19. Jahrhundert der dänische Philologe Kristian Kålund. Er befragte dazu den Ortspfarrer Simon Bech, der an einem klaren Tag am 6. Juli 1876 nach Þingvellir ging, um nachzusehen. Er berichtete, dass die Sonnenstrahlen die westliche Wand der Schlucht gegen halb drei am Morgen trafen.[6]

Kålund schloss daraus und aus anderen Hinweisen in der *Grágás*, dass die Menschen während der Zeit des Alþingi – um Mittsommer, wenn es kaum dunkel wird – eigentlich nicht zwischen Tag und Nacht unterschieden. Er vermutete, dass auch während der üblichen Ruhezeiten Gerichtsverhandlungen stattfanden und dass die Menschen sich lange an dem Ort aufhielten.

Gísli hält derlei Theorien für höchst spekulativ, denn die *Grágás* gibt allerlei Rätsel auf, was die Landschaftsmerkmale angeht, auf die sie sich bezieht. Welcher Felsen, welcher Teil der Wand ist gemeint? Und wie interpretierten die Menschen die Bewegung des Sonnenlichts? Wir wissen einfach nicht genau, wie dieser Ort der Macht in der Landschaft positioniert wurde.

Gísli führt uns an die Stelle, wo die Wand der Schlucht eine Kurve beschreibt, die eine Art Auditorium entstehen lässt. Forschende vermuten, dass hier das Gericht tagte. Es gibt hier auch einen Hügel im Schnee, der wie ein Podium wirkt. Als ich dort stehe und mir vorzustellen versuche, wie ich mich gefühlt hätte, wenn ich mich an diesem Ort vor dem einschüchternden Publikum aus zahlreichen Häuptlingen hätte rechtfertigen sollen, habe ich den seltsamen Eindruck, als würde ich beobachtet. Es ist niemand da, doch die Risse und Facetten der Lavafelsen sind so charakteristisch und detailliert, dass man sich leicht Gesichter in der Wand vorstellen kann. Und über uns am Hang, der sich über einer Seite des »Gerichts« erhebt, sieht man eine seltsame Formation, die wirkt wie eine aufrecht stehende Gestalt in wallenden Gewändern und mit einem eckigen Hut auf dem Kopf.

»Das da sieht fast aus wie ein stolzer Offizieller«, sage ich.

»Ja«, erwidert Gísli. »Sobald man anfängt, danach zu suchen, sieht man so was überall.« Es gibt so viele sprechende Felsformationen in dieser Vulkanlandschaft!

Gísli weist mich auf weitere besondere Felsen hin, die am Rand der westlichen Wand zu sehen sind. Vielleicht, so überlegt er, wurde der Zeitpunkt für bestimmte Ereignisse nach dem Weg der Sonne bzw. der Sonnenstrahlen über diese Formationen festgelegt. Doch auch in diesem Punkt sind wir auf Spekulationen angewiesen.

Was wir auf jeden Fall der *Grágás* entnehmen können, ist die Tatsache, dass die Zeitmessung mithilfe der Sonne im alten Island gesetzlich festgelegt war, und zwar durch sehr spezifische Regeln, die nur auf diesen Ort und auch nur auf eine bestimmte Jahreszeit anwendbar sind. Die Isländer haben auch in ihrem Alltag die Zeit anhand des Sonnenstands über dem Horizont gemessen. Das taten sie allerdings mithilfe eines allgemeinen Systems, das überall auf der Insel anwendbar war.

In der altnordischen Welt wurde der Zyklus von Tag und Nacht nicht in 24 Stunden unterteilt, sondern in acht gleich große Segmente, die man *eykt* nannte. Auch der Horizont wurde in acht gleich große Abschnitte unterteilt, die jeweils einem *eykt* entsprachen. Diese Abschnitte wurden oft durch irgendein Objekt in der Landschaft markiert, das als *eyktamark* oder *dagsmark* bezeichnet wurde, eine Tagesmarke, die vom Eingang des jeweiligen Hofs aus identifiziert werden konnte. Schäfer, die auf den Weiden unterwegs waren, hatten ebenfalls solche Tagesmarken. Die meisten Teile der Vulkaninsel Island bieten eine spektakuläre Fülle an Gipfeln, Inselchen, Bächen und Tälern. Und wenn gerade keine Tagesmarke zur Verfügung stand, konnte man sich immer noch selbst eine machen.[7]

Stellen wir uns einen kleinen Hof vor, der am Ende eines schlammigen Weges in einer hügeligen grünen Moorlandschaft liegt. Die Wände dieses Hofs sind aus Torfsoden aufgeschichtet, und wir stehen in der Tür und blicken uns um. Der Himmel spiegelt sich in den Pfützen vor dem Haus. Auf dem sanften Hang links von uns wiegt sich das Gras, und Blumen tanzen im Wind, der vom Tal herüberweht. Hoch oben am Kamm sieht man einen Steinhaufen, der *Dagmálavarða* (Morgensteine) genannt wird. Vor uns liegt ein abgeflachter Hügel namens *Hádegisfell* (Mittagsberg). Rechts von uns, wo die Sonne am Nachmittag steht, befindet sich ein weiterer Grashügel, der mit dunklen Felsblöcken gespickt ist. Dies ist der nächstgelegene von drei Hügeln, die alle nach Nón benannt sind, also dem frühen Nachmittag. Sie verlaufen mehr oder weniger in einer Linie südwestlich von uns.[8] Auf halbem Wege zwischen *Hádegisfell* und den *Nón*-Hügeln liegt noch ein niedriger Berg namens *Miðmundafell*.

Die folgende Skizze platziert diese vier Tagesmarken in einem Diagramm der acht wichtigsten Tageszeiten in der isländischen Tradition. Die acht *eykt*-Unterteilungen werden anhand des Sonnenlaufs rund um den Horizont festgelegt, wobei die Kompassrichtungen einen groben Anhaltspunkt geben. In der Praxis waren die Tagesmarken nicht immer so regelmäßig angelegt, und wie wir noch sehen werden, trugen sie auch nicht immer Namen, und sie beschrieben auch nicht immer einen vollen Kreis.

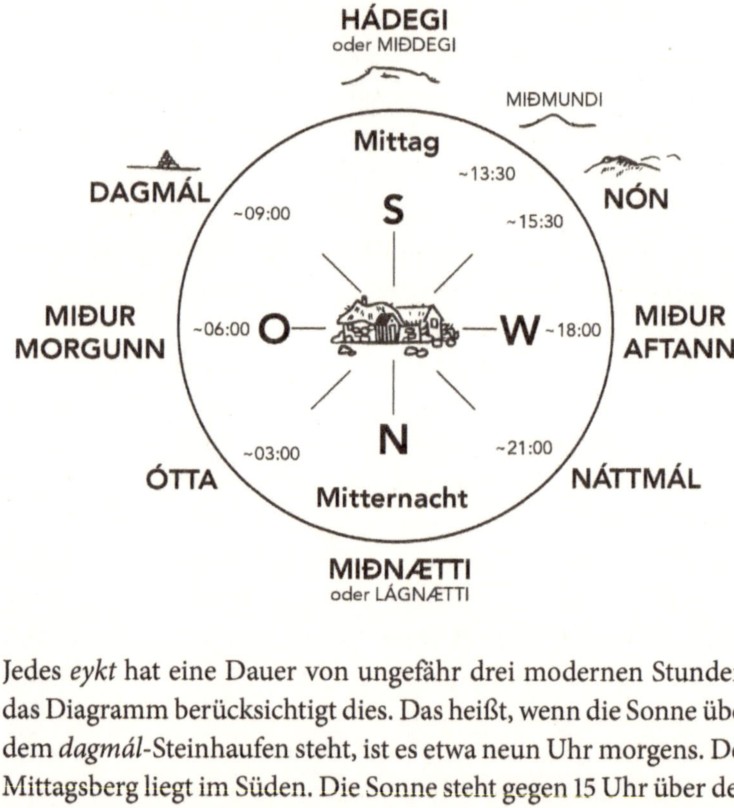

Jedes *eykt* hat eine Dauer von ungefähr drei modernen Stunden; das Diagramm berücksichtigt dies. Das heißt, wenn die Sonne über dem *dagmál*-Steinhaufen steht, ist es etwa neun Uhr morgens. Der Mittagsberg liegt im Süden. Die Sonne steht gegen 15 Uhr über den *Nón*-Hügeln im Südwesten. Und zwischen den Hauptmarkierungen gab es möglicherweise noch Punkte, die kürzere Zeitspannen anzeigten. Hier bezeichnet der Hügel namens *Miðmund* die Halbzeit zwischen Mittag und *Nón*, also etwa 13.30 Uhr.

Stundengläser und Uhren zeigten unweigerlich, dass sich die *eykt*-Messungen je nach Jahreszeit unterschieden. Doch die Variationen sind längst nicht so groß, wie ich erwartet hätte. Trotz der extremen Unterschiede im Tageslicht, die Island kennt, bewegt sich die Sonne regelmäßiger (und flacher) über den Horizont als in südlicheren Regionen. In einem Artikel mit dem atmosphärischen Titel »The Subarctic as a Sundial« (Die subarktische Region als Sonnenuhr) hat der Wissenschaftshistoriker Thorsteinn Vilhjálmsonn berechnet, dass auf der Höhe von Reykjavík (64 Grad nördlicher Breite) die Zeitmessung anhand des Sonnenstandes übers Jahr hinweg nur zwei bis drei Viertelstunden von der Uhr abweicht. Eine solche Abweichung, so schreibt er, »war recht erträglich« für eine bäuerliche Gesellschaft.[9]

Als der deutsche Gelehrte Konrad Maurer im Jahr 1858 Island bereiste, erfuhr er von einem Pfarrer, dass die Menschen die Tagesmarken in der Landschaft aufgrund des Sonnenstands am längsten Tag des Jahres identifizierten.[10] Das klingt sehr plausibel, denn um Mittsommer steht die Sonne besonders lange über dem Horizont, und die Menschen halten sich auch besonders oft draußen auf.

In unserer Skizze befindet sich der Süden oben, weil die Sonne dort am Mittag am höchsten steht – daher die Bezeichnung *hádegi*, hoher Tag. Entsprechend befindet sich der Norden unten, weil sich die Sonne dort um Mitternacht befindet, was mit der Bezeichnung *lágnætti*, tiefe Nacht, übereinstimmt. Ich hatte vermutet, dass dieser niedrigste Punkt am Horizont nur ein theoretischer sei, weil die Sonne dort ja nie hingelangt. Doch an vielen Orten, so Gísli, beschreibt die Sonne im Hochsommer tatsächlich den vollen Kreis. »Zu Mittsommer sehen wir an der Nordküste die Mitternachtssonne, die nie untergeht, sondern lediglich den Horizont berührt«, erklärt er. »Und selbst im südlich gelegenen Reykjavík, wo die Sonne um Mitternacht eine Weile hinter den Bergen verschwindet, kann man ihren Stand anhand des Leuchtens hinter den Gipfeln immer noch feststellen.«

Stellen wir uns vor, wie wir in der Tür des Hofes im Moor stehen und das nächtliche Leuchten betrachten, das sich sehr langsam hinter den Bergen bewegt. Alle anderen schlafen schon, und wir lassen sie schlafen. Doch schon bald werden wir hier stehen und bemerken, dass das Leuchten einen abgeflachten Berg im Nordosten erreicht. Und dann werden wir die anderen Bewohner des Hofes wecken, denn jetzt beginnt die Zeit, in der alle früh aufstehen müssen: Wir müssen Heu machen, solange die Sonne scheint.

Heu ist saftiges Weidegras, das abgemäht und getrocknet wird, um die Herden während des kalten Winters zu ernähren. Auf Island gibt es ein Sprichwort: Wer Bauer sein will, muss Heu machen. Davon erzählt mir später Halla Steinólfsdóttir, die an der Nordwestküste eine Farm mit Schafen und Ziegen betreibt. »Wenn das Heu gut ist, ist alles gut«, sagt sie. Und damit es gut ist, muss das Gras rechtzeitig geschnitten und gut getrocknet sein. Das heißt, man muss jeden Augenblick nutzen und schnell sein, bevor das Wetter schlechter wird. Ein Kommentator aus den 1830er-Jahren berichtet, dass die Menschen in Island während der Heusaison um halb fünf am Morgen aufstanden.[11] Auch heute bekommen die Menschen während der Heuzeit wenig Schlaf.

Aber die Arbeit auf einem Bauernhof wechselt stark mit den Jahreszeiten. Früher passten die Isländer ihre Uhren diesem Wechsel an. Sigrún Kristjánsdóttir hat über traditionelle Zeitmessung in Island geschrieben und mir erzählt, dass die Menschen die ersten Uhren, die zur Verfügung standen, »so stellten, wie es ihnen passte«. Während der Heusaison im Sommer wurden die Uhren bis zu drei Stunden vorgestellt, um das Tageslicht möglichst gut zu nutzen.[12] Die Praxis ähnelt unserem Wechsel von Sommer- und Winterzeit, nur dass in diesem Fall die Anpassung lokal und zu einem bestimmten Zweck vorgenommen wurde.

Auf unserer Wanderung am Fluss in Þingvellir frage ich Gísli, wie die Isländer auf dem Land den Übergang zur Standardzeit vorgenommen haben. Er meint, es gebe Geschichten darüber, dass einige Bauern Mühe mit der Abweichung ihrer eigenen Sonnenzeit von der Standardzeit hatten, die besonders augenfällig wurde, als Ende der 1930er-Jahre das Radio eingeführt wurde. Sie interessierten sich natürlich sehr für den Wetterbericht, beschwerten sich aber darüber, dass sie zur richtigen Zeit das Radio einschalten mussten, um den Wetterbericht zu hören. »Sie waren einfach nicht daran gewöhnt, in Minuten zu denken.«

Gísli kennt die Rhythmen des bäuerlichen Lebens gut, denn er hat in seiner Jugend auf einem Hof gearbeitet. Vor allem käme es darauf an, den Sonnenschein so gut wie möglich zu nutzen. »Da nimmt man die Zeitmessung dann auch sehr ernst, vor allem, wenn Heu gemacht werden muss.« Bis heute sind Bauern immer darauf angewiesen, Wetter, Tau und Licht bei ihrer Planung und Arbeit zu berücksichtigen.

Als der kurze Tag endet, fahren wir zurück nach Reykjavík. Trotz der Wetterkapriolen bleibt Rosie bemerkenswert ruhig. In rascher Folge fahren wir durch Hagel, Matsch und Schneeschauer. Auf den gefrorenen Weiden haben alle warmblütigen Lebewesen Schutz vor dem Wetter gesucht. Nur die robusten Islandpferde ziehen ungerührt Futter aus den großen runden Ballen, die zum Teil von Schnee bedeckt sind.

Wenn man sich eine Landkarte von Island genauer ansieht, findet man ohne Mühe hier einen Mittagshügel und dort einen Nachmittagsberg. Einen substanziellen Satz von Tagesmarken, die mit einem einzelnen Ort verbunden sind, findet man längst nicht so leicht. Der imaginäre Hof auf unserer Skizze basiert lose auf einem realen Ort mit vier Tagesmarken auf der Landkarte, die sich alle um die Mittagszeit konzentrieren. Doch das ist schon eine ungewöhnlich hohe Zahl.

Warum findet man konzentrierte Tagesmarken kaum auf Landkarten?

Zunächst einmal brauchten die Menschen wahrscheinlich nicht für jedes *eykt* eine Markierung, sondern nur für diejenigen, die ihnen besonders wichtig waren. Die Archäologin Birna Lárusdóttir hat eine große Zahl von Tagesmarken analysiert und festgestellt, dass die meisten sich auf den Mittag und Nachmittag bezogen. Also auf die Zeiten, wenn auf den Höfen besonders viel gearbeitet wurde und wenn die Sonne auch im Winter sichtbar war.[13]

Ein weiterer Grund für das Fehlen von Tagesmarken ist, dass ein Objekt in der Landschaft nicht unbedingt einen Namen haben muss, damit man es zur Zeitmessung benutzen kann. Der Künstler Birgir Andrésson bat im Jahr 1976 einen Bauern, alle bekannten Tagesmarken zu fotografieren, die von seinem Hof im Hækingsdalur (Bezirk Kjósarsýsla) zu sehen waren.[14] Nur eine dieser Tagesmarken hatte einen Namen, der die betreffende Tageszeit bezeichnete.

Außerdem haben viele derartige Namen nicht überlebt. Gísli hat einen Bericht aus dem Jahr 1959 gefunden, den der Bauer Methúsalem Methúsalemsson auf Bustarfell im Nordosten Islands verfasst hat. Er konnte sich an einen vollständigen Kreis mit fünf Tagesmarken erinnern, die vom Dagmálabotn am Morgen bis zum Miðaftangsbunga am Abend reichten.[15] Seine Familie lebte seit Jahrhunderten auf diesem Hof, und ihre Geschichte war aufs Engste mit der Landschaft verbunden. Doch wenn Höfe den Besitzer wechselten, vor allem seit der Einführung moderner Uhren, konnten die alten Namen für, sagen wir, die drei rieselnden Bäche am Berghang oder das Birkengestrüpp am Weg leicht in Vergessenheit geraten.

Ein weiterer möglicher Grund für die Lücken in der Landkarte ist, dass ein und derselbe Hügel oder Bach als Tagesmarke für benachbarte Gemeinschaften mit unterschiedlichen Ausgangspunkten gedient haben kann. Der Hádegisfell eines kleinen Hofes kann auf einem anderen Hof Náttmálafell genannt worden sein. Es wäre nicht überraschend, wenn die ganze Vielfalt der Namen für eine bestimmte Landmarke gar nicht Eingang in die Karten gefunden hätte.

Die Namen, die tatsächlich auf den Landkarten auftauchen, sind deutlich genug. Das gilt übrigens nicht nur für Island, denn auch anderswo in Europa und darüber hinaus gibt es Hinweise auf »Sonnenmarken«. In Schweden findet sich ein Ort namens Undersåker (benannt nach einer Mahlzeit),[16] in Norwegen einer namens Nonsteinen (Nachmittagsstein).[17] Auf einer Karte von Großbritannien fällt der Noon Sun Hill unweit von Manchester ins Auge, der genau südlich von einem Dorf am westlichen Rand der Pennines liegt. Und man vermutet, dass ein Felsblock namens Noon Stone auf einem Hügel nahe Ilkley in West Yorkshire seinen Namen bekommen hat, weil er als Marke zur Bestimmung der Sonnenzeit diente.[18] Die berühmtesten Beispiele in Mitteleuropa sind die benachbarten Dolomitengipfel mit dem Namen Sextner Sonnenuhr. Es handelt sich um neun Gipfel, die durchnummeriert sind und vermutlich im Tal benutzt wurden, um die Zeit abzulesen.

Im Jahr 1980 beklagte die Historikerin Nina Gockerell, dass die moderne Kartografie jene Namen, die nur von einem Punkt im Tal aus Sinn ergaben, endgültig eingefroren habe, sodass heute viele Mittagsberge und so weiter Namen tragen, die auf der anderen Seite des Tales vollkommen sinnlos sind.[19] Schön wäre es, wenn es eine Karte gäbe, die alle alten Tagesmarken – diese Spuren des Lichts über dem Land – aus sämtlichen Blickrichtungen verzeichnen würde.

Irgendwann hielten die Menschen die alten Steinhaufen nicht mehr instand oder dachten über die Mittagsberge nicht mehr nach. Doch das passierte sicher nicht gleich nach Einführung der Uhr. Stattdessen wurden noch eine ganze Weile beide Systeme zur Zeitmessung parallel zueinander benutzt.[20] Bei einer Befragung älterer Leute auf Island, die im Jahr 1970 durchgeführt wurde, bemerkte ein Mann, man habe die Tagesmarken deshalb nicht mehr benutzt, weil sie nicht mehr mit der Uhrzeit übereinstimmten, die auf »englische Zeit« umgestellt worden war.[21] Vermutlich meinte er die offizielle Umstellung auf Greenwich Mean Time im Jahr 1908.

Doch auch noch später haben einige Isländerinnen und Isländer sicher an der alten Methode festgehalten, vor allem dann, wenn sie draußen arbeiteten und keine Armbanduhr dabeihatten (wie ich im letzten Kapitel schon von meinem Vater berichtete). Der Ethnologe Árni Björnsson gehört zu den großzügigen Isländern, die mir geholfen haben, das alte System der Tagesmarken zu verstehen. Er sagte mir, zur Zeit seiner Geburt 1932 hätten die meisten Haushalte Uhren besessen. Doch er erinnerte sich auch noch vage, dass in seiner Kindheit die alten Männer, wenn sie draußen arbeiteten, irgendwann zu einem Punkt in der Landschaft hinüberblickten und so etwas sagten wie: »Na, jetzt ist wohl Zeit für einen Kaffee.«

Die Vorstellung, die Zeit am Leuchten über einem Berggipfel oder am Schatten eines Steinhaufens abzulesen, scheint weit entfernt vom Leben zwischen den hohen Häusern in London. Nach meiner Rückkehr aus Island falle ich schnell in das Denken zurück, dass diese Art der Zeitbestimmung nur zu ländlichen Regionen im hohen Norden gehört, und zwar in längst vergangenen Zeiten. Doch dann erinnere ich mich an ein Videogespräch mit der Archäologin Birna. »Siehst du denn keine Tagesmarken in der Stadt um dich herum?«, fragte sie mich ermunternd.

Und ja, das tue ich. Vor Jahren schon habe ich mir die Zeit aufgeschrieben, wann die Sonne ihren höchsten Punkt (scheinbarer lokaler Mittag) über verschiedenen Gebäuden in London erreichte. Dieser lokale Mittag liegt nämlich an der Hammersmith Bridge im Westen der Stadt etwa eine Minute später als am Royal Greenwich Observatory im Osten. Und weil die Schatten zu Mittag immer nach Norden zeigen, konnte ich auf meiner Karte auch die Hauptstraßen verzeichnen, die über weite Strecken in Nord-Süd-Richtung verlaufen. Zufällig wohne ich an solch einer Straße, und nachdem ich die Karte gezeichnet hatte, nahm ich immer mit großer Begeisterung wahr, wenn das Licht genau durch die Straße fiel. Dank Birna ist mir jetzt klar, dass dies meine Mittagsmarke, meine »Mittagsstraße« ist.

Doch kann ich Sonnenstrahlen, die genau auf eine Straße fallen, als Tagesmarke bezeichnen?

Irgendwie schon, denn im weitesten Sinne bezeichnet »Tagesmarke« jeden Punkt in der Landschaft, der mir hilft, die Tageszeit zu bestimmen.[22] In diesem Fall ist der Computer in meinem Büro eine unabsichtliche Tagesmarke, denn sein Bildschirm wird mittags genau von der Sonne getroffen, sodass ich fast nichts mehr erkennen kann. Vermutlich haben wir alle schon Tagesmarken bestimmt, wenn wir beispielsweise den Stuhl am Frühstückstisch so gestellt haben, dass wir am Morgen die ersten Sonnenstrahlen abbekommen, oder wenn wir unsere Wäsche dort aufhängen, wo sie am Nachmittag von der Sonne getrocknet wird.

Der Lauf der Sonne um den Horizont ist in London im Verlauf der Jahreszeiten nicht so gleichmäßig wie auf Island. Nur das Mittagslicht fließt an jedem (sonnigen) Tag des Jahres genau durch meine Mittagsstraße. So ist sie zu meiner verlässlichsten Tagesmarke geworden, die ich im Alltag, Anfängerin die ich bin, auch immer wieder wahrnehme.

Wer den Tag nicht allzu fein unterteilen muss, für den reicht so eine Mittagsmarke unter Umständen schon aus, um sich durch den Tag geleiten zu lassen. Früher war es üblich, den Mittagsschatten an einem Fensterrahmen, einem Fensterbrett oder einer nach Süden gerichteten Veranda anzuzeichnen. In seinem Buch über Sonnenuhren, das im Jahr 1973 veröffentlicht wurde, schrieb Albert Waugh, die Praxis sei mit den ersten europäischen Siedlern nach Amerika gekommen und man könne die Markierungen noch an oder in vielen alten Häusern finden.[23]

Der Mittagsschatten konnte auch dazu dienen, eine mehr oder minder klare Vorstellung vom Kalender zu bekommen. Im Jahr 1759 berichtete die Londoner Zeitschrift *The Gentleman's Magazine*, dass die Landbewohner zu Mittwinter anzeichnen, wohin »der Schatten des Türstocks mittags um zwölf Uhr fällt«. Am Neujahrstag »findet sich der Schatten schon vier bis fünf Zoll näher bei der Tür. Das nennt man Hahnentritt«.[24] (Eine schöne alte

Bezeichnung für das Schrumpfen des Mittagsschattens zwischen Mittwinter und Neujahr.)

Waugh erwähnt einen spannenden Brauch, mit Eisennägeln die Mittagsmarken im Fußboden zu setzen.[25] Ich stelle mir vor, wie sie im Eingang unseres Zuhauses funkeln würden. Nur leider haben wir in unserer nach Norden ausgerichteten Wohnung gar keine Mittagssonne. Unten in der Mittagsstraße jedoch stelle ich voller Freude fest, wie der Mittagsschatten in den Wochen, wenn die Bäume ausschlagen, kürzer wird. Später im Jahr, wenn die Blätter dunkler sind und im Wind rascheln, werden auch die Mittagsschatten wieder spürbar länger. Ein weiteres Zeichen für den Wechsel der Jahreszeiten ist der Sonnenuntergang hinter den Gebäuden auf der Westseite meiner Mittagsstraße.

Wo zu Mittsommer und Mittwinter die Sonne auf- und untergeht, hängt von dem Breitengrad ab, auf dem wir leben. In Großbritannien kann man sagen, dass die Sonne zu Mittsommer im Nordosten auf- und im Nordwesten untergeht. Zu Mittwinter geht sie im Südosten auf und im Südwesten unter. Von meiner Lieblingsstelle auf der Straße aus gesehen geht die Sonne zu Mittsommer hinter den hohen Häusern am nördlichen Ende der Straße unter. Zu Mittwinter sieht man ihr Leuchten hinter dem Fitnessstudio im Süden. Dies ist ein ungenaues Maß, doch auffälliger als das subtile Schrumpfen des Mittagsschattens.

Seit den frühesten Zeiten der Menschheit haben Menschen die Sonnwendpunkte am Horizont markiert.[26] Die bekanntesten prähistorischen Bauwerke, die an der Sonnenwende ausgerichtet wurden, sind Stonehenge in England und Brú na Bóinne in Irland. Beide wurden vor etwa 5000 Jahren erbaut. Die Zentralachse von Stonehenge verläuft zwischen dem Punkt des Sonnenuntergangs zu Mittwinter und dem des Sonnenaufgangs zu Mittsommer (siehe Abbildung unten).[27] In Brú na Bóinne liegt das Ganggrab von Newgrange so, dass die aufgehende Sonne zu Mittwinter durch das »Dachfenster« scheint und die innere Grabkammer erleuchtet.

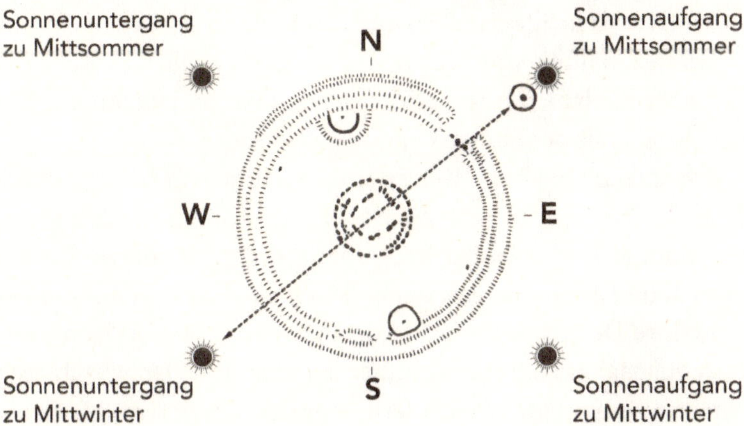

Indem die Menschen wichtige Punkte des Sonnenjahres markierten, konnten sie vorausahnen, wann die Beeren reif sein würden, wann es besonders viel Wild gab und wann die dunklen Tage kommen würden, die Land und Wasser kahl und frostig machten. Doch um einfach nur dem Kalender zu folgen – so hat mir der Archäologe Josh Pollard erklärt –, hätte man keine ausgefeilten, großartigen Bauwerke gebraucht. Diese prähistorischen Bauwerke bewahren ihre Rätsel, auch wenn Gelehrte heute der Ansicht sind, dass sie extrem wichtige zeremonielle Orte gewesen sind. Vielleicht, so Josh, wollten ihre Erbauer ja sicherstellen, dass der Zyklus der Sonne nach Mittwinter weitergeht und die Welt nicht in Dunkelheit versinkt. Die Monumente und die Riten, die an Orten wie Stonehenge vollzogen wurden, könnten entworfen worden sein, um aktiv mit der Welt zusammenzuarbeiten oder sie doch so zu beeinflussen, dass Harmonie und gute Ordnung bewahrt blieben.

Wir wissen nicht, was die Erbauer von Stonehenge und anderen derartigen Monumenten über die Ereignisse am Himmel dachten oder ob sie überhaupt schon eine Zeitvorstellung besaßen, die der unseren ähnelt. Wir können lediglich die Hinweise in Stein, Holz und Erde beachten und ihre Position zu Land und Himmel berücksichtigen. »Denken wir nur an Newgrange«, sagt

Josh. Das Grab identifiziere nicht nur die aufgehende Sonne, wenn sie am dunkelsten Tag des Jahres zurückkehrt. Es ziehe das Licht förmlich an, als wäre das Grab entworfen worden, um die göttliche Kraft der heiligen Sonne aufzusaugen.

Ich spreche mit Josh, weil er eine bemerkenswerte Hypothese über das Weiße Pferd entwickelt hat, das Rosie und ich im letzten Kapitel besichtigt haben.[28] Diese riesige Figur wurde vor etwa 3000 Jahren in einen steilen Hang am nördlichen Rand der Berkshire Downs geritzt. Und da ist etwas an seiner Form, was Josh viele Jahre lang Rätsel aufgegeben hat. Eine lange etablierte Theorie besagt, das Weiße Pferd habe das Territorium als Besitz einer bestimmten gesellschaftlichen Gruppe markiert. Tatsächlich kann man es aus großer Entfernung erkennen. Doch wenn es so etwas wie eine Flagge darstellte, gäbe es bessere Orte als diesen Hang. Tatsächlich ist das Pferd in einem so seltsamen Winkel positioniert, dass man es von oben, also vom Himmel aus, am besten sehen könnte.

Josh bemerkte weitere erstaunliche Details an dem Weißen Pferd und der Landschaft rundum und setzte die Puzzleteile zusammen. Er bemerkte, dass die Aufwärts-Orientierung und die springende Gestalt der Kalksteinfigur Bewegung impliziert. Und dass sie genau an der Stelle platziert wurde, wo der Hang in einem flachen Bogen anzusteigen beginnt. Außerdem sieht man von bestimmten Stellen rund um Woolstone zu Mittwinter, dass die Sonne genau östlich des Pferdes auftaucht und den ganzen Tag dem Bergkamm folgt. Die Wirkung ist besonders erstaunlich, so fand Josh heraus, wenn man das Phänomen von Dragon Hill aus betrachtet, dem seltsam abgeflachten Hügel in einer Falte des Hangs, der wie ein riesiges Podium genau unterhalb des Pferdes liegt.

Joshs Theorie lautet nun, dass die Figur im Kalkstein der täglichen Reise der Sonne huldigt und vielleicht sogar angelegt wurde, um diese Reise zu unterstützen. Vielleicht wurde das Pferd, so schlägt er vor, als Sinnbild, als aktives Bild eines Himmelspferdes geschaffen, das mit der Sonnenscheibe vom niedrigsten Punkt an Mittwinter immer höher hinaufläuft.

Möglicherweise gelangten Bilder und Vorstellungen von Himmelspferden, die die göttliche Sonne tragen, vor etwa 4000 Jahren im Zusammenhang mit der Domestizierung von Pferden von Indien und aus dem Iran nach Nordwesteuropa. Vielleicht haben an diesen Hängen zu jener Zeit noch keine lebenden Pferde gegrast, doch die Idee und das Bild des Pferdes könnten mit Tätowierungen und Schmuckstücken - und mit Geschichten, die darüber erzählt wurden - bereits hierher transportiert worden sein. Jede Gemeinschaft übernahm diese Ikonografie auf ihre eigene Weise, und in diesem Fall geschah dies, indem man eine der ältesten und größten Figuren in den Stein ritzte, die jemals von Menschen hergestellt worden ist.

Die Menschen, die diese Figur ritzten, so Josh, hatten die Vorstellung, dass die Sonne in westlicher Richtung über den Bergkamm reiste und am Ende des Tages in die Unterwelt fiel. Das würde zu Sonnenmotiven passen, die auf Objekten aus anderen Teilen des bronzezeitlichen Europa und darüber hinaus gefunden wurden.[29] Die Sonne beschreibt einen Kreis, sie wird von Pferden am Morgen in den Himmel getragen und am Abend wieder hinunter. Dann wird sie mit einem Boot über Nacht durch die Unterwelt transportiert. Josh vermutet, dass die Menschen, die das Weiße Pferd erschaffen haben, sich vorstellten, dass die Sonne durch das »Portal« eines bereits existierenden Grabes in die Unterwelt absteigt. Und dieses Grab liegt weiter westlich am Hang: Wayland's Smithy.

Im Winter nach unserer Islandreise fuhren Rosie und ich noch einmal nach Woolstone und standen kurz vor Sonnenaufgang auf Dragon Hill. Das Leuchten der Morgendämmerung wurde heller, die schnell ziehenden Wolken hinter dem Weißen Pferd sahen aus wie Rauch und Feuer. Und als die ersten Sonnenstrahlen über den Kamm blitzten, wandten wir uns geblendet ab und blickten Richtung Norden auf unsere scharf gezeichneten Schatten, die über die Fläche von Dragon Hill ins Vale of the White Horse zeigten. Das goldene Licht über den fernen Weiden bewegte sich langsam in unsere Richtung und ließ den Schatten des hohen Berghanges schrumpfen, sodass der Wechsel von Nacht zu Tag mit Händen zu greifen war. Am nächsten Morgen hätte es schon wieder etwas anders ausgesehen: Der Bogen, den die Sonne beschrieb, wäre etwas höher und weiter gewesen, und so wäre sie immer höher über den Kamm gestiegen, bis endlich Mittsommer wäre.

Es war ein seltsames und eindrucksvolles Erlebnis, die Reise der Sonne über den Himmel so körperlich in der Landschaft um uns herum nachvollziehen zu können, als wären Erde und Himmel auf einmal ganz eng miteinander verbunden. Und ich erinnerte mich an eine Gelegenheit vor zwei Sommern, wo ich etwas Ähnliches empfunden hatte.

Ausgerechnet in Milton Keynes hätte ich nichts Erhabenes vermutet, das muss ich zugeben. Stonehenge bei Sonnenaufgang zu Mittwinter, okay. Doch was sollte schon passieren, wenn ich zu Beginn eines ganz gewöhnlichen Julitages eine Straße in einer Stadt entlangging, die in den 1970er-Jahren erbaut worden ist?

Doch tatsächlich kam ich an jenem Montagmorgen im Sommer 2023 aus einer Unterführung und stand, wie von Angesicht zu Angesicht, einer glühenden Kugel gegenüber, die in einem Film aus gelbem Licht schwebte. Ich fühlte mich von ihrer Kraft eingeschüchtert und senkte erst einmal den Blick, um meinen Augen nicht zu schaden. Dann beschirmte ich meine Augen mit der Hand und bewunderte die Sonne in sicherer Art und Weise auf dem Display meiner Digitalkamera.[30]

Mein Morgen hatte schon eine Stunde früher begonnen, als ich leise die Tür des Gästehauses in einem Vorort von Milton Keynes hinter mir zugezogen hatte und in die Stadt spaziert war. Der Vorort umschloss ein altes Dorf, in dem es noch Häuser mit Strohdach gab. Ein weißes Pferd stand auf einer Wiese, die vom Tau silbrig glänzte. Im Halbdunkel ging ich vorbei an Kreisverkehren und über gewundene Pfade, das Leuchten am nordwestlichen Horizont immer im Blick. Ich wusste, das Licht würde mich zu dem rechtwinkligen Raster der Straßen in der Innenstadt führen: Central Milton Keynes (CMK). Denn das Rückgrat des Stadtkerns, Midsummer Boulevard, deutet genau auf den Sonnenaufgang zu Mittsommer.

Als ich CMK erreichte, war der kobaltblaue Himmel zu einem sanften Babyblau mit zartrosa und lila-grauen Akzenten verblasst. Nur ein paar kleine Wölkchen waren zu sehen. In dem verspiegelten Bahnhof sah man den Effekt besonders schön, als hätte sich der Wächter des Midsummer Boulevard in einen glitzernden Morgenrock gekleidet und wollte bewundert werden.

Als ich den langen, breiten Boulevard hinaufging, wirkte er trotz der Reihe von Bäumen und der eleganten modernistischen Bushaltestelle wüstenhaft und wie ein Canyon: so viel gepflasterte Fläche, so viele Parkplätze und so wenige Pflanzen. An diesem Montagmorgen wirkten die Café-Bars im Erdgeschoss der Büroblocks, die wie Strandhütten oder Autowerkstätten gestaltet waren, wie lustige Socken zu seriösen Geschäftsanzügen.

Am meisten beschäftigte mich die Tatsache, dass mich der Fußgängerweg immer wieder in Unterführungen absteigen ließ. Zunächst fand ich das frustrierend, ich wollte mir doch den Morgenhimmel ansehen! Doch als ich mich dem höchsten Punkt des Midsummer Boulevard näherte, fühlte sich der Rhythmus des Auf- und Absteigens an wie das Öffnen und Schließen eines Vorhangs. Als hätte jemand diesen Weg absichtlich so angelegt, um die Wertschätzung für das Licht zu steigern.

Am Ende der Straße verlor ich den Weg, vertraute aber meiner Richtung. Ich durchquerte einen mit Unkraut bewachsenen Hof und fand die Brücke über eine tiefergelegte Hauptstraße, die mich in den Park brachte. Der Pfad führte mich auf einen Grashügel, einen Aussichtspunkt mit einem hohen weißen Obelisken, der die Stelle am Horizont markiert, wo die Sonne zu Mittsommer aufgeht.[31]

Diese Nadel, deren eine Seite golden leuchtete und die in den Himmel deutete, wirkte wie die Miniaturausgabe einer Weltachse, wie ein Monument, das Erde und Himmel verbinden soll. Ich stand daneben und saugte das Morgenlicht auf, ohne meine Augen der Gewalt der erstaunlichen Sonne auszusetzen.

Die Wiesen jenseits der Stadt leuchteten goldgrün im Dunst, dünner Nebel umgab die Silhouetten von Hecken, Höfen und Dörfern. Ich stand allein an diesem Punkt und hatte das Gefühl, ich würde in eine Art Paradies blicken.

Das Ganze ereignete sich kurz nach unserer Reise nach Woolstone, als ich im Zuge von Thorsteinns Ideen anfing, die Landschaft als eine Art Sonnenuhr zu betrachten.[32] Genau deshalb war ich ja gekommen, um mir den Midsummer Boulevard anzusehen. Doch ich schaffte es erst im Juli, als die Sonne bereits wieder südlicher aufging. Eigentlich war ich auf eine Enttäuschung vorbereitet. Doch ich glaube nicht, dass ich jemals so stark empfunden habe, wie das Sonnenjahr nach Mittsommer wieder Richtung Winter abbiegt.

Die Stadt Milton Keynes wurde 1967 gegründet, und zwar in einer ländlichen Gegend mitten in Südostengland. Ziel war es, für die Menschen eine anständige Lebensumgebung zu schaffen, und der städteplanerische Entwurf war außerordentlich ehrgeizig. Was vermutlich als Vision von grünen Plätzen und lichtdurchfluteten Marmorgebäuden begann, wurde im Laufe der Jahrzehnte aus verschiedenen Gründen verwässert oder gar vergessen. Doch es gibt immer noch bemerkenswerte Gebäude, und die ganze Anlage ist außergewöhnlich.

Für mich ist die Ausrichtung nach der Sonne das erstaunlichste Merkmal. Nach meinem Besuch dort sprach ich darüber mit Stuart Mosscrop, einem der ursprünglichen Planungsarchitekten. Die Stadtmitte von Milton Keynes wurde als vieleckiges Raster angelegt, das sich an den bereits bestehenden Grenzen – Eisenbahnlinie und Kanal – orientierte. Dann jedoch erkannte das Planungsteam, dass man das gesamte Raster nur »einen Tick« drehen musste, um es auf den Sonnenaufgang zu Mittsommer auszurichten. Und wundbarerweise wurde die Idee abgesegnet.

Wir sprechen hier natürlich von der Zeit Ende der Sechziger- und Anfang der Siebzigerjahre, als »sich viele mit Ley-Linien, alten Straßen und so weiter beschäftigten«. Auch die jungen Mitglieder des Planungsteams feierten Sonnwendpartys auf dem Land. Und so wurden denn auch die Parallel-Boulevards zu beiden Seiten des Midsummer Boulevard nach Avebury und Silbury benannt, nach Orten also, die für außergewöhnliche prähistorische Überreste bekannt sind.

Zu meiner Überraschung erfuhr ich im Gespräch, dass das Raster eine sehr alte Architekturform ist. Die Planer von Milton Keynes ließen sich zwar hauptsächlich von der Anlage moderner amerikanischer Städte inspirieren, darunter auch San Francisco. Doch als sie der Sache nachgingen, so berichtet Stuart, fanden sie Beispiele aus dem alten China und Griechenland. Er bewundert solche Rasteranlagen sehr. »Raum und Zeit kommen im rechten Winkel sehr schön zusammen«, erklärte er mir. Außerdem finde man sich in einem solchen Raster von Straßen leicht zurecht, weil sie dem Kompass entsprächen. Und sogar die Zeit könne man grob am Sonnenstand in der Straße ablesen.

Die Ausrichtung am Sonnenaufgang zu Mittsommer, so Stuart, setzt das Raster »nicht nur mit der Erdoberfläche in Beziehung«, sondern auch mit dem, was am Himmel geschieht. Dem Himmel, unter dem sich die ganze Welt dreht.[33]

Als ich am Morgen meines Besuchs langsam über den Midsummer Boulevard zurückging, wurde mir klar, dass ich jetzt buchstäblich den Berg hinab in Richtung Sonnenuntergang zu Mittwinter ging. Vom Zenit zum Nadir des Jahres.

Am Fuße des Boulevards angekommen, wurde ich vom Leuchten des Bahnhofs begrüßt, der die lebendigen Blautöne des Tageshimmels widerspiegelte. Stuart selbst hat die Außenhaut des Bahnhofsgebäudes entworfen, und ich weiß jetzt, wie bedeutend es ist. Allzu oft bin ich hier durchgefahren oder vorbeigekommen und hatte nur an die Funktion gedacht. Wie viel schöner ist es, sich diesen Bahnhof an einem sonnigen Tag als funkelnde Schwelle zu einer Stadt vorzustellen, die sich dem Himmel öffnet und nach der Sonne ausrichtet.

Unter den Schätzen der altnordischen Literatur gibt es den *Königsspiegel (konungs skuggsjá)*, ein Buch mit Weisheitsregeln, das um 1250 verfasst wurde. Es ist als Dialog zwischen dem norwegischen König Hákon Hákonarson und seinem Sohn Magnús angelegt. Mithilfe der Geschichten darin erfährt Magnús, in welcher Jahreszeit man am sichersten segeln kann. Die personifizierten Winde kleiden sich im Sommer in funkelnde Gewänder und schmollen im Winter unter einem Wolkenhut. Es gibt auch Lektionen über Geografie und Zeitbestimmung. In den 24 Stunden, die »eine Nacht und einen Tag« ausmachen, so erklärt der König, »durchläuft die Sonne die acht Hauptpunkt des Himmels«.[34] Mit anderen Worten: Zeit und Richtung sind miteinander verbundene Eigenschaften des Landes und des Himmels, und es braucht ein aufmerksames Auge, um sie zu unterscheiden. »Beobachte genau«, rät Hákon seinem Sohn, »das Licht am Himmel, den Gang der Himmelskörper, die Gruppierung der Stunden und die Punkte am Horizont.« Zeitbestimmung ist Teil einer subtilen Kunst, in der es darum geht, das Netz aus miteinander verknüpften Zeichen in der Welt um uns herum wahrzunehmen.[35]

Der Nacht-Wasserfall und die Abendruine und all die anderen Tagesmarken, die über Island verstreut liegen, sind Denkmäler der alten Art, die Zeit zu erspüren. Um durch den Tag zu kommen, beobachten wir, wie sich das Licht über Täler und Berge bewegt. Daraus ergibt sich ein ganz anderes Verhältnis zu unserer Umgebung, als wenn wir einfach nur auf eine Uhr blicken.

Die Archäologin Birna Lárusdóttir berichtet von einer faszinierenden Beobachtung zur Orientierung von Geist und Körper durch die Uhr. »Eine Person, die die Zeit von den Punkten am Horizont ablas, stand im Mittelpunkt der Landschaft«, schreibt sie. Diese Menschen blickten nach außen, um wahrzunehmen, was um sie herum passierte. Aber unser Zeitgeber, die Uhr, »ist zum Mittelpunkt, zum Subjekt geworden«.[36] Soll heißen: Wenn wir wissen wollen, wie spät es ist, wenden wir uns von der Welt um uns herum ab. Doch natürlich müssen wir die Uhr nicht abschaffen, um uns wieder nach außen zu wenden und die Rhythmen der Welt, in der wir leben, wieder aufzugreifen, selbst in der Stadt. Um also sozusagen im Mittelpunkt unserer eigenen Sonnenuhr zu stehen.

Birna war es, die mich ermutigt hatte, auch in meiner städtischen Umgebung nach Tagesmarken Ausschau zu halten. Dieser Prozess hat mir geholfen, meine sensorischen »Antennen« zu öffnen, um mehr von den kleinen Ereignissen um mich herum zu genießen. Jetzt fasziniert mich wieder das langsame Gleiten der Sonnenstrahlen über den Fußboden des Büros, selbst wenn ich von Digitaluhren umgeben bin. Und wenn ich die Verschiebung des Schattens eines Gebäudes auf der gegenüberliegenden Wand bemerke, spüre ich die »Lebendigkeit« des Universums. Vielleicht gelingt es uns so, uns mit dem Rest unseres Planeten und des Universums stärker verbunden zu fühlen – denn der Sonnenstrahl, der gerade meine Mittagsstraße zum Leuchten gebracht hat, bewegt sich weiter durch meine Nachbarschaft und dann hinaus und übers Meer.

Wenn wir dastehen und nach außen blicken, sind natürlich nicht alle Tagesmarken (im weitesten Sinne des Wortes) so scharf und deutlich zu sehen wie der helle Lichtstrahl auf meiner Straße. Einige sind eher subtil, z. B. das Leiserwerden des Verkehrs oder eine Veränderung in den Farben der Luft.

Ich denke noch einmal an unseren Besuch in Þingvellir. Dort fragte ich Gísli, wie sich die Mittsommernacht auf Island anfühlt. Das »magische Licht bleibt über viele Stunden bestehen«, sagte er. Man sieht keine Sterne, die Atmosphäre vibriert vor lauter Farben, es gibt kaum Geräusche, und selbst der Wind scheint abzuflauen. »Da arbeitet nicht nur ein Sinn. Wir sehen es mit den Augen, wir hören es mit den Ohren, und wir erleben es in jeder Bewegung der Luft um uns herum.«

Es gibt einen besonderen Ausdruck für das Zwielicht, nämlich *rökkurró*, den Gísli vor allem mit dem August in Verbindung bringt, wenn es nachts allmählich wieder dunkel wird. *Rökkur*, sagt er, bedeutet »halbdunkel«, und *ró* ist die Ruhe. *Rökkurró*, wiederholt er langsam, sodass ich die Kaskade von gerollten R und harten K hören kann, die in ein sanftes O münden. »*Rökkurró* ist die Ruhe dieses fast dunklen Zustands.«

Doch wie stellt man die Zeit fest, wenn das Fast-Dunkel zurückkehrt und die Sonne untergeht? Löst sich ohne Uhr auch das Zeitmaß auf, sobald es Nacht wird? Dieser Frage wollen wir in den nächsten beiden Kapiteln nachgehen. Zuerst wollen wir Möglichkeiten erforschen, die ineinanderfließenden Phasen der Dämmerung anhand von Farben und Lichtqualitäten zu unterscheiden. Danach, wenn es dunkel wird, geht es um die Phasen der Nacht, die uns die Sterne zeigen.

Kapitel 6

Morgengrauen und Abenddämmer

Die Zeit in den Farben des Zwielichts erspüren

Es ist Anfang Januar 2024, kurz vor unserer Reise nach Island. In den letzten Wochen lag Südengland weitgehend unter einer traurigen grauen Wolkendecke. Der plötzliche Triumph der Sonne lässt mich schnell in den Zug steigen und von London nach Somerset fahren, bevor es wieder zuzieht. Ich will nämlich Steve Bell treffen, einen Astronomen mit einem außergewöhnlichen Verständnis für die wechselnden Farben und Eigenschaften der Atmosphäre zur Dämmerzeit. Für mich persönlich war das Zwielicht bisher eine vage und ungewisse Erscheinung. Steve dagegen beobachtet schon seit Anfang der Neunzigerjahre ganz genau, was da draußen im Freien passiert, wenn der Tag zur Nacht wird. Und an diesem Abend hat er mich wunderbarerweise eingeladen, mich ihm anzuschließen, damit ich etwas von der großartigen Struktur und den winzigen Details der Dämmerung mitbekomme.

In der kahlen Winterlandschaft neben den Bahngleisen lassen die gelben Sonnenstrahlen des Spätnachmittags struppige Samenstände funkeln und flackern hypnotisch in den Bäumen. Es wird wohl noch eine Weile dauern, bis die Sonne versinkt und die Dämmerung einsetzt. Eine Dämmerung, die den menschlichen Geist ebenso betrifft wie den Himmel. Das englische Wort dafür, *gloaming*, hat seine Wurzeln allerdings in einem sehr alten Wort für *glow*, »Leuchten«. Möglicherweise war es anfangs mit dem Sonnenuntergang verbunden, um dann später die abendliche Dämmerung zu bezeichnen.[1] Doch irgendwie scheint die hörbare Verbindung zu passen, denn die Welt versinkt am Ende des Tages ja nicht einfach in Schwärze, als hätte jemand an einem himmlischen Dimmer gedreht. Vor Beginn der Nacht, wenn das Licht weniger wird, brennt und leuchtet der Himmel in den intensivsten Farben. Und an diesem Abend wollen wir beide Aspekte beobachten, die leuchtenden Farben des Himmels und die dunkler werdende Atmosphäre am Boden, wenn der Tag sich in der Nacht auflöst.[2]

Ich bin spät dran, aber Steve steht zum Glück bereit, als ich den Bahnhof von Taunton erreiche, sodass wir gleich weiterfahren können zu seinem Aussichtspunkt. Während wir über enge, graue Feldwege fahren, auf denen hier und da Streifen von gelbem Licht zu sehen sind, sprechen wir über die Frage, warum das Tageslicht auf dem Weg zum Sonnenuntergang wärmere Farben annimmt.

Das Sonnenlicht besteht aus einem Spektrum von Farben, von denen einige leichter, andere weniger leicht von den Luftmolekülen in der Atmosphäre verteilt werden können. Die kürzeren Wellenlängen der Violett- und Blautöne lassen sich leichter verteilen als die längeren Wellenlängen der Rot- und Orangetöne. Deshalb sieht der Himmel bei Tag blau aus.[3] Wenn jedoch die Sonne tief über dem Horizont steht, reisen ihre Strahlen in einem anderen Winkel zu uns und durchlaufen einen dichteren Teil der Atmosphäre. Bei dieser längeren Reise werden die Violett- und Blautöne stärker absorbiert, sodass die Orange- und Rottöne dominieren.[4]

Welche Farben des Lichts uns erreichen, hängt allerdings vom Zustand der Atmosphäre ab. Dunst aufgrund von Luftverschmutzung in den Städten kann z. B. die lebhaften Himmelsfarben verschleiern, während Wolken die feurigen Strahlen der sinkenden Sonne auffangen und intensivieren können.

Was die Details angeht, so ist jeder Sonnenuntergang ein bisschen anders; vorhersagbar sind sie jedenfalls nicht. Zur Materie in der Atmosphäre kommen noch Temperaturschwankungen,

Wind und Wolken, die Gegenwart des Mondlichts und Lichtverschmutzung. All dies kann das Bild zumindest ein Stück weit verändern. Doch all den veränderlichen Einzelheiten zum Trotz ist das Ereignis als solches mehr oder weniger gleichbleibend. Jeden Abend, wenn die Sonne untergeht und das Licht schwächer wird, folgen der Fluss der Farben in der Atmosphäre und die nachlassende Sichtbarkeit von Objekten um uns herum im Wesentlichen demselben Muster.[5]

Die Abenddämmerung beginnt mit dem Sonnenuntergang, und sie endet, wenn die Atmosphäre die maximale Dunkelheit erreicht hat und (wolkenlosen Himmel vorausgesetzt) alle Sterne zu sehen sind.[6] Theoretisch ist das der Fall, wenn die Sonne tiefer steht als 18° unter dem Horizont. Und es gibt zwei Mal am Tag Dämmerung. Die Morgendämmerung beginnt, wenn die Sonne wieder die Höhe von 18° unter dem Horizont erreicht hat, und endet mit dem Sonnenaufgang. Die beiden Ereignisse fühlen sich zwar sehr unterschiedlich an und können auch im Aussehen sehr unterschiedlich sein, doch wissenschaftlich gesehen handelt es sich im Prinzip um dasselbe Phänomen, das lediglich in umgekehrter Richtung abläuft.

Steve hat sein Wissen über die Dämmerung als leitender Astronom am HM Nautical Almanac Office vertieft. Er ist ein leitendes Mitglied des Teams, das für die Herausgabe des jährlichen *Nautical Almanac* zuständig ist, des Sternenhandbuchs für Navigatoren auf See, das in Zusammenarbeit mit dem US Naval Observatory entsteht. Für das Jahr 1937 führte der *Nautical Almanac* (der 1936 veröffentlicht worden war) ein Werkzeug ein, das Navigatoren half, die Phasen der Dämmerung einzuschätzen. Diese Hilfe wurde im Laufe der Jahre weiter verfeinert.[7] Es handelt sich um eine einfache, leicht anwendbare Faustregel, die die Dämmerung in drei Phasen einteilt: bürgerliche, nautische und astronomische Dämmerung. Das folgende Diagramm illustriert diese Einteilung.

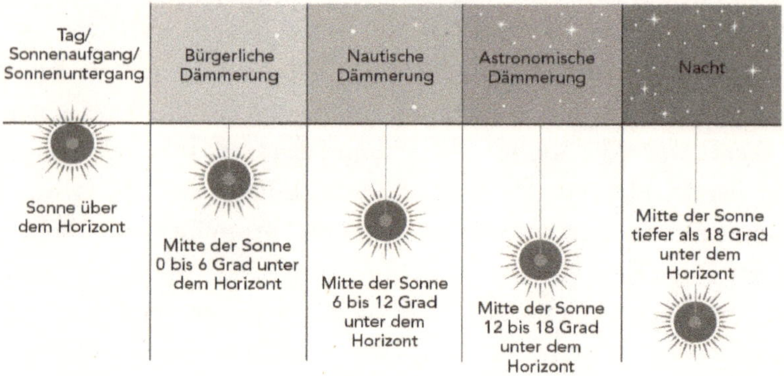

Jede dieser Phasen kann nur grobe Anhaltspunkte liefern, doch sie spiegeln die große Veränderung in der Umgebung, die wir alle wahrnehmen können. Laienhaft gesprochen und unter idealen Bedingungen (ohne Mondlicht), sieht das so aus: Wenn die Sonne am Ende der bürgerlichen Dämmerung 6 Grad unter dem Horizont steht, lassen sich feine Details nicht mehr unterscheiden, Objekte werden nur noch als Silhouetten wahrgenommen, und die hellsten Sterne sind zu sehen. Wenn die Sonne am Ende der nautischen Dämmerung etwa 12 Grad unter dem Horizont steht, ist die Atmosphäre so dunkel, dass man den Horizont nicht mehr erkennen kann, und der Himmel erscheint heller, weil man wesentlich mehr Sterne sieht. Am Ende der astronomischen Dämmerung (die Sonne steht 18 Grad unter dem Horizont) sind auch die schwächsten Sterne zu sehen, und die Atmosphäre hat die maximale Dunkelheit erreicht.

Die Unterteilungen des *Nautical Almanac* waren darauf ausgelegt, Personen, die nach den Sternen navigierten, eine Hilfe zu geben, damit sie die Position ihres Schiffs in der Weite des offenen Ozeans bestimmen konnten. Die Fixsterne scheinen sich in konstanter Geschwindigkeit über uns im Kreis zu bewegen, weil die Erde sich stetig dreht. Einfach gesagt: Wenn man die Position bestimmter Sterne am Himmel mit ihrer Position an einem Referenzpunkt zur selben Zeit vergleichen kann, dann lässt sich die

Differenz nutzen, um die Position auf dem Längengrad zu bestimmen. Damit dieses Prinzip jedoch in der Praxis funktioniert, braucht man jahrelange Übung – es handelt sich um eine ausgesprochen komplexe Kunst. Und man benötigt spezielles Werkzeug dafür, nämlich einen Sextanten, mit dem man den Winkel der Sterne misst, eine sehr genau gehende Uhr (einen Chronometer) und präzise Sterntabellen, wie sie der *Nautical Almanac* liefert.

Doch damit nicht genug: Wer nach den Sternen navigiert, hat dafür nicht die ganze Nacht zur Verfügung: Sterne und Horizont sind zusammen nur etwa in der Mitte der Morgen- und Abenddämmerung sichtbar. Je nach Standort konnte man leicht die Gelegenheit verpassen, den Winkel zwischen Sternen und Horizont zu messen. In den Tropen ist das Zeitfenster zwischen Sonnenuntergang und Nacht typischerweise weniger als eine Stunde lang. Näher an den Polen kann es im Sommer sein, dass es nicht dunkel genug wird, um die Sterne zu sehen. Ein Beispiel: In der Nähe von Lerwick auf den Shetland Islands (also etwa 60° nördlicher Breite) sinkt die Sonne von Anfang Juni bis Anfang Juli nicht unter 7 Grad. Doch wo auch immer sich die navigierenden Personen befinden: Die Dämmerungstabellen des *Nautical Almanac* helfen ihnen bei der Vorhersage, wann sie bei klarem Himmel sowohl die Sterne als auch die Grenzlinie zwischen Meer und Himmel sehen können.

Die Kunst, wichtige Punkte innerhalb der Dämmerung an der Sichtbarkeit bestimmter Objekte festzumachen, ist alles andere als neu. Einige dieser Methoden werden wir noch kennenlernen. Auch das Ende der Dämmerung, wie es der *Nautical Almanac* festlegt, ist bereits Jahrhunderte zuvor definiert worden. Ende des 14. Jahrhunderts erklärte Geoffrey Chaucer seinem »kleinen Sohn Lewis«, die »wahre« Nacht beginne, wenn die Sonne 18 Grad unter dem Horizont stehe. Er folgte mit dieser Angabe einer Quelle aus der islamischen Welt.[8]

Ein Teil der Neuerungen, die das Modell des *Nautical Almanac* einführte, sind die beiden Bezeichnungen »bürgerlich« und »nautisch«. Sie sollten deutlich unterscheidbar und gut merkbar sein.[9] Als Trio sind sie außerdem voller kultureller Anspielungen. In meinen Augen erinnern die Begriffe »bürgerlich«, »nautisch« und »astronomisch« an die alte Hierarchie des Kosmos, also an das, was Chaucer die »dreifaltige Welt« von »Erde, Meer und Himmel« nannte.[10] Als poetische Abfolge von Zuständen suggerieren sie eine Reise aus dem sicheren Hafen aufs wilde offene Meer und in den bestirnten Himmel.

Jedenfalls waren die Begriffe so erfolgreich, dass sie auf viele Anwendungsgebiete übertragen wurden. Heute ist das Almanac Office eine wichtige Informationsquelle für zahlreiche Gruppen, von Astronomen bis hin zu Fotografen. Seine Dienstleistungen unterstützen religiöse Gemeinschaften, deren Kalender sich nach Ereignissen am Himmel richtet, z. B. im Hinblick auf die islamischen Gebetszeiten. Organisatoren von Sportturnieren fragen nach, wie lange nach Sonnenuntergang ein Match an einem bestimmten Ort und zu einem bestimmten Datum vernünftigerweise laufen darf, bevor es zu dunkel wird. Und Polizei und Strafverfolger nutzen das Expertenwissen des Almanac Office ebenfalls.

Eine typische Anfrage der Polizei könnte lauten, ob die Sonne zum Zeitpunkt eines Verkehrsunfalls tatsächlich so niedrig stand, dass der Unfallverursacher geblendet werden konnte. In selteneren Fällen geht es um feinere Einzelheiten der Sichtbarkeit bei schwachem Licht. Kriminalermittler müssen vielleicht herausfinden, ob eine Zeugin zur Tatzeit einen Verdächtigen erkennen konnte.

Ich stelle mir vor, wie Steve in einer Einsatzzentrale der Polizei steht und auf komplizierte Grafiken und Diagramme deutet. Doch er versichert mir, dass ihm das Risiko, Nicht-Wissenschaftler zu verwirren, außerordentlich bewusst ist. Deshalb gibt er sich große Mühe, seine Erklärungen einfach zu halten. Das Almanac Office bezieht sich zwar auf die einschlägigen naturwissenschaftlichen Forschungsergebnisse, doch ein Teil der Expertise stammt auch aus persönlicher Erfahrung. Steves über Jahrzehnte verfolgte Gewohnheit, die Dämmerung zu beobachten, hat ihm geholfen, ein Verständnis zu entwickeln, das über die trockene Wissenschaft hinausgeht. Dieses tiefere Verständnis führt auch dazu, dass er Nicht-Experten besser erklären kann, was während der Dämmerung passiert, wie der Himmel seine Farbe wechselt, wann die Sterne erscheinen und wie viele Details wir noch in unserer unmittelbaren und ferneren Umgebung sehen können. Was für ein Glück, dass ich an diesem Abend die Nicht-Expertin bin, die von all diesem Wissen profitiert.

Steve parkt seinen Wagen an seinem Aussichtspunkt, einem nach Westen gerichteten Tor zu einer Rinderweide, ein paar Meilen vom Meer entfernt. Wir waten durch den Matsch bis zu dem Tor aus grauem Metall und betrachten die Szenerie. Die grünen Weiden sind von braunen Hecken durchzogen, ein Scheunendach lugt zwischen Bäumen hervor. Die Hügel in der Ferne haben eine warme graue Farbe, sie sind glatt und gewölbt wie ein Walrücken, der durch die Wellen bricht. Der Himmel ist blassblau und golden gefärbt, ein paar dünne weiße und rosafarbene Wölkchen sind zu sehen. Auf dem Boden um uns herum scheint die Luft dunkler und bläulicher zu sein. Doch mein Empfinden, dass es noch Tag ist, scheint von dem Geflatter der Schwanzmeisen bestätigt zu werden, die in der Hecke neben uns kurz zur Ruhe kommen.

Wenn Steve und ich jetzt auf dem Meer wären und einen unverstellten Horizont betrachten könnten, dann würden wir sehen, wie der obere Rand der Sonne im Wasser versinkt. Damit hat die Dämmerung offiziell begonnen. An allen anderen Orten ist der Horizont durch Land verstellt. Hier, auf den Weiden von Somerset, ist die Sonne schon hinter den Hügeln verschwunden. Das hat für uns zwei Vorteile: Das Leuchten blendet uns nicht, sodass wir auch die subtilen Merkmale der Dämmerung sehen, und wir riskieren keinen Schaden an unseren Augen. Zwar können wir so nicht genau sagen, wann die Sonne nach moderner astronomischer Definition untergegangen ist, aber das hätte die Menschen früherer Generationen vermutlich auch nicht gestört, obwohl für sie der Sonnenuntergang ein entscheidender Zeitpunkt war. In offiziellen Anordnungen für das mittelalterliche London musste beispielsweise die Bewachung der Stadttore mit Sonnenuntergang beginnen.[11] Gemeint war damit vermutlich der Moment, in dem die Sonne hinter der lokalen Skyline verschwand.

Wenn der Himmel im Westen bewölkt ist, gibt es trotzdem Zeichen, auf die man achten kann. Sobald die Sonne nämlich unter den Horizont sinkt, so Steve, zeigt sich in entgegengesetzter Richtung der sogenannte Erdschatten. (Dieses blaugraue »dunkle Segment« erscheint, wenn die erdnächste Atmosphäre das Licht der untergehenden Sonne am östlichen Himmel verteilt.) Steve ist nicht sicher, ob es sich bei dem vage grauen Bereich, den wir zwischen den Wolken am östlichen Himmel sehen, tatsächlich um den Erdschatten handelt. Doch er hat darüber einen rötlichen Bereich entdeckt, bei dem es sich um den Gürtel der Venus handeln kann. Dieser sanft rosafarbene »Gürtel« wird von verteiltem Sonnenlicht erzeugt und erscheint oft kurz nach Sonnenuntergang (oder vor Sonnenaufgang) oberhalb des Erdschattens. Wenn dieser rötliche Fleck also tatsächlich der Gürtel ist, dann ist dies ein weiteres Zeichen für den Sonnenuntergang.

Wir drehen uns wieder, um den klareren Himmel im Westen zu betrachten. Steve zieht mit der Hand Linien durch die Luft, um die Farbregionen anzuzeigen, die sich jetzt am westlichen Himmel entwickeln. Oberhalb der rötlich gefärbten Zone direkt über dem hügeligen Horizont sehen wir ein intensives pfirsich-goldenes Leuchten, dann folgt ein gelb-weißer Wolkenstreifen. Und neben der Wolke, bemerkt Steve, »eine Spur von grünlichem Blau«.

Grünliches Blau?

Wir alle nehmen Farben und Lichtqualitäten unterschiedlich wahr, erklärt Steve. Das heißt, wir sehen auch nicht dieselbe Dämmerung. Doch jetzt, nachdem er meine Aufmerksamkeit darauf gelenkt hat, kann ich tatsächlich einen schwachen Streifen Grün erkennen. Unsere kulturelle Prägung führt dazu, dass wir uns meistens an den Gold- und Rottönen des Sonnenuntergangs erfreuen. Doch nach dieser Offenbarung glaube ich, dass wir die Türkistöne, die sich zur abendlichen Farbpalette gesellen, nicht annähernd genug würdigen.

Diese grünlich blaue Zone, fährt Steve fort, wird sich weiter nach oben und zu den Seiten ausbreiten. Und im Verlauf der nächsten Stunde können wir damit rechnen, dass sich die Farben des Himmels in klarer getrennte Bänder aufteilen, die sich um das strahlende Leuchten der Sonne legen.

Kann man anhand dieser Farben bestimmen, in welcher Dämmerungsphase wir uns gerade befinden?, frage ich ihn. Ein Stück weit ja, bestätigt Steve, zumindest, solange keine Wolken das Bild verwischen.

Er zieht ein Buch aus seiner Tasche und schlägt es auf. Noch reicht das Licht aus, um darin zu lesen. Es handelt sich um eine Neuauflage des Buchs *Licht und Farbe in der Natur*, verfasst von dem niederländischen Astronomen und Pädagogen Marcel Minnaert. Dieses ausgesprochen populäre naturwissenschaftliche Werk kam in den Niederlanden 1937 zum ersten Mal heraus, kurz nachdem der *Nautical Almanac* die Kategorien bürgerliche und nautische Dämmerung eingeführt hatte.[12] Während die drei Dämmerungsphasen des Almanachs die wichtigsten Veränderungen der Sichtbarkeit unter idealen Bedingungen beschreiben, fügt Minnaerts reichhaltige beschreibende Erzählung faszinierende Details hinzu.

Steve hat eine Tabelle aufgeschlagen, die zeigt, was am Himmel während – wie Minnaert schreibt – eines typischen Sonnenuntergangs in gemäßigt nördlichen oder südlichen Breiten an einem klaren Abend passiert.[13] (Also auch in diesem Teil von Südengland, wir befinden uns etwa auf 50 Grad nördlicher Breite.) Der Auszug, den ich hier wiedergebe, zeigt vier Skizzen des westlichen Himmels, wenn die Sonne unter den Horizont sinkt, und zwar Grad für Grad. Die scharfen Linien zwischen den Farben stehen für weiche Übergänge am Himmel.

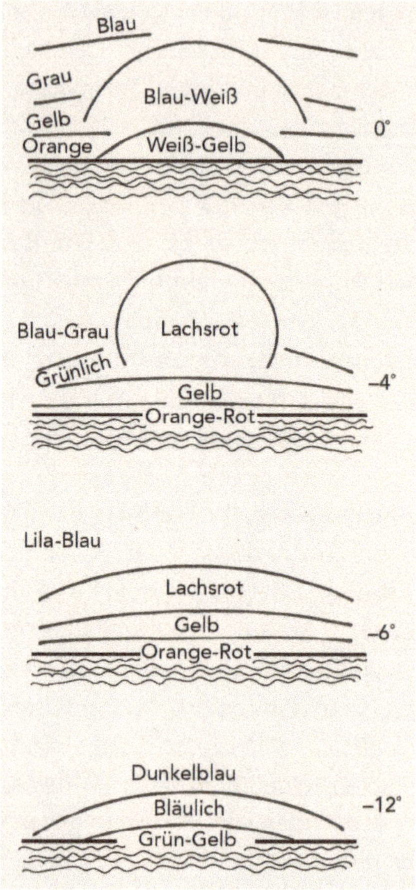

Ich muss an eine Bemerkung in Thomas Hardys Roman *Die Woodlanders* denken. Dort ist von Landbewohnern die Rede, die sich nicht auf eine Uhr verlassen können und stattdessen »tausend aufeinanderfolgende Farben und Züge in der Landschaft« sehen.[14] Die hier erwähnten »Züge« beziehen sich vermutlich auf die Hinweise, von denen wir in diesem Buch schon gesprochen haben: Schatten, Hahnenschrei, Vogelgezwitscher, aber auch Kühe, die jeden Tag zur selben Zeit zum Melken gehen. Die »Farben« beziehen sich wohl auf die Farben von Laub, Getreidefeldern und Wiesen. Doch da hier ausdrücklich von der Uhr die Rede ist, meint

»Farben« sicher auch die Farben des Lichts, die sich über den Tag hin verändern.[15]

Das Potenzial, Zeit mithilfe des Lichts zu erspüren, wird noch offensichtlicher, wenn wir Minnaerts zweite Abbildung betrachten, die die wichtigsten Ereignisse zu Sonnenuntergang und Sonnenaufgang mit Uhrzeiten in Verbindung bringt.[16]

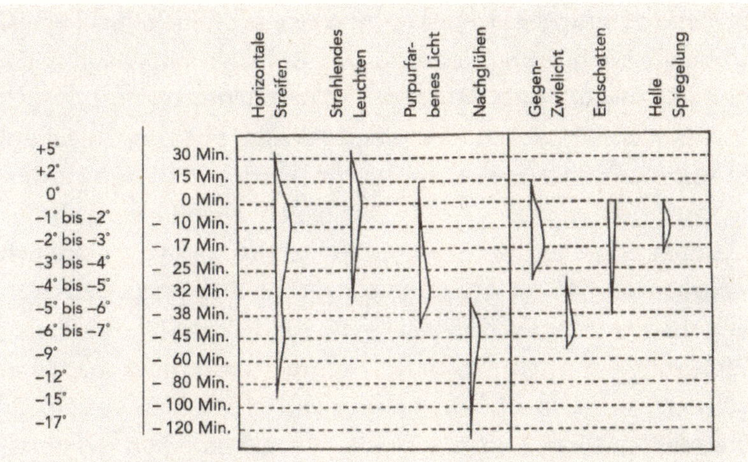

Die erste und zweite Spalte kartieren den Stand der Sonne über und unter dem Horizont (0 Grad) mit Minutenangaben. Null Minuten stehen für den Moment des Sonnenuntergangs. Der linke Teil des Kastens zeigt, was im Westen passiert, der rechte Teil den Osten. Die unregelmäßig geformten Streifen stehen für Erscheinungen am Himmel und werden dicker, wenn diese Erscheinungen sich intensivieren. Das »strahlende Leuchten« im Westen ist beispielsweise bei Sonnenuntergang (0 Grad) am stärksten. Und das »purpurfarbene Licht« intensiviert sich nach Sonnenuntergang und verblasst am Ende der bürgerlichen Dämmerung (wenn die Sonne 6 Grad unter dem Horizont steht). Tatsächlich, so Minnaert, strahlt das »purpurfarbene Licht« in wunderbar transparenten Farben, die eher rosa und lachsfarben sind als wirklich purpurfarben.[17]

Währenddessen hat sich hier draußen die rötliche Färbung über den Hügeln am Horizont nach oben ausgebreitet und zu einem Rhabarberrot entwickelt. Ein Streifen Orange-Gelb ist unten nachgerückt. Die grünlich blaue Zone ist breiter und höher geworden. Das passt ungefähr zu Minnaerts erster Abbildung, wenn wir auf die mittlere Phase der bürgerlichen Dämmerung blicken.

Ohne Steves Hilfe würde es mir aber sehr schwerfallen, Muster in diesem Himmelskaleidoskop zu erkennen. Man braucht einige Übung, schreibt auch Minnaert, »um die feinen Farbabstufungen und flüchtigen, zarten Färbungen wahrzunehmen«.[18]

Minnaert schreibt aus der Perspektive des Physikers, nicht des Künstlers. Doch in seinem Buch vermischen sich beide Sichtweisen auf wunderschöne Weise. Tatsächlich scheint er uns alle erleuchten zu wollen, wenn er von den Freuden spricht, die sinnlich wahrnehmbare Welt so zu erforschen, wie dies die Poeten-Wissenschaftler früherer Zeiten getan haben. In einer bezaubernden Einleitung begeistert er sich für Naturliebhaber, die »über Land wandern, mit aufmerksamen Augen und Ohren, empfindsam für die subtilen Einflüsse rundum, die die duftende Luft tief einatmen und jede Temperaturveränderung wahrnehmen, hier und da einen Busch leicht berühren, um mit den Dingen der Erde in Kontakt zu sein. Menschen, die sich der Fülle des Lebens in höchstem Maße bewusst sind«.[19]

Doch Minnaert vergisst auch die Stadtmenschen nicht. Seine Versicherung, dass »selbst im Lärm und Getümmel unserer dunklen Straßen die Erscheinungen der Natur erhalten bleiben«, nehme ich mir zu Herzen.[20] Und genau zu dieser Zeit, etwa eine halbe Stunde vor und nach Sonnenuntergang, empfiehlt er uns besonders, nach oben zu schauen. Selbst mitten in der Stadt, so schreibt er, »in engen Straßen, wo kein westlicher Horizont zu sehen ist«, zeigt das Leuchten auf Fassaden, die nach Westen ausgerichtet sind, »ganz klar, dass das purpurfarbene Licht leuchtet«.[21]

An einem Sommerabend konnte ich dieses purpurfarbene oder lachsrote Licht auf meinem Straßenmarkt besonders schön wahrnehmen. Die Marktstände waren schon geschlossen, die Straße wurde gefegt, und nach dem Getümmel des Tages herrschte jetzt eine ganz verträumte Stimmung. Eine Friseurin lehnte in der Tür und kämmte in aller Ruhe eine Perücke. Ladenbesitzer saßen draußen und plauderten. Das leise Geplätscher eines Sport-TV-Senders war aus der Wärmestube zu hören. Als irgendwo über mir auf einem Balkon lautes Lachen ertönte, blickte ich auf und sah, dass der oberste Bereich eines hohen Hauses sirupgelb aufleuchtete. Etwa zehn Minuten später, unten auf der Straße wurde es schon dämmrig, leuchtete derselbe Bereich fast kirschrot. Vielleicht war dies die Tageszeit, von der Thomas Hardy in seinem Roman *Der Bürgermeister von Casterbridge* schreibt, dass die Menschen sie das »Erröten des Tages nannten, die Viertelstunde vor Einbruch der Dämmerung«.

Mein Freund Jmeel Allen, der Designer und Fotograf, der gemeinsam mit mir die blauen Zichorienblüten im Park bewundert hat, blickt mit großer Sorgfalt auf die Welt. Und er hat eine faszinierende Einsicht über den Stadthimmel mit mir geteilt. Jmeel ist im Bergland von Wales aufgewachsen, lebt aber in London. Und zu seiner Überraschung hat er festgestellt, dass die Sonnenuntergänge in der Stadt manchmal sogar beeindruckender sind. Die Ecken und Kanten in der Stadt sorgen für ein Spiel der Kontraste mit dem fließenden Licht. Ein eckiger Durchgang öffnet sich und gibt den Blick frei auf einen See aus feurig roten Wolken. Hochhäuser umrahmen die weiße Scheibe des aufgehenden Mondes. Die langen Fensterreihen eines verfallenden Wohnblocks leuchten wie flüssige rotgoldene Bänder.

Jmeel fährt oft gegen Ende des Nachmittags mit seiner Kamera in die Stadt. Doch viele von uns verpassen das Drama am Himmel, weil sie durch feste Arbeitszeiten oder gebunden ans Haus gar nicht hinausgehen können. Vielleicht reicht es ja schon, uns ans Fenster locken zu lassen, damit wir das Abendlicht mehr genießen?

Der visionäre amerikanische Stadtplaner Kevin Lynch hat in seinem Buch *What Time Is This Place* (1972) beklagt, dass unsere Existenz in Innenräumen eine Entfremdung von den natürlichen Rhythmen und ihren Zeichen der Zeit mit sich bringt. »Büro- und Fabrikgebäude, lange Flure und U-Bahnen sind zeitlose Umgebungen, ähnlich wie Höhlen oder die Tiefsee. Licht, Klima und sichtbare Formen verändern sich dort nicht«, schrieb er.[22] Gemeint sind Orte, an denen es keine natürlichen Zeichen gibt und wo der abstrakte Takt der Uhrzeit dominiert. In unterirdischen Verkehrssystemen »misst nur noch die Uhr das leere Verstreichen der Stunden«.[23]

Um diesem Mangel an Variationen in städtischen Umgebungen etwas entgegenzusetzen, schlug Lynch vor, Arrangements einzuführen, »die die natürlichen Zeitsignale verstärken oder ergänzen«. Straßenlaternen könnten im Verlauf der Nacht oder im Einklang mit den Mondphasen gedimmt werden. Und es könnte »rötliche Lichter geben, die den Sonnenuntergang verstärken«.[24]

Heute gibt es in der Londoner U-Bahnstation Battersea Power Station ein »Arrangement«, das Lynch sicher gefallen hätte. Wenn man mit der Rolltreppe auf den Bahnsteig kommt, sieht man über sich einen vielfarbigen Fries, der als horizontaler Streifen 100 Meter weit an der Wand entlangläuft. Es handelt sich um das Kunstwerk *Sunset, Sunrise, Sunset* (2021), das der Künstler Alexandre da Cunha für diesen Bahnhof gestaltet hat.[25] Es repräsentiert eine ganz andere Zeit als die Digitaluhren an den Informationstafeln der Verkehrsbetriebe.

Der Fries ist ein abstraktes Mosaik, das einen Himmel in der Dämmerung darstellt. Es besteht aus senkrechten Metallstäben. Jeder Stab ist mit einer Farbe aus einer Palette gestrichen, die von Sonnenuntergangsfotos aus London inspiriert ist. Ich habe Korallenrot, Shrimprosa, Granatapfel, Limonade, Taubengrau und die Farbe schwarzer Johannisbeeren entdeckt. Tatsächlich handelt es sich bei diesen Stäben um dreieckige Prismen. Das wurde mir bei meinem ersten Besuch in diesem Bahnhof klar, als plötzlich ein Beben von einem Ende des Frieses zum anderen lief und sich die Stäbe drehten, sodass ein neues Mosaik entstand. Die Bewegung fühlte sich vertraut an, sie wird ja auch bei Werbetafeln benutzt, und in dieser geschäftigen mechanischen Umgebung wirkt das Kunstwerk tatsächlich eher subtil. Ich wartete darauf, dass die Stäbe sich wieder drehten, und stellte fest, dass es keine festen Zeitabstände gab: Es passierte immer dann, wenn man es am wenigsten erwartete. Hinter der Schranke gibt es einen ganz ähnlichen kinetischen Fries, der wieder einem anderen Rhythmus folgt.

Sunset, Sunrise, Sunset ist verwirrender und mehrdeutiger als Lynchs Vorschlag mit den Straßenlaternen. Wie der Titel schon andeutet, verändern sich die Farben und kommen wieder. Doch sie tun das in einem unvorhersehbaren Rhythmus, der sich von den identischen mathematischen Einheiten des Transportsystems unterscheidet. Wenn wir durch den Bahnhof eilen, suggerieren die wechselnden Farben an den Wänden eine Art Tor oder Schwelle zu anderen Zeiterfahrungen und -vorstellungen. Im einfachsten Fall ist das Kunstwerk eine sanfte Erinnerung daran, ab und zu mal von den kleinen Bildschirmen in unseren Händen aufzublicken und unsere Sinne für Morgen- und Abenddämmerung zu öffnen.

Zurück auf die Wiesen von Somerset. Steve und ich müssen die Hoffnung auf einen unverstellten Abendhimmel aufgeben. Weiche Wolkenschiffe gleiten über die westlichen Hügel wie himbeerrote Eisschollen, die sich im Wasser auflösen. Mit anderen Worten: Die Wolken maskieren und vermischen die, so Minnaert, »flüchtigen, zarten Färbungen«. Und der Himmel wird heute Abend länger rot sein, weil die Wolken die Sonnenstrahlen reflektieren.

Will sagen: Die Abfolge der Farben am Himmel wird nicht dem entsprechen, was Minnaert in seinen Skizzen angibt. Und damit ist auch meine Hoffnung, dass wir mit ihrer Hilfe feineren Zeitabläufen nachspüren könnten, dahin.

Doch der wässrige Sonnenuntergang ist trotzdem faszinierend. Gerade noch haben wir grau-lila Fahnen beobachtet, die sich wie dicker Schaum über die Wolken legten. Selbst Steve hat kurz überlegt, was das wohl sein könnte. Dann wurde uns klar, dass es sich um den Kondensstreifen eines Flugzeugs handelte, der durch den Wind in Stücke gerissen und von den Sonnenstrahlen beleuchtet worden war.

Könnte ich die ländliche Szenerie in diesem Moment aus der Luft betrachten, dann würde ich möglicherweise Bäuerinnen und Bauern sehen, die die wunderbaren Farben von Marshmallow-Rosa bis hin zu Karamell-Orange bewundern würden, die jetzt in den Wolken erscheinen. Als Steve mich zu diesem Aussichtspunkt brachte, fühlte sich das sofort vertraut an, weil meine Eltern, vor allem meine Mutter, oft am Ende eines geschäftigen Tages an einem Gatter lehnten und die bunt gefärbten Wolkenberge bewunderten, die sich über den Midlands auftürmten.

Ich vermute, dieses Ritual ist viele Generationen alt. Und wenn es eine alte Wetterregel gibt, die die meisten von uns noch kennen, dann ist es wohl diese: »Abendrot, Schönwetterbot – Morgenrot, schlecht Wetter droht.«[26] Selbst der staatliche Wetterdienst bestätigt, dass an dieser Regel etwas dran ist. In Großbritannien jedenfalls kann das Abendrot schönes Wetter von Westen ankündigen. Morgenrot hingegen weist darauf hin, dass das schöne Wetter nach Osten abzieht.[27]

Als es noch keine offiziellen Wettervorhersagen im Radio gab, konnte der rote Himmel ein wichtiges Zeichen sein. So sagt die Farbe des Himmels in der Abend- und Morgendämmerung auch die Zeit voraus: Welche Arbeiten wird man am kommenden Tag erledigen können? Welche Gelegenheiten sollte man ergreifen?

Die Fasane rufen jetzt dringlicher. Eine Amsel stößt einen Warnruf aus. Bleicher Dunst hat sich in den Senken gesammelt. Die Luft wirkt bläulicher oder lila, vor allem weiter unten bei einem dunklen Gehölz.

Ich frage mich, ob das die Zeit ist, die Fotografen »blaue Stunde« nennen. Diese inoffizielle Bezeichnung hat verschiedene Definitionen. Der Meteorologe Stephen Corfidi erklärt mir später, die blaue Stunde könne die Phase kurz nach Sonnenuntergang meinen, wenn das Licht am Boden seine Rotanteile verliert. (Auch dies ist ein Effekt der Filterung von Sonnenlicht in der Atmosphäre, wenn sich der Winkel des Lichteinfalls im Laufe des Tages verändert.) Diese Farbveränderung ist der Grund dafür, dass die Abbildungen in Minnaerts Buch grauer und bläulicher wirkten als das, was ich an diesem Abend sehe. Doch einige Fotografen definieren die blaue Stunde als eine frühere Phase, etwa so wie jetzt, gegen Ende der bürgerlichen Dämmerung. Sie beginnt, wenn die Sonne so weit unter den Horizont gesunken ist, dass das purpurfarbene Licht schwächer wird und die Blautöne dominieren. Unter idealen Voraussetzungen entstehen dann am dunkler werdenden Himmel und in der Luft großartige tiefe Blautöne.

Im Moment ziehen Wolkenfetzen über uns hinweg und verdecken das Blau des Himmels. Doch das veränderte Licht am Boden nehme ich sehr wohl wahr. Auf der Wiese und dem Weg wirkt die Luft jetzt entschieden dunkler und gedämpft. Vielleicht ist dies das »düstere Zwielicht am Ende des Tages«, das die Menschen hier in Somerset als »dimpse« oder »dimpsy« bezeichnen.[28]

Am westlichen Himmel leuchtet es immer noch, und ab und zu glühen die korallenroten und rosafarbenen Unterseiten der dunklen Wolken auf wie heiße Kohlen. Für mich ist dies der Moment, in dem die Kluft zwischen dem Leuchten oben und der Düsternis unten am meisten spürbar wird.

»Oh, siehst du das, Steve!«, sage ich. »Jetzt kann man die Buchstaben nicht mehr erkennen.«

Auf diesen Moment habe ich gewartet. Die Buchseiten sind immer schlechter lesbar geworden, aber jetzt ist es fast unmöglich, den Abschnitt zu lesen, in dem es heißt, die bürgerliche Dämmerung sei zu Ende, wenn man draußen kaum noch lesen kann.[29]

An diesem Abend dauert die bürgerliche Dämmerung 35 bis 40 Minuten. Steve schaut auf die Uhr und bestätigt mir, dass die Sonne jetzt etwa sechs bis sieben Grad unter dem Horizont steht. Minnaert erklärt, dass sich das purpurfarbene Licht dann zurückzieht und in uns den Eindruck erweckt, dass das Land sehr schnell dunkel wird.[30]

Bis jetzt läuft also alles nach Plan. Steve bemerkt allerdings: »Man muss sehr vorsichtig sein, was Verallgemeinerungen angeht, denn wenn sich Wolken in Horizontnähe befinden, verändern sie unser Sehen.« Die niedrige Wolkendecke heute Abend wird das Licht noch lange spiegeln und uns »ein etwas längeres Leuchten« bescheren.

Mitte des 20. Jahrhunderts definierte der *Nautical Almanac* die durchschnittliche Sichtbarkeit bei klarem Himmel am Ende der bürgerlichen Dämmerung erstaunlich vage. Zumindest kam es mir so vor. Allgemein heißt es da, dass »gewöhnliche bürgerliche Handlungen unter freiem Himmel ohne künstliches Licht schwierig werden«, sobald die Sonne sechs Grad unter dem Horizont steht. »Es wird aber noch reichlich Licht vorhanden sein, um größer angelegte Tätigkeiten durchzuführen, für die nur Silhouetten sichtbar sein müssen.«[31]

Wenn die Leute vom Almanac Office Laien (z. B. Ermittlern der Kriminalpolizei oder Organisatorinnen von Sportereignissen) erklären, was das bedeutet, benutzen sie leichter verständliche Faustregeln. Die bürgerliche Dämmerung endet, wenn das Licht so schwach ist, dass Ballspiele wie Fußball oder Cricket nicht mehr möglich sind. Oder (so Minnaert) wenn man unter freiem Himmel keine Zeitung mehr lesen kann.

In seinem beliebten Italien-Reisebuch aus dem Jahr 1769 verwendete der große französische Astronom Jérôme Lalande fast denselben Ausdruck: »wenn es schwierig wird zu lesen«.[32] Er erwähnt dies in seiner Erklärung (um Reisende vor peinlichen Situationen zu bewahren), wie die Stunden in Italien gezählt werden.

Tatsächlich begann und endete der Stundenkreis in den meisten Ländern Europas um Mitternacht, was bedeutete, dass der Stundenschlag jeden Tag zu denselben festen Zeitpunkten ertönte. Auch in Italien waren die Stunden gleichmäßig über den gesamten Zyklus verteilt, aber dieser Zyklus begann mit der Abenddämmerung.[33] Die vierundzwanzigste Stunde schlug eine halbe Stunde nach Sonnenuntergang, so Lalande, also bei Einbruch der Nacht, wenn man draußen nicht mehr lesen konnte. Das bedeutete aber auch: In Italien veränderte sich der Stundenkreis über das Jahr hin.[34]

An Orten, wo man die Dunkelheit nicht durch den Druck auf einen Lichtschalter abwenden kann, war der Moment, wenn man nicht mehr bei Tageslicht lesen konnte, vielleicht ein wichtiger Punkt, der den Tagesrhythmus bestimmte. Man sprach früher auch von der »dunklen Stunde«, wenn man die Abenddämmerung meinte. Das Wörterbuch *Vocabulary of East Anglia* (1830) von Robert Forby definiert dies als das Intervall zwischen der Zeit, in der noch genug Licht zum Lesen oder Arbeiten vorhanden war, und dem Anzünden der Kerzen. In dieser »dunklen Stunde« wurde geplaudert. Es gibt tatsächlich auch den Ausdruck: »Darüber reden wir in der dunklen Stunde.«[35] In London, so heißt es, nannte man diese Zeit »die Stunde zwischen den Lichtern«.[36]

Lalande war Astronom, und ich habe nicht herausfinden können, ob die Uhren in Italien tatsächlich nach dem Moment gestellt wurden, wenn man gedruckte Buchstaben nicht mehr unterscheiden konnte. Doch der Ausdruck lässt vermuten, dass die Methode älter ist als die Kategorie der bürgerlichen Dämmerung. Vielleicht sogar viel älter und weiter verbreitet. Mir sind zwei sehr verschiedene Beispiele begegnet, bei denen die Sichtbarkeit feiner Details genutzt wird, um einen bestimmten Punkt der Dämmerung zu finden. Im Buddhismus gibt es die Tradition, den Tag zu beginnen, wenn man die drei Hauptlinien in der Handfläche erkennen kann, die feineren Linien aber noch nicht.[37] Und im Paris des 14. Jahrhunderts gab es eine Gilde von (offenbar sehr geschäftstüchtigen) Lederarbeitern, die im Spätwinter nicht mit der Arbeit anfangen durften, bevor sie zwei Münzen aus verschiedenen Städten unterscheiden konnten.[38]

Das italienische Uhrensystem war übrigens weder in Europa noch sonst wo in der Welt einzigartig. Es gab zahlreiche Zeitsysteme, die sich nach dem Sonnenuntergang oder dem Einbruch der Dunkelheit richteten, der für den Lebensrhythmus vergangener Generationen so wichtig war. Und es gibt bis heute Gemeinschaften, für die er nach wie vor wichtig ist, sowohl bei uns in Großbritannien als auch an anderen Orten.[39]

Für Muslime ist der Sonnenuntergang eine besonders bedeutsame Zeit, denn nach dem islamischen Kalender beginnt damit der neue Tag. Es ist auch die Zeit des Maghrib, einer der fünf täglichen Gebetszeiten, die allesamt dem Stand der Sonne folgen: Sie werden u. a. nach der Länge der Schatten und dem ersten Licht im Morgengrauen berechnet.[40]

So ändert sich die Zeit des Maghrib-Gebets, wie die aller anderen Gebete, von Tag zu Tag und von Ort zu Ort. Bei uns in Großbritannien liegt der Sonnenuntergang je nach Jahreszeit deutlich früher oder später als an südlicheren Orten. Und selbst an einem einzigen Tag hängt der richtige Zeitpunkt für das Gebet von dem Ort ab, an dem man sich befindet. In Taunton ging die Sonne heute 17 Minuten später unter als in Nottingham in den Midlands, nordöstlich von uns. Muslime haben ein starkes Empfinden für den Zeitpunkt des Sonnenuntergangs am jeweiligen Ort, so erklärte mir der Sozialhistoriker Imad Ahmed später. »Es erinnert mich daran, wie früher, vor Einführung der Greenwich Mean Time als Standard, Uhren nach dem lokalen Sonnenstand gestellt wurden«, sagte er. »Wenn man seine Gebetszeiten nach der Sonne richtet, reagiert man auch heute noch auf ihren jeweiligen Stand am Himmel.«

Jahrhundertelang haben islamische Fachleute für Zeitmessung astronomisch berechnete Tabellen für die verschiedensten Orte herausgegeben, um den Menschen Klarheit und Anleitung über die Gebetszeiten zu geben. In Großbritannien, so Imad, nutzen viele Moscheen die Rohdaten des HM Nautical Almanac Office, um die Gebetszeiten selbst auszurechnen.

Traditionelle Frömmigkeitspraktiken haben sich zumindest bis vor Kurzem gehalten. Imads Vater ist in einer ländlichen Gegend im heutigen Bangladesch aufgewachsen, und seine Gemeinschaft errechnete die Gebetszeiten, indem sie die Schatten und den Himmel beobachtete. Imad hat seinen Vater einmal gefragt, was die Leute an Tagen mit starker Bewölkung taten. Und sein Vater erwiderte, dann hätten sie das Fajr-Gebet in der Morgendämmerung nach dem Hahnenschrei ausgerichtet und das Asr-Gebet am späten Nachmittag nach dem Öffnen der Blüten an der Schlangenhaargurke. Diese sehr zarte Blüte hat weiße Blütenblätter mit feinen Netzen fedriger Fäden am Rand, die sich bei Nacht langsam öffnen. »Der Bericht meines Vaters über sein Leben auf dem Dorf – wo die Zeit anhand der Tiere und Pflanzen, der Sonne und der Schatten bestimmt wurde – hat mich wirklich berührt«, erzählte Imad. »Und er hat mir geholfen, zu verstehen, wie entfremdet ich inzwischen von der gesamten Mutter Natur um mich herum war.«

Ich hatte Kontakt zu Imad aufgenommen, weil er der Gründer der New Crescent Society ist, einem Netz von Mondbeobachtern auf den Britischen Inseln. Der neue Monat beginnt im islamischen Kalender, sobald die Mondsichel, Hilal, gesichtet wird. Das ist der Fall, wenn der Mond, nachdem er kurz verschwunden war, als schlanker Lichtbogen kurz nach Sonnenuntergang erscheint, und zwar nahe der Stelle, wo die Sonne untergegangen ist.

Bisher, so Imad, haben sich die muslimischen Gemeinden in Großbritannien nach Sichtungen in anderen Ländern gerichtet. Doch der Neumond ist nicht überall auf der Welt zur gleichen Zeit sichtbar (sprich: am selben Abend), und das hat zur Folge, dass Gemeinden z. B. den heiligen Monat Ramadan oder das Eid-Fest zu verschiedenen Daten begehen. Imad hat die New Crescent Society gegründet, um herauszufinden, ob es möglich ist, einen einigenden religiösen Kalender für die Muslime in Großbritannien zu erarbeiten, indem man die Menschen ermutigt, nach der Mondsichel zu schauen und ihre Sichtungen mit anderen zu teilen.

Das größte Problem dabei ist das Wetter. Doch nach mehreren Jahren, in denen der Mond Monat für Monat beobachtet wurde, ist klar, dass der Himmel irgendwo immer klar ist, auch wenn er, sagen wir in den Cairngorms, in Cardiff und Cornwall bedeckt ist. Imad ist zuversichtlich, dass stets irgendein Mitglied des Netzwerks irgendwo im Land in der Lage sein wird, den Mond zu sehen. Übrigens sind alle, die sich dauerhaft oder vorübergehend in Cambridge aufhalten, Muslime oder nicht, eingeladen, an den allmonatlichen Sichtungen teilzunehmen, die unter der Leitung von Imad am Cambridge Castle stattfinden.

Ziel der New Crescent Society ist es, »die Gemeinschaft mit dem Kosmos zu verbinden«. Es geht darum, so Imad, »die menschliche Erfahrung wieder zu einem Teil des Mondkalenders zu machen – und mit dem Mond zu verbinden«. Bei den zahlreichen Sichtungen, die er organisiert hat, hat er erlebt, wie die Menschen sich »voller Staunen und Freude mit der Natur verbinden«. Ältere Mitglieder der muslimischen Gemeinden waren zu Tränen gerührt, weil das Erlebnis sie an ihre Kindheit erinnerte, als sie noch aufs Dach gestiegen sind, um nach dem Mond zu sehen. »Vor ein oder zwei Generationen gehörte das zu unserem Leben«, sagt Imad. »Und jetzt kehrt es zu uns zurück.«

»Wenn wir nach der Mondsichel Ausschau halten«, überlegt Imad, »kann sich jeder und jede einen eigenen Reim darauf machen, der sich im Laufe des Lebens verändern mag.« Eine Konstante für ihn selbst ist, dass der Neumond für Erneuerung und Hoffnung steht. »Nach einer Zeit der Dunkelheit kehrt das Licht zurück.«

Am Himmel über Steve und mir steht ein breiter zunehmender Mond. Und ich habe gleich in seiner Nähe noch etwas beobachtet.

»Steve«, sage ich, »gerade ist der erste Stern herausgekommen. Da, gleich neben dem Mond.«

Dieser helle Stern ist der Jupiter, bestätigt mir Steve. Ich vermute, dass er ihn schon eine ganze Weile im Blick hat. Hätte ich gewusst, wonach ich suchte, und den südöstlichen Himmel zwischen den Wolken daraufhin abgesucht, hätte ich ihn vielleicht auch früher entdeckt.

Der Planet Jupiter ist das vierthellste Himmelsobjekt nach Sonne, Mond und dem Planeten Venus. Die Venus wird in ein paar Stunden aufgehen, wenn die Morgendämmerung naht, und sie wird noch eine ganze Weile nach Sonnenaufgang am blauen Himmel sichtbar bleiben.

Die Venus ist der Morgenstern. Manchmal ist sie aber auch der Abendstern, das kommt ganz auf die Jahreszeit an.[41] Später im Jahr wird dieser wunderbar sichtbare Planet für eine Weile verschwinden und sich dann zur Zeit des Sonnenuntergangs zeigen. Nach Aussage des mittelalterlichen Mönchs Beda nennt man die Zeit, wenn der Stern namens Vesper oder Venus erscheint, »uesperum« – Abend.[42]

Die ersten Lichtpunkte am dämmrigen Himmel sind in mehr als einer Tradition Zeitgeber. In der Ukraine gibt es nach wie vor die Praxis, auf den ersten Stern zu warten, bevor am Heiligen Abend das Essen beginnen kann. Normalerweise überträgt man den Kindern die Aufgabe, nach den Sternen Ausschau zu halten, und man kann sich leicht vorstellen, wie aufgeregt sie sind, wenn sie das tun. Allerdings habe ich mir sagen lassen, dass seit dem Beginn des russischen Angriffskriegs gegen die Ukraine alle Feste viel verhaltener gefeiert werden und einen traurigeren Anstrich bekommen haben.

Hier, auf dem Land in Somerset, bewegen wir uns jetzt auf die nautische Dämmerung zu, erklärt Steve, und das heißt, die hellsten Sterne sollten jetzt sichtbar werden. Tatsächlich finden wir um uns herum zwischen den Wolken das erste helle Funkeln am ultramarinblauen Himmel.

Steve wendet sich nach Westen, um mir zu zeigen, was passiert, sobald die Sonne etwa acht Grad unter dem Horizont steht. Das goldene Leuchten umfasst nur noch eine kleine Fläche und verliert sein Strahlen. Doch die filigranen Silhouetten der Baumwipfel im Vordergrund sind über den dunstigen Kuppen der fernen Hügel noch klar zu erkennen.

Am Ende der nautischen Dämmerung, so Steve, werden wir nicht mehr genau sagen können, wo der Horizont ist. Je näher dieser Augenblick kommt, desto stärker verwischt die Linie, die die Erde vom Himmelsgewölbe trennt. Um mir zu zeigen, wie wenig man inzwischen sehen kann, hält Steve seine Hand vor sich. Ich kann sie vor dem Hintergrund der Wiese nicht erkennen, er muss sie erst höher halten, und zwar vor den hellsten Teil des Himmels.

Wir bewegen uns durch die nautische Dämmerung und kommen dem dunklen Ufer der Nacht immer näher.

Steve und ich lehnen in stiller Nachdenklichkeit an dem Zaungatter. Meine Gedanken schweifen ab. In der wachsenden Finsternis herrscht eine Atmosphäre der Stille, und mir fällt auf, dass selbst die Vögel schweigen. Ich schätze, dies ist die Zeit des Abends, die mit dem altenglischen Wort *cwyld-seten* bezeichnet wurde, dem »Verstummen des Tages«.[43]

»Wie du siehst, wird jetzt alles weiß«, sagt Steve nach einer Weile.

Ich richte meine Aufmerksamkeit wieder auf den Himmel und stelle fest, dass die lebhaften Rottöne fast verblasst sind und das schwache Leuchten über den westlichen Hügeln ebenfalls schwindet.

Doch Steve meint gar nicht den Himmel.

»Wenn du auf den Vordergrund hier schaust«, sagt er, »ist es viel schwieriger, noch zu erkennen, dass dies eine grüne Wiese ist.« Er dreht sich um in Richtung Straße. »Und du weißt zwar, dass das Auto blau ist, aber du kannst die Farbe jetzt nicht mehr erkennen, wenn du hinsiehst.«

Es fällt mir schwer, zu vergessen, wie eine grüne Wiese und ein dunkelblaues Auto aussehen *sollten*. Doch wenn ich es nicht besser wüsste, könnte das Feld vor uns ebenso gut blassbraun sein. Und das Auto ist definitiv schwarz.

Die Uhr der Dämmerungsfarben, wie ich sie nenne, hat ihr offensichtlichstes Zeichen ausgepackt: Die Welt wird monochrom. Und es ist mir fast nicht aufgefallen.

»Es liegt an unseren Augen«, sagt Steve. »Sie nehmen die Farben nicht mehr wahr.«

Das, wovon ich irgendwie dachte, es passiere da draußen, geschieht tatsächlich auch in mir.

Bei Tageslicht, so erklärt Steve, verlassen sich unsere Augen auf die sogenannten Zäpfchen oder Zapfenzellen, die in der Mitte der Netzhaut konzentriert sind. Sie versetzen uns in die Lage, Einzelheiten und Farben wahrzunehmen. Wird das Licht nun schwächer, so schalten die Zapfenzellen, einfach gesagt, ab, und die Stäbchenzellen am Rand der Netzhaut werden aktiv. Sie sind wesentlich lichtempfindlicher, nehmen die Welt aber in einer niedrigeren Auflösung und ohne Farben wahr. Steve nennt diese Zellen »Schwarz-Weiß-Detektoren«. Ihre Dominanz bei Dunkelheit erklärt, warum wir selbst einen Regenbogen, der vom Mondlicht erzeugt wird, in Grautönen wahrnehmen – falls wir überhaupt jemals einen zu sehen bekommen.

Einer der faszinierendsten und subtilsten Aspekte des Übergangs vom Tag zur Nacht ist das Verblassen der Farben, das nämlich nicht einheitlich vor sich geht. Es scheint eine Art hierarchische Staffelung zu geben – die leuchtenderen Farben treten in den Hintergrund, während die eher zurückhaltenden Farben bei Nacht stärker werden.

Zu Beginn des 19. Jahrhunderts bemerkte der böhmische Physiologe Jan Purkyně auf seinen Frühlingswanderungen, dass sich die Farben der Blumen nach Sonnenuntergang auf seltsame Weise veränderten.[44] Vor allem stellte er fest, dass die Rottöne, die bei Tageslicht am stärksten leuchten, in der Dämmerung stark abdunkeln, während Blautöne leuchtender wirken. In seiner sorgfältigen Analyse der Rückkehr von Farben im Morgengrauen bemerkte er noch weitere sehr feine Details, beispielsweise, dass Grüntöne »bläulicher wirken und dass sich die Gelbanteile erst mit zunehmendem Tageslicht entwickeln«.[45]

In alten Regeln über bestimmte Zeitpunkte ist die Unterscheidung von Farben ein besonders subtiles Signal. Nach Aussage einer Autorität im Traktat Berachot (einem Teil der Tora-Niederschrift Mischna, die um 200 n. Chr. aufgeschrieben wurde), einer Sammlung mündlicher Überlieferungen des Judentums, ist die Zeit für das Morgengebet gekommen, wenn man die Farben Blau und Grün voneinander unterscheiden kann.[46]

Feinste Veränderungen in der Leuchtkraft und Farbtrennung sind wohl zu allen Zeiten von Menschen mit einer stark entwickelten Wahrnehmungsfähigkeit beobachtet worden. Aufgrund von Purkyněs detailreichem Bericht wird die Veränderung der Farbwahrnehmung bei schwächer werdendem Licht in der Wissenschaft auch Purkinje-Effekt genannt. Stark vereinfacht lässt sich dieses Phänomen so erklären: Die Stäbchenzellen sind empfindlicher für Wellen aus dem blau-grünen Teil des Lichtspektrums, vor allem für Grüntöne, als für Orange- und Rottöne. Deshalb sieht das Gras, das vor Steve und mir liegt, jetzt so hell und blass aus.

Nachdem Steve mir diese Verwandlung gezeigt hat, beobachte ich weiter, was mit den Farben passiert, wenn es dunkel wird. Auf einem Abendspaziergang bemerke ich, dass ein rotes Verkehrszeichen jetzt viel dunkler wirkt und vor dem Hintergrund einer Wiese stark zurücktritt. Zu Hause sehe ich zum ersten Mal, wie die Farben eines Posters bei Einbruch der Dunkelheit wirken. Die lebhaften Rot- und Pinktöne sind fast schwarz, während das Hellblau seltsam blass wirkt.

Vor ein paar Minuten noch wirkte die Weide, vor der Steve und ich stehen, dunkler als jetzt. Es macht fast den Eindruck, als würde sich die Dämmerung für einen Moment umkehren. Steve vermutet, dass sich lediglich unsere Sehfähigkeit der Dunkelheit angepasst hat, sodass wir mehr Details erkennen. All diese autonomen Veränderungen meiner Sinnesorgane dienen dem Selbstschutz und wirken geradezu magisch – und ich gebe zu, mir ist das alles ein bisschen unheimlich.

Einer Theorie zufolge soll das Wort »Tag« mit sehr alten Begriffen für Hitze verwandt sein.[47] Das erscheint sofort plausibel – wir spüren den Unterschied zwischen Tag und Nacht ja nicht nur in Bezug auf Licht und Farbe, sondern auch auf die Temperatur. Gísli hat mir auf Island beim Gespräch über die Rückkehr der Dunkelheit nach den hellen subarktischen Sommernächten erklärt, die Dämmerung sei eine »multisensorische Erfahrung«. Während ich hier in Somerset am Weidezaun stehe und den Einbruch der Dunkelheit beobachte, spüre ich die Kälte auf meiner Haut und sehe auf einmal sogar meinen Atem.

In früheren Zeiten hat man die zunehmende Feuchtigkeit in der Atmosphäre wohl als Zeichen gedeutet, dass sich »cold sicknesse« (kalte Krankheit), »infected ayre« (infizierte Luft) und »unwholesome mists« (ungesunde Dünste) herabsenkten. Mit solchen beängstigenden Namen bezeichnete der elisabethanische Autor Nicholas Breton das vergiftete Miasma, von dem die Menschen glaubten, dass es sich bei Nacht über das Land lege.[48]

Ich ziehe mir die Wollmütze über die Ohren und mache den Mantel zu. Steve trägt übrigens einen beeindruckend dünnen Pullover. »Ich würde sagen, meine Nase ist ein bisschen kalt«, sagt er. Aber er könne Hitze gar nicht gut vertragen, fügt er hinzu – das hier sei sein Lieblingswetter. Als ein hohes Pfeifen auf der Wiese ertönt, schweigen wir erschrocken – bis wir feststellen, dass es sich nur um die Pfeife einer Hundebesitzerin handelt.

Denn tatsächlich ist das hier kein besonders beängstigender Ort. Das Dorf ist nahe, Menschen sind in unserer Nähe. Trotzdem wirkt die graue Hecke im schwindenden Licht klumpig und unheimlich. Die plötzliche Bewegung eines Astes erschreckt mich. Es fällt leicht, sich vorzustellen, dass um diese Zeit Geister und

Gespenster umgehen und Hexen auf Wölfen reiten.[49] Der Himmel über uns ist jetzt ganz dunkel, das helle Fenster im Südwesten wird kleiner, und irgendwie kommt mir das Ganze vor, als würde ich von einem großen Nachttier verschlungen.

Wenig später gehen ein paar Leute mit ihren Hunden auf der anderen Straßenseite an uns vorbei. Ich nehme sie nur als lose Ansammlung kaum unterscheidbarer Formen wahr. Wenn ich sie bei einer polizeilichen Gegenüberstellung identifizieren sollte – keine Chance.

In unserem hell erleuchteten Lebensumfeld achten wir nicht mehr auf den Moment, wenn Menschen am Abend ununterscheidbar werden – oder umgekehrt, wenn wir sie am Morgen wieder unterscheiden können. Doch es gibt auf der ganzen Welt Methoden und Ausdrücke, die die Zeit nach dieser entscheidenden Veränderung messen. In einem Bericht der hispano-römischen christlichen Pilgerin Egeria aus dem 4. Jahrhundert ist die Rede von der Stunde, wenn die Menschen einander erkennen können.[50] In einer Zunftregel aus dem Paris des 14. Jahrhunderts für Wollwalker heißt es, die Arbeit solle beginnen, sobald man andere Menschen auf der Straße erkennen könne.[51] »Wenn man das Gesicht eines Mannes erkennen kann«, ist ein Ausdruck für einen Zeitpunkt in der Morgendämmerung, der von einem Missionar auf den Gesellschaftsinseln im Südpazifik Anfang des 19. Jahrhunderts aufgezeichnet wurde.[52] Ein alter irischer Ausdruck für den Tagesanbruch lässt sich als »noch nicht so hell, dass man zwischen einem Mann und einem Busch unterscheiden kann« übersetzen.[53]

Einige dieser Ausdrücke erinnern mich an die beunruhigende Formulierung »zwischen Hund und Wolf« – *entre chien et loup.* Die Dämmerung ist die Tageszeit, in der die sinnlich wahrnehmbare Welt unsicherer wird.

Wieder so ein seltsames Geräusch.

»Ja, ich habe es auch gehört«, bestätigt Steve.

Die Rufe auf der Wiese werden schneller, bis ich erleichtert feststelle, dass es sich um Eulen handelt.

Es gibt durchaus Menschen, denen die Beobachtung der Dunkelheit unheimlich ist, überlegt Steve. Er ist freilich längst an die Rufe der dämmerungsaktiven Tiere gewöhnt, an das Rascheln unbekannter Lebewesen in der Hecke und das Flattern kleiner Geschöpfe in der Luft. Für ihn ist es ein guter Ort hier, wo wir unter den Sternen am Gatter lehnen und mit allen Sinnen beobachten, wie die Nacht hereinbricht.

Wenn wir Minnaerts Vorhersage glauben dürfen, wird es noch eine Weile dauern, bis der allerletzte Lichtstreifen im Westen verschwindet.[54] Das ist der Fall, wenn die Sonne etwa 17 Grad unterhalb des Horizonts steht. So weit sind wir noch nicht, aber für mich fühlt es sich an, als könnte es nicht mehr lange dauern. Steve stimmt mir zu – von jetzt an wird sich die Lichtmenge, die uns am Boden erreicht, nicht mehr stark verändern. Durchschnittliche Menschen, so bemerkt er, »würden sagen, am Ende der nautischen Dämmerung ist es dunkel«.

Die Verwandlung der Welt in den letzten paar Stunden ist überraschend schnell vor sich gegangen. Jede Veränderung des Lichts hat auch beeinflusst, was wir sahen, fühlten und hörten. Die Strahlen der tief stehenden Sonne nahmen eine goldene Farbe an und schienen durch die Bäume. Schatten wurden länger und lösten sich irgendwann auf. Die Farben des Himmels schwebten in roten, gelben und sogar grünlichen Bändern. Nebel stiegen in den Tälern auf. Die Luft nahm eine bläuliche Farbe an, Buchstaben waren kaum noch zu erkennen. Der Jupiter leuchtete. Objekte wurden zweidimensional, Silhouetten wurden schwächer. Farben verblassten. Der Horizont verschwand, die Sterne leuchteten auf. Die Luft fühlte sich klamm an. Eulen riefen. Und jetzt … verlangsamt sich der Takt der Veränderung, bis sie vollständig zum Erliegen kommt.

Natürlich habe ich an diesem Abend Steves Empfindsamkeit für die Phasen des Sonnenuntergangs bei Weitem nicht erreichen können. Doch dank seiner Erklärungen ist die Dämmerung für mich kein Chaos aus farbigem Licht und tiefen Schatten mehr. Ich werde empfindsamer sowohl für die Muster, die sich bei jeder Dämmerung wiederholen, als auch für die einzigartigen Details, die nie wieder auf dieselbe Weise zu sehen sein werden. Selbst an geschäftigen Tagen, wenn ich nur ein kleines Stück des Himmels zur Zeit des Sonnenuntergangs zu sehen bekomme, ist es eine erhebende Freude, anhand der Farbschattierungen abzuschätzen, in welcher Phase der Dämmerung wir uns in etwa befinden. Und wie bei der Beobachtung von Blüten, die sich öffnen und schließen, empfinde ich ein stilles, trotziges Vergnügen, weil ich dieser großen Flut lebendiger Rhythmen Ehre erweise, die von der Uhr an der Wand einfach ignoriert werden. Wenn ich am Ende des Tages ein bisschen Zeit damit zubringe, in der Betrachtung des Abendhimmels zu schwelgen, feiere ich – um es mit Minnaerts Worten zu sagen – »die Fülle des Lebens«.

Ich friere so sehr, dass mir die Zähne klappern, und beschließe gemeinsam mit Steve, hineinzugehen. Was zu Beginn unserer Exkursion noch weicher Matsch war, knirscht jetzt frostig unter unseren Stiefeln. Bevor wir gehen, werfe ich noch einen letzten Blick zurück.

Alle Farben dieser Welt scheinen auf zwei rote Punkte reduziert, die am dunklen Himmel funkeln: der helle Aldebaran im Sternzeichen Stier und die Beteigeuze im Orion. Zwischen den Wolken sind jetzt auch schwächere Sterne gut sichtbar. Die Nacht ist fast da.

Und so wird es Zeit, noch etwas tiefer in die Finsternis einzudringen und uns mit den Phasen der Nacht zu beschäftigen. Die Bewegungen des Sternenhimmels helfen uns dabei.

Kapitel 7

Sternenuhren

Die Bewegung des Nachthimmels beobachten

Die Baker Street Irregular Astronomers sind eine informelle Gruppe von Menschen, die sich für den Nachthimmel begeistern und sich einmal im Monat treffen. Dazu besitzen sie eine Sondergenehmigung und dürfen nachts den Regent's Park in London betreten. Die Irregulars, so die Kurzbezeichnung, treffen sich am Hub, dem Glaspavillon, der in der Nacht leuchtet wie ein kleines rundes Raumschiff, das über den Spielfeldern schwebt. Die Treffen werden von einer Gruppe freundlicher Astronomen und Fotografen geleitet – der Unofficial Force. Jede und jeder ist willkommen, auch Neulinge wie ich. Dies ist mein erster Abend als Irregular.

Es ist Mitte Oktober 2023, etwa zu der Zeit, als Steve Bell und ich auf die Idee kommen, gemeinsam die Dämmerung zu beobachten. Die Nächte sind jetzt spürbar länger als die Tage, und damit beginnt nun die beste Jahreszeit für Sterngucker. Der Regent's Park ist zudem ein relativ dunkler Fleck im riesigen Lichtsee der Stadt. Man hat mir versichert, dass man von dort aus die hellsten Lichter am Nachthimmel ganz gut beobachten kann.

Bis vor wenigen Minuten jedoch war das wichtigste Objekt unserer Beobachtungen verdeckt. »Ich habe den BT-Tower-Nebel gefunden«, witzelte jemand und blickte vom Teleskop auf. Der hohe Turm schickt Werbebotschaften über das Stadtzentrum von London und strahlt dabei intensives pinkfarbenes, blaues und rotes Licht aus, bei Weitem heller als der Planet Jupiter, der hellste Himmelskörper an diesem Abend, der soeben aufgegangen ist.

Während wir auf der Terrasse des Hub standen und darauf warteten, dass der Jupiter über das Leuchten der Stadt triumphierte, standen die Irregulars herum, plauderten nett und schauten ab und zu nach, was man denn sehen könnte. Ich bemerkte, dass die Leute, die ein Teleskop bei sich hatten, erst einmal mit bloßen Augen den Himmel betrachteten, bevor sie in ihr Okular schauten. Und als endlich jemand das erste Leuchten des Jupiters bemerkte und andere ihm zustimmten, musste ich zu meiner Verblüffung feststellen, dass ich ihn nicht sah. Offenbar muss man die Augen von allen hellen Lichtern abschirmen, wenn man mehr Sterne sehen will – das ist ein unerlässlicher erster Schritt. Während ich die geduldige Haltung der Menschen um mich herum beobachte, begreife ich allmählich, dass ich langsamer werden und stillstehen muss, um dann meine volle Aufmerksamkeit dem leichten Funkeln am Rande meines Gesichtsfeldes zuzuwenden. Es geht hier um das, was Astronomen als *averted vision* – »indirektes Sehen« – bezeichnen.

In einer Galerie oder einem Kino verstehe ich es, etwas aufmerksam zu betrachten. Und nachdem ich ein Erwachsenenleben lang durch meine alltägliche Umgebung gerauscht bin, ohne Dinge wahrzunehmen, bin ich durch die Abenteuer dieses Buchs viel aufmerksamer geworden – gegenüber sich entfaltenden Blütenblättern, länger werdenden Schatten und dem Aufblühen und Verblassen von Himmelsfarben. Ich bin auch nicht vollkommen ahnungslos, was den Sternenhimmel angeht: Ich kann den Polarstern, den Orion und den Großen Bären durchaus lokalisieren. Doch die Sterne zu lesen, mutet mir ein neues Level von Komplexität und Subtilität zu, das über die Beobachtung der Dämmerungsphasen weit hinausgeht. Ich bin eingeschüchtert und aufgeregt zugleich.

Freundliche Mitglieder der Unofficial Force stehen auf der Terrasse des Hub bereit, um Neulinge willkommen zu heißen, Fragen zu beantworten und beim Ausrichten von Teleskopen zu helfen. Während der nächsten Monate werde ich vor allem von Eric Emms (einem Amateurastronomen, dessen Faszination durch ein Spielzeughoroskop in der Apollo-Ära entfacht wurde, ein Geschenk seiner Eltern) und Nick Joannou (Astronom und Tech-Spezialist mit einem ungeheuren Wissen) sehr viel lernen. Erleichtert bemerke ich, dass die Force geradezu begeistert auf jede Frage zum Himmel reagiert, so schlicht sie auch sein mag.

Heute sind wir alle eingeladen, die wunderbar marmorierte Oberfläche des Jupiters und seine hauchdünnen Bänder zu erkunden. Teleskope stehen auf der Terrasse bereit. Allerdings bin ich hier, weil ich Hilfe für meinen eigenen, speziellen Plan suche: Ich möchte in diesem Winter durch eigene Erfahrung herausfinden, wie ganz normale Menschen früherer Zeiten ohne Werkzeuge und Karten den Himmel betrachteten und von ihm die Zeit ablesen konnten.

Stellen wir uns vor, wir sind gerade aufgewacht, schauen auf unser Telefon und sehen, es ist noch nicht mal drei Uhr nachts. Dieser Blick auf die Uhr im Dunkeln ist ein tröstlicher Reflex, ähnlich wie die Berührung des Beckenrandes im Schwimmbad, bevor man wieder untertaucht. Wir schließen unsere Augen und kuscheln uns in unser Kopfkissen. Doch dann kommen uns Zweifel. Ist dies nicht vielleicht die Nacht, in der die Uhren zurückgestellt werden?

Es ist noch gar nicht lange her, da mussten wir daran denken, unsere Armbanduhr, die Zeitschaltuhr unserer Heizung und alle anderen Uhren im Haus von Hand umzustellen. Heutzutage erledigen das mehr und mehr Geräte selbsttätig. Vielleicht haben also die Uhren, während wir schliefen, eine Pause gemacht. Vielleicht haben wir eine Stunde gewonnen, ohne es zu merken. Solange wir im Bett liegen, gibt es kein offensichtliches Zeichen, das uns Sicherheit verschafft, es sei denn, wir würden online nachsehen. In der Stille und Dunkelheit der Nacht scheint die Zeit kaum greifbar. Die Zweideutigkeit der Stunde, die Zweifel an der Uhr verwirren uns.

Wir sind so sehr an Uhren gebunden, dass wir beunruhigt reagieren, wenn uns ihre Autonomie und unsere Abhängigkeit bewusst werden. Was ist Zeit für uns, wenn man uns die Uhren wegnimmt? Wie orientieren wir uns und fassen Fuß in der Zeit? Diese Fragen sind im Dunkeln besonders drängend, finde ich.

Das schwindelerregende Zeitgefühl, das ich hier beschreibe, ist möglicherweise eine Erscheinung unseres Zeitalters mit seinen maschinengebundenen, superpräzisen Stunden. Nachdem die Schatten sich aufgelöst haben und die Sonne untergegangen ist, wenn die Spatzen schweigen und die Blüten sich geschlossen haben, waren frühere Generationen möglicherweise erfahrener als wir, wenn es um Zeitmarken in der Dunkelheit ging. Immerhin hatten sie den Hahnenschrei und das Zwitschern der frühen Vögel. Doch ich hatte angenommen, dass die Nacht so konkrete, einfache Zeichen wie die Schattenlänge nicht kennt.

Es stellt sich heraus, dass ich mich irre. Wenn man den Nachthimmel lesen kann, gibt es solche Zeichen durchaus.

Ein paar Monate bevor ich den Weg zu den Irregulars fand, ließ ich mich von einem Detail des Romans *Am grünen Rand der Welt* (1874) von Thomas Hardy faszinieren. Die bedrängte (doch, ungewöhnlich für Hardy, nicht zum Untergang verurteilte) männliche Hauptfigur, Gabriel Oak, ist Schäfer von Beruf und besitzt eine Uhr, die nicht richtig geht. Sie läuft entweder zu schnell oder gar nicht, und man kann nie sicher sein, ob der Stundenzeiger nicht verrutscht ist. Doch der kundige Schäfer lässt sich von einem treulosen Zeitmesser nicht entmutigen. Er weiß, durch welche Fenster er ein Auge auf Wanduhren werfen kann, und außerdem hat er ständig die Sonne und die Sterne im Blick.

Wir haben schon davon gehört, dass Menschen die Zeit grob aufgrund des Winkels oder der Länge von Schatten wie auch aufgrund des Sonnenstandes über der Landschaft einschätzen konnten. Wie Gabriel allerdings die Zeit mithilfe der Sterne berechnet, war mir ein Rätsel, zu dessen Lösung etwas Detektivarbeit nötig war.

Um Mitternacht am Vorabend des kürzesten Tages werden wir vom Erzähler auf einen windigen Berghang geführt, wo Gabriel seine Schafe und Lämmer hütet. Der Himmel ist voller Sterne, und »der Bär war um den Polarstern herum Richtung Osten gewandert, sodass er jetzt im rechten Winkel zum Meridian stand«.

Als ich vom Bären las, dachte ich zunächst, Hardy meinte die sieben hellsten Sterne im Sternbild des Großen Bären.[1] Es ist Mitternacht um die Zeit der Wintersonnenwende, und der »Bär« steht östlich vom Polarstern.

Zwei Monate später schläft Gabriel auf einem Heuwagen ein und wacht verwirrt auf, weil der Wagen sich schnell bewegt (wie wir später erfahren werden, trägt er ihn in die Zukunft). Er blickt auf zu den Sternen, vor allem zum Himmelswagen, dem Großen Bären. Der steht jetzt im rechten Winkel zum Polarstern, und Gabriel schließt daraus, dass es etwa neun Uhr sein muss. Selbst in seinem verwirrten Zustand kann er die Zeit mithilfe der Sterne ohne große Mühe ablesen.

Zeigt Hardy uns zweimal dasselbe Bild? Den Großen Bären östlich des Polarsterns?[2] Es ist, als bekämen wir eine Lektion in Zeitmessung mithilfe der Sterne, auch wenn ich zunächst keine Ahnung hatte, wie ich mir einen Reim darauf machen sollte. Warum sollten die Sterne, die den Polarstern umkreisen, um Mitternacht zu Mittwinter und um neun Uhr abends im Februar an derselben Stelle stehen?

Heutzutage kann man leistungsfähige Apps herunterladen, die in Echtzeit jeden Teil des Himmels kartieren, auf den wir mit unserem Smartphone zeigen. Mit der Uhrenfunktion können wir uns eine Simulation der Sternbewegungen in jeder beliebigen Nacht und an jedem beliebigen Ort zeigen lassen. Doch ich frage mich, wie Laien im 19. Jahrhundert die Bewegung der Sterne interpretieren konnten.

Es ist verführerisch, sich Hardy vorzustellen, wie er über Gabriel schrieb und dazu die Bücher *Half-Hours with the Stars* (1869) oder vielleicht *A New Star Atlas* (ca. 1872) durchblätterte, zwei schöne Einführungen in den Nachthimmel, geschrieben von dem populären britischen Astronomen Richard Proctor.[3] Hardy ist dafür bekannt, dass er sich in seinen späteren Romanen intensiv auf Proctors komplexere und tiefgründigere Werke bezog.[4] Durchaus möglich, dass er Proctors Bücher für unerfahrene Hobby-Astronomen ebenfalls kannte. Wie auch immer: Ich stelle mir jedenfalls vor, wie einige der ersten Leserinnen und Leser von *Am grünen Rand der Welt* über Proctors Sternkarten grübelten, um herauszufinden, wie Gabriel mithilfe der Sterne die Zeit bestimmte.

Proctor wollte mit seinen *Half Hours* einen »einfachen, leicht verständlichen Leitfaden« zu den Positionen der wichtigsten Sterngruppen zur Verfügung stellen, und zwar für die mittleren Breiten der nördlichen Hemisphäre, »Nacht für Nacht durch das Jahr«. Von unserem Standpunkt auf der Erde aus gesehen, verändern die sogenannten »Fixsterne« ihre Position zueinander nicht, anders als Sonne, Mond und Planeten. Doch das gesamte Gewölbe der Fixsterne dreht sich ständig um uns. Der einzige Stern, der sich kaum bewegt, ist der Polarstern, der mehr oder weniger am Himmelsnordpol steht. Dieser überraschend schwach leuchtende Punkt an einer einsamen Stelle am Himmel scheint wie festgenagelt, während alle anderen Sterne sich um ihn drehen. Der Polarstern ist die Nabe des Nachthimmels.[5] Oder, wie Proctor irgendwann sagte, »der Mittelpunkt des großen Sternengewölbes«.[6]

In den *Half Hours* schreibt Proctor, dass »die Leitsterne keine schlechte Uhr abgeben, wenn man sie mithilfe« seiner Karten benutzt.[7] (Gemeint sind Kochab und Pherkad, zwei der nächsten Nachbarn des Polarsterns.) In klaren Nächten mit dunklem Himmel kann man diese beiden Sterne sehen, die innerhalb von 24 Stunden den Polarstern umkreisen. Tatsächlich folgen alle Fixsterne scheinbar diesem Weg und kehren in der jeweils nächsten Nacht etwas weniger als vier Minuten früher an denselben Platz am Himmel zurück.

Der Stundenzeiger dieser Himmelsuhr geht, verglichen mit unseren irdischen Uhren, etwas vor. Doch im Gegensatz zu dem unzuverlässigen Gerät in Gabriels Tasche oder unseren sich selbst korrigierenden Uhren verrutschen die Sterne niemals, sondern umkreisen getreulich den Polarstern.

Allerdings drehen sich die Zeiger dieser Sternenuhr nicht so, wie ich es erwartet hatte. Ich bin inzwischen sehr vertraut mit dem Lauf der Sonne, die sich in der nördlichen Hemisphäre im »Uhrzeigersinn« bewegt. Die Leitsterne hingegen umkreisen den Polarstern, so Proctor, »entgegen dem Uhrzeigersinn«.[8] Und schon habe ich meine erste Frage für die Unofficial Force parat, nachdem ich mich den Irregulars angeschlossen habe.

Warum, so frage ich Eric, drehen sich die Sterne in entgegengesetzter Richtung zur Sonne?

Tun sie nicht, erwidert er und dreht sich zu der hellen Masse der Londoner Stadtmitte um. Wenn wir an diesem Abend Glück mit dem Wetter haben, können wir sehen, wie das helle Sternbild des Orions über dem Osten der Stadt aufgeht. Er wird im Bogen über dem südlichen Horizont aufsteigen, seinen höchsten Punkt über der Baker Street genau südlich von uns erreichen und über dem Westen der Stadt untergehen. Im Gegensatz zum Orion können wir den Großen Bären immer sehen, er umkreist den Polarstern in unseren Breiten, ohne jemals unterzugehen. Doch auch er steigt von Osten her auf und sinkt nach Westen hin. Der Große Bär und die anderen »zirkumpolaren« Sterne[9] scheinen sich nur gegen den Uhrzeigersinn zu drehen, weil wir, wenn wie sie betrachten, den Polarstern im Norden sehen und die Sonne im Süden haben, im Rücken also. Am einfachsten stellt man es sich so vor, sagt Eric, dass alle Sterne scheinbar am östlichen Horizont auf- und am westlichen Horizont untergehen. Das ist die ständige Bewegung des großen Himmelsgewölbes.

Die Leitsterne werden schon seit Jahrhunderten genutzt, um bei Nacht die Zeit zu messen.[10] Mir reicht schon ein allgemeines Gefühl, abgeleitet von den Sternen, die über meinem Teil von London am häufigsten zu sehen sind. So könnte ich es ähnlich machen wie die Romanfigur Gabriel. Verglichen mit den beiden Leitsternen, die den Polarstern unmittelbar umkreisen, geben die sieben hellen Sterne des Großen Bären ein gröberes Zeitraster, doch sie sind einfach leichter zu lokalisieren, selbst in Nächten mit Dunst oder Wolken.

Im folgenden Diagramm habe ich eine von Proctors einfacheren Karten (die übrigens später veröffentlicht wurden als Hardys Roman) reduziert, um zu zeigen, wie der Polarstern und der Große Bär zu vier Tages- und Nachtzeiten um die Wintersonnenwende zueinander stehen.[11] Also zu der Zeit, als Gabriel um Mitternacht seine Schafe auf dem Hügel hütet.

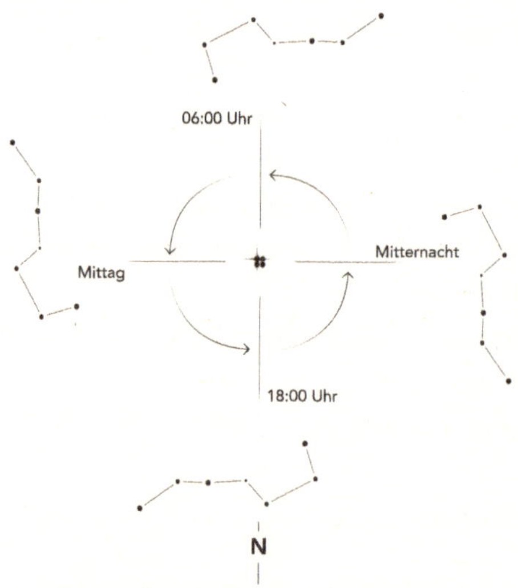

Sternenuhr zu Mittwinter im Tagesverlauf

Der nördliche Horizont ist hier am unteren Rand der Karte zu finden. Wie hoch der Polarstern steht, hängt von dem Breitengrad ab, auf dem wir uns beim Betrachten befinden. In Reykjavík steht er fast senkrecht, in Nairobi nahe dem Horizont. Wichtig ist noch, dass diese »Sternenuhr« die sichtbare lokale Zeit zeigt. Mittag ist, wenn die Sonne am Ort der Betrachtung am höchsten steht, Mitternacht, wenn sie am niedrigsten steht. In London entspricht das im Winter ungefähr der Uhrzeit. Doch wenn die Uhr im März auf britische Sommerzeit vorgestellt wird, entspricht die Mitternacht der Sterne ein Uhr auf meiner Uhr. Es lohnt sich auf jeden Fall, die Differenz zwischen lokaler sichtbarer Zeit und Uhrzeit zu überprüfen.

Die Sterne bewegen sich schneller als die Uhr, sie gewinnen alle 15 Tage etwa eine Stunde. Nach drei Monaten befindet sich der Große Bär zu Mitternacht einen Viertelkreis weiter. Sobald wir aber wissen, wo der Große Bär um Mitternacht in einem Vierteljahr steht – in diesem Fall zur Wintersonnenwende östlich des Polarsterns –, können wir uns die Mitternachtsposition in den anderen Vierteljahren ausrechnen, wie unten abgebildet. Und wenn wir wissen, wo der Große Bär um Mitternacht an einem bestimmten Datum steht, dann können wir daraus grob ableiten, wo er in derselben Nacht zu anderen Zeiten stehen wird. Das fällt leichter, wenn wir uns den Kreis um den Polarstern als Uhr mit 24 Stundenpunkten vorstellen. Im Laufe der Monate bewegt sich der Mitternachtspunkt allmählich gegen den Uhrzeigersinn, und alle anderen Stunden bewegen sich mit.

Gabriel muss ein ähnliches System gehabt haben, wenn er ohne große Mühe ausrechnen konnte, dass es an einem Abend im Februar etwa neun Uhr war.

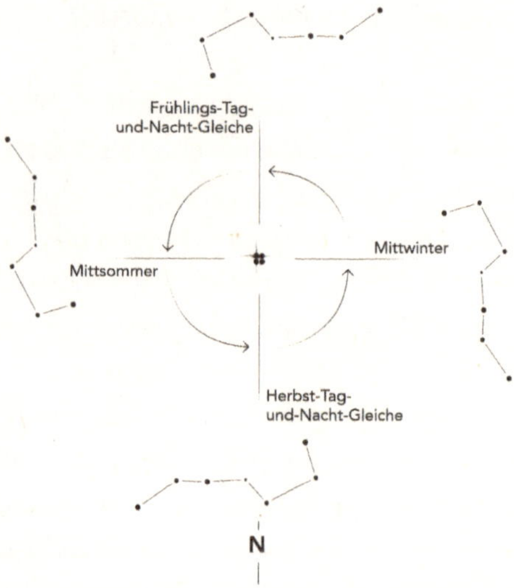

Sternenuhr zu Mitternacht im Verlauf der Jahreszeiten

Gabriel steht übrigens in einer langen Tradition von Schäfern, die anhand der Sterne die Uhrzeit abschätzen konnten, zumindest auf bedruckten Seiten. Im *Calendrier des Bergers* (dem Schäferkalender), der 1491 in Paris veröffentlicht wurde, findet sich eine Anleitung für das Errechnen der Stunden mithilfe der zirkumpolaren Sterne. Auf der begleitenden Illustration sieht man einen müde wirkenden Schäfer, der einen Faden mit Senkblei Richtung Himmel hebt.[12]

Die echten Schäfer haben die Methode wahrscheinlich nicht aus Büchern gelernt,[13] und sie haben die Stunden sicher auch nicht so präzise gemessen. Doch die Grundprinzipien der Zeitmessung anhand des Großen Bären und anderer Sterne waren möglicherweise bekannt, vor allem auf dem Land, und dienten als Möglichkeit, sich in der Nacht zurechtzufinden und die wechselnden Tagesrhythmen im Laufe der Jahreszeiten zu organisieren.[14]

Während der langen, kalten Winter unweit des Polarkreises – so erinnerte sich ein Isländer, der 1884 geboren war – kamen die Menschen am Ende des Tages zur *kveldvaka* zusammen, der »Abendwache«. Sie trafen sich in einem Haus, das von den Kühen und vom Feuer gewärmt wurde, und setzten sich zur Arbeit nieder – um zu spinnen, zu weben, zu stricken, zu flechten oder Dinge zu reparieren –, während jemand eine Geschichte oder ein Gedicht vorlas. Die Person, die mit Lesen an der Reihe war, saß in der Nähe der Öllampe und sprach laut genug, dass man sie über die Geräusche der Werkzeuge hinweg hören konnte. So saß man lange zusammen. Da es nur wenige Uhren gab, orientierten sich die Menschen am Siebengestirn, dem Sternhaufen der Plejaden, die über die Tagesmarke für den Mittag oder andere Tagesmarken (wir kommen später noch dazu) wanderten. Der Große Bär, auf Island *Karlsvagninn* (Karls Wagen) genannt, diente ebenfalls zur Zeitmessung. Und wenn man keine Sterne sehen konnte, so heißt es in dem Bericht ein wenig rätselhaft, »musste man den gesunden Menschenverstand einsetzen«.[15]

In einem gälisch-englischen Wörterbuch findet sich ein interessanter Ausdruck, der darauf hinweist, dass auch in Schottland die Zeitbestimmung mithilfe des Großen Bären gebräuchlich war. Von einem Besucher, der relativ lange blieb, heißt es, er habe »den Pflug auf den Kopf gestellt« (Pflug ist ein anderer Name für den Großen Bären).[16] Das sind etwa zwölf Stunden – eine sehr elegante Art, das Sitzfleisch eines Gastes anzuerkennen.

Ich stelle fest, dass es einige geistige Anstrengung verlangt, sich vorzustellen, wo der Große Bär zu einer bestimmten Zeit stehen sollte. Jedenfalls mehr Anstrengung als der Blick auf die Uhr. Doch ich kann da vielleicht nicht von mir auf andere schließen. Der Archäologe Fabio Silva, einer der großzügigen Experten, die mir bei diesem Projekt geholfen haben, bemerkte im Gespräch: Wenn man sein ganzes Leben unter einem dunklen Nachthimmel verbracht und von Kindheit an die Zeit vom Himmel abgelesen hat, entwickelt man wahrscheinlich ein zutiefst intuitives Gefühl für die Geschwindigkeit und die Bewegung der Sterne über der heimischen Landschaft.

Thomas Hardy vermittelt in seinem Roman *Am grünen Rand der Welt* den Eindruck, als sei Gabriel im südlichen England des

19. Jahrhunderts kein Einzelfall gewesen. Doch er besaß auf jeden Fall eindrucksvolle Fertigkeiten, denn als die Bewohner seines Dorfs ihn in seinem gerechten Zorn besänftigen wollen, weisen sie darauf hin, was für ein kluger Mann er sei: »Wir haben gehört, dass du die Zeit so gut anhand der Sterne bestimmen kannst wie wir anhand von Sonne und Mond, Schäfer.«

Und wegen dieser beneidenswerten Fertigkeit stehe ich nun, ein paar Tage nach dem Treffen mit den Irregulars, bei dem ich einige Grundlagen gelernt habe, vor unserer Wohnung und schaue hinauf zum Himmel. Als ein Nachbar mit fragendem Blick an mir vorbeigeht, erkläre ich ihm, dass ich nach den Sternen Ausschau halte: »Dafür muss man aber doch raus aus der Stadt, oder?«, erwidert der überraschte Mann. Ganz unrecht hat er da nicht. Wie kann ich hoffen, anhand des schwachen Funkelns am Himmel die Zeit zu bestimmen, wenn ich zwischen hohen Häusern auf einem hell erleuchteten Parkplatz stehe, und das auch noch mitten in einer hellen Stadt?

Im Laufe des letzten Jahrhunderts hat die Verbreitung städtischer Beleuchtung die Nacht befreit und unsere Erfahrungswelt erweitert. Ich bin dankbar dafür, denn London könnte ohne gute Straßenbeleuchtung ein wirklich furchteinflößender Ort sein. Doch das nächtliche Leuchten erstreckt sich inzwischen weit über die Gebiete hinaus, wo es gebraucht wird oder erwünscht ist. Wir lassen die großartige Himmelswelt, die Menschen früher mit bloßem Auge sehen konnten, zunehmend verblassen.

Der Club der Baker Street Irregular Astronomers wurde gegründet, so sagte man mir, »um den Mythos zu widerlegen, dass man in der Stadt keine Sterne beobachten kann«. Doch die Straße, in der ich wohne, ist viel weniger vor Lichtverschmutzung geschützt als der Regent's Park. Vielleicht sollte ich mir eine dunkle Ecke suchen und etwa eine halbe Stunde warten, bis meine Augen sich dem schwachen Licht angepasst haben. Doch damit bin ich weit entfernt von der Mühelosigkeit, mit der ein Gabriel Oak die Sternenuhr lesen konnte.

Zum Glück brauchen meine Augen selbst bei uns vor dem Haus nur kurze Zeit, um sich so weit anzupassen, dass ich den Großen Bären erkennen kann. Ab und zu sehe ich sogar einen der beiden Leitsterne. Ein paar Wochen lang erforsche ich Methoden, die dazu dienen, mithilfe der Sterne die Zeit zu bestimmen, und gehe an jedem Abend mit klarem Himmel auf den Parkplatz, um den Himmel zu beobachten. (Übrigens handelt es sich um denselben überraschend lohnenden Parkplatz, auf dem ich im Frühling dem Morgengesang der Vögel gelauscht habe und wo im Sommer der Bocksbart zu sehen war.)

Eines Nachts begleitet Rosie mich. Wir stehen eine Weile still da und blicken nach oben, über unsere unmittelbare Gegenwart hinaus. Dann suchen wir uns ein paar Sterne heraus, die zwischen den schnell ziehenden Wolken aufblitzen. »Und all diese Schönheit ist immer bei uns«, sagt Rosie. »Wir müssen sie nur bemerken.«

Ich freue mich, Rosie zu zeigen, wie ich mithilfe der Sterne die Zeit abschätzen kann. Wir beginnen, indem wir den Polarstern lokalisieren, der immer an derselben Stelle steht, nämlich oberhalb eines Schornsteins auf dem Haus uns gegenüber. Der Große Bär steht niedrig über dem Horizont und ist durch das Haus verdeckt. Doch ich habe inzwischen gelernt, dass das für meine näherungsweise Uhr kein großes Problem ist, denn: Das leicht erkennbare W des Sternbilds Cassiopeia steht hell über den Dächern. Auch die Cassiopeia gehört zu den zirkumpolaren Sternen, die sich ständig um den Polarstern drehen, und sie befindet sich ziemlich genau gegenüber dem Großen Bären. Das heißt, wenn wir die Cassiopeia sehen, können wir abschätzen, wo der große Bär sein muss. Damit hat meine Sternenuhr jetzt zwei grobe Stundenzeiger. Und anhand des W über den Dächern, das ich Rosie triumphierend zeige, wissen wir, dass es jetzt *ungefähr* 21 Uhr ist.

»Heigh-ho!«, ruft ein Mann in einem Shakespeare-Stück, als er mit der Laterne in der Hand den Hof eines Gasthauses in Rochester betritt. Und er erklärt, dass es wohl ungefähr vier Uhr morgens ist, denn der Große Wagen (den er Karls Wagen nennt) steht über dem neuen Schornstein.[17] Für einen kurzen Moment komme ich mir vor wie dieser Mann, weil ich anhand der Position des Großen Wagens (bzw. der Cassiopeia) über unserer Skyline die Zeit bestimmen kann.

Doch das Rad der Sterne dreht sich jede Nacht ein bisschen weiter, und nach einem Monat, in dem jede Nacht dichte Bewölkung herrschte, bin ich wieder verwirrt. Wie kann sich Gabriel erinnern, wo der Große Bär an einem Abend im Februar steht, ohne auf eine Karte zu schauen? Ich muss die Position zu bestimmten Jahreszeiten irgendwie in meinem Gedächtnis verankern. Und um das zu tun, leihe ich mir eine alte Idee der Seeleute aus.

Im Jahr 1520, etwa in derselben Ära, in der auch der Schäferkalender in Paris erstmals herausgegeben wurde, veröffentlichte der französische Seemann Pierre Garcie ein wichtiges Handbuch für Seeleute im Nordwesten Europas: *Le grant routtier.* Dieses Buch enthält eine visuelle Gedächtnishilfe, die man auch dazu nutzen kann, die Zeit anhand der Sterne zu bestimmen.[18]

Um Garcies Methode anwenden zu können, muss man sich vorstellen, der Polarstern stehe im Mittelpunkt des Kreises wie das Juwel in der Mitte der Person. Kopf und Gliedmaßen der Figur unterteilen den Himmel in Viertel, und die Leitsterne drehen sich um den Mittelpunkt wie die Zeiger einer Uhr. Doch ich entschließe mich, nicht das gesamte System aus dem 16. Jahrhundert anzuwenden – für meine einfachen Zwecke reicht mir die Vorstellung eines Menschen am Sternenhimmel, mit deren Hilfe ich mir die Position des Großen Bären ausmalen kann.

Wenn ich jetzt vom Parkplatz nach oben blicke, stelle ich mir diesen Menschen vor, der über den Schornsteinen schwebt. Der Polarstern funkelt im Nabel der Figur, die Füße zeigen zum nördlichsten Punkt meines Horizonts. Ich stelle mir vor, dass die Figur zu bestimmten Zeiten im Jahr gegen Mitternacht genau auf den Großen Bären zeigt. Und dann spiegele ich die Bewegung mit meinem eigenen Körper.

Der Kopf zeigt zur Tag-und-Nacht-Gleiche im Frühling, der linke Arm zum Mittsommer, die Zehen gerade hinunter zur Tag-und-Nacht-Gleiche im Herbst. Und der rechte Arm zum Mittwinter.

Ich frage mich, ob die Seeleute das auch so gemacht haben. Haben sie sich nachts an Deck hingestellt oder hingelegt und sich so gedreht, dass ihnen die eigene Sternenuhr unter die Haut kroch? Wenn ich mich entsprechend drehe, um den Kreislauf der Sternenstunden zu verkörpern, erinnere ich mich leichter. Doch ich muss zugeben, dass ich an den vier Jahreszeitenpunkten die Zeit anhand des Großen Bären viel präziser abschätzen kann als in den Monaten dazwischen.

Nach dieser Anfängerstunde in Sternenzeit gelingt es mir, auch andere Muster am Nachthimmel zu erkennen. Ich achte jetzt viel genauer auf das, was sich über uns abspielt. Die »Bewegung der Welt nach Osten« unter den Sternen ist viel leichter zu erkennen, und ihre »epische« Poesie ist besser zu spüren.[19] Was meine Mission angeht, die Zeit zu bestimmen, bin ich recht zufrieden mit den Fortschritten, die ich seit dem letzten Treffen am Hub gemacht habe. Nächsten Montag gehe ich wieder hin.

Oder besser gesagt, nächsten »Mond-Tag«. Die Unofficial Force hat nämlich genau dieses Datum für das Novembertreffen ausgesucht, weil es in jener Mondphase liegt, in der die Sonnenstrahlen die Mondoberfläche von der Seite treffen, sodass die Berge und Krater dort in einem scharfen Relief erscheinen.

Doch als ich in freundlicher Begleitung den Park betrete, sehen wir schwere Wolkenbänke über London, die die Lichter der Stadt in unheimlichen Rot- und Gelbschattierungen spiegeln.

Das wird offenbar ein düsterer Winter ohne Himmel. Während wir im Hub sitzen und unsere Hoffnung schwindet, mit dem Teleskop die Mondoberfläche zu betrachten, bietet Nick, ein Mitglied der Unofficial Force, uns einen improvisierten Vortrag über Mondthemen an. Angeregt von seinen Einsichten sprechen wir danach weiter. Jemand erzählt von dem deutschen Astronomen Johannes Kepler, dessen Erzählung *Somnium* (1634) – eine frühe Sci-Fi-Geschichte, in der jemand im Traum eine Reise zum Mond macht – möglicherweise dazu führte, dass Keplers Mutter wegen Hexerei angeklagt wurde.[20] Wir sprechen darüber, dass technische Beweise die Behauptung widerlegen, die Filmberichte von der ersten Mondlandung seien Fake. Und wir erfahren, dass der Mond bei Weitem nicht immer weiblich konnotiert ist: Es gibt durchaus Kulturen, in denen er als männlich gilt, darunter die altnordische Mythologie.

Ich habe auch noch eine Frage zum Mond, angeregt von der Bemerkung der Dorfbewohner bei Hardy, sie seien in der Lage, die Zeit anhand von Sonne und Mond zu bestimmen.[21] In früheren Kapiteln haben wir schon alte Methoden kennengelernt, die Zeit mithilfe der Sonne zu berechnen. Doch wie geht das mit dem Mond?

Es gibt zumindest eine Phase im Mondmonat, so erfahre ich, in der es gar nicht so schwierig ist, die Zeit von der Position des

Mondes abzuleiten: Der Vollmond steht nämlich genau gegenüber der Sonne und spiegelt ihre Bewegung. Er geht zu Sonnenuntergang auf und zu Sonnenaufgang unter. Doch für den Rest des Monats ist das Muster komplexer.[22]

In alter Zeit gab es verschiedene Methoden, die Nachtzeit anhand des Mondes zu berechnen. Beda kennt eine für die Mönche,[23] und vielleicht standen den Menschen zu Hardys Zeiten ja populäre Almanache mit Mondtabellen zur Verfügung. Diese Idee verdanke ich der Historikerin Anne Lawrence-Mathers, die darauf hinweist, dass in Gasthäusern vergrößerte Versionen der Almanache für die Gäste an die Wände geheftet wurden. Was für ein schöner Gedanke, was für ein verführerisches Stückchen Fan Fiction, sich Hardys Dorfbewohner vorzustellen, wie sie nach einem Blick zum Mond mithilfe des Posters an der Wand entscheiden, ob sie allmählich nach Hause gehen sollten.

Mich persönlich überfordert im Moment die Herausforderung, das zu lernen. Außerdem brennen mir alle möglichen Fragen zu einer anderen Gruppe von Sternen auf den Nägeln.

Ich bin kürzlich in den Cotswolds gewesen, und an einem Abend rissen die Wolken auf und enthüllten einen der strahlendsten Himmel, die ich je gesehen habe. Zwei Stunden lang waren wir auf einer dunklen Straße gefahren, eine Gruppe alter Freunde in einer Welt, die nur für uns gemacht schien. Wir hielten vor dem gemieteten Cottage in einem kleinen Dorf an, schalteten den Motor und die Scheinwerfer aus und stolperten aus unserer warmen Metallhöhle in die kalte Nachtluft. Unsere sensorischen »Antennen« richteten sich hinaus in die Finsternis. »Was ist das denn?«, rief mein Freund Mike und zeigte auf einen ganz irrealen Anblick: eine Ansammlung von Kreisen, die in einem schwachen bläulichen Lichtdunst leuchteten.[24] Dicht darunter im Osten war ein Muster aus weißen Sternen in V-Form zu sehen, begleitet von einem roten Punkt. Und über unseren Köpfen sahen wir einen funkelnden Fluss aus milchigem Licht.

Konnten das die Plejaden und die Milchstraße sein? Ja, in der Tat, bestätigte mir einer der Irregulars. Der Fluss war die Milchstraße, die blauen Sterne die Plejaden. Und das V aus weißen Sternen waren die Hyaden im Sternzeichen Stier. Bei dem roten Stern handelte es sich um Aldebaran, das »Auge des Stiers«. Der Name Aldebaran kommt aus dem Arabischen und heißt »der Nachfolger«.

Und rein zufällig brachte mich diese Begegnung mit den Sternen in einem dunklen Tal zur Mitternachtszeit einen großen Schritt weiter, was die Methoden des Schäfers Gabriel Oak anging.

Denn in jener Mittwinternacht, als Gabriel seine Schafe hütete, schlief er kurz ein und erwachte, weil ein Lamm blökte. Nachdem er festgestellt hatte, dass seine Uhr wieder mal falsch ging, stieg er auf den Hügel, um nach der Zeit zu sehen. Und statt den Polarstern zurate zu ziehen, blickte er nach Süden zu den Sternen in der Nähe der »rastlosen Plejaden« und dann auf den restlichen Himmel, um daraus zu schließen, dass es ein Uhr nachts war. (Wahrscheinlich wusste er, wo er diese Sterne finden würde, weil er ihren Weg in früheren Nächten mit seiner Uhr verglichen hatte.[25]) Als ich das zum ersten Mal las, konnte ich mir den Himmel, den Hardy beschreibt, nicht vorstellen, geschweige denn begreifen, wie jemand so die Uhrzeit bestimmen kann. Doch allmählich wird mir die Sache klar.

Das Erste, was ich über die Plejaden (auch Sieben Schwestern genannt) erfahre, ist, dass sie auf der ganzen Welt als Zeichen der Jahreszeiten bekannt sind, weil sie jedes Jahr für eine vorhersehbare Zeit vom Himmel verschwinden. Ich frage Eric, wie das sein kann. Er nimmt eine Kaffeetasse, um mir zu erklären, was da am Himmel passiert. Es gibt nicht nur den scheinbaren Lauf der Sonne um uns, sondern sie durchläuft dabei übers Jahr auch die Sternzeichen des Tierkreises. Wenn wir von der Erde zum Himmel blicken, sagt er, scheinen einige Sterne, darunter die Plejaden, dem alljährlichen Weg der Sonne sehr nahe zu sein. Stellen wir uns also vor, die Kaffeetasse sei die Sonne und die Flasche da drüben seien die Plejaden. Irgendwann steht die Tasse zwischen uns und der Flasche, und dann können wir die Flasche nicht sehen. Auf die gleiche Weise werden auch die Plejaden von der Sonne verdeckt. Sie sind also gar nicht vom Himmel verschwunden, aber sie gehen bei Tag auf und unter. Dann bewegt sich die Tasse weiter, und die Flasche wird wieder sichtbar. Ebenso die Plejaden, die plötzlich wieder auftauchen.

In der nördlichen Hemisphäre erreichen alle Sterne, deren Weg für uns über unsere südliche Skyline verläuft, ihren höchsten Punkt genau im Süden, ebenso wie die Sonne. Doch während die Sonne immer zu Mittag ihren Höchststand erreicht, ist dieser Punkt bei den Sternen abhängig vom Datum. Einer Theorie zufolge ist der Höchststand der Plejaden zu Mitternacht am »Hexensabbat« für die Festlegung des Halloween-Datums verantwortlich. Ich habe für diese spannende Idee keine wirklich überzeugende Quelle gefunden, doch tatsächlich erreichen zu dieser Zeit die Plejaden ihren Höchststand um Mitternacht und sind dann auch fast die ganze Nacht zu sehen.

Weltweit gibt es Beispiele dafür, wie mithilfe der Plejaden die Zeit im Alltag bestimmt werden kann.[26] Einige dieser Beispiele wurden von Forschenden zusammengetragen, die im letzten Jahrhundert traditionelles Wissen in Litauen erforschten. Dort hieß es beispielsweise: Wenn die Sietynas (der litauische Name für die Plejaden) im November aufsteigen, ist es noch nicht Mitternacht. Doch wenn sie sinken, ist Mitternacht vorbei.[27] Russische Dorfbewohner wussten, dass es Ende November/Anfang Dezember bald hell werden würde, wenn das Entennest untergegangen war.[28] (Von allen Namen für die Plejaden, die ich gefunden habe, gefällt mir dieser am besten. Denn tatsächlich erinnert dieser Sternenhaufen an eine Ansammlung von Eiern zwischen weißen Daunen.)

Wenn die Zeit vergeht und die Plejaden immer früher aufgehen, ihren Höchststand erreichen und untergehen, verändert sich auch ihre Rolle als Zeitgeber. In Litauen brachte man um Weihnachten herum, wenn die Plejaden zwei oder drei Stunden vor Mitternacht ihren Höchststand erreichen, die Kinder ins Bett.[29] Und im Spätwinter sind die Plejaden um Mitternacht schon fast verschwunden.

Es gibt ein altes griechisches Gedicht, das möglicherweise von der Dichterin Sappho verfasst wurde – eine Klage, die von einer Frau vorgetragen wird:

Der Mond ist untergegangen
und auch die Plejaden.
Es ist Mitternacht,
die Zeit vergeht,
und ich schlafe allein.

Es ist Mitternacht, Mond und Plejaden (beides weibliche Gestalten in der griechischen Mythologie) sind fort. Für mich impliziert dieses lebendige Bild von Zeit und Jahreszeit langes Warten und schwindende Hoffnung – und ein leeres Bett am Ende des Winters.[30] Vielleicht auch die Sehnsucht nach der Wärme eines geliebten Menschen.

Zuerst dachte ich, die Plejaden seien vollständig vom Himmel über meinen heimischen Straßen verschwunden – jenem engen, gezackten Raum zwischen hohen Gebäuden, durch die Lichtverschmutzung überdeckt und von vielen sternähnlichen Satelliten, Hubschraubern und Flugzeugen bevölkert. Doch ich halte mich an die erste Regel, die ich von den Irregulars gelernt habe: Bleib stehen, sei geduldig und warte auf das schwache, neblige Leuchten am Rand deines Sichtfeldes.

Nach dem Novembertreffen der Irregulars findet man mich an jedem wolkenlosen Abend an einem sicheren Ort am Rand des Parks, wo ich einen guten Blick auf den südlichen Horizont habe. Ab und zu begleitet Rosie mich. Es ist ein schönes Gefühl, diese kostbaren Momente zu teilen, wenn wir drei oder vier einzelne Sterne im schwachen Schleier der Plejaden erkennen können.

In Nächten, in denen der Sternenhaufen verborgen ist, können wir immer noch raten, wo er sich befindet, weil wir uns auf das rostrote Funkeln des Aldebarans eingestimmt haben, der ihnen dichtauf folgt. Und je weiter die Jahreszeit fortschreitet, desto mehr strahlende Nachfolger der Plejaden steigen früher über die südliche Skyline und zeigen uns auf ihre eigene Weise, wie weit die Nacht fortgeschritten ist.

An einem eisigen Abend im Dezember laufe ich zusammengesunken und müde nach Hause und starre dabei auf meine Füße. Während ich eine vertraute Straße entlangschlurfe, blicke ich zufällig nach oben. Und da steht, perfekt eingerahmt von hohen Wohnhäusern und den roten Lämpchen an den Baukränen, die großartige breitschultrige Gestalt des Orions über dem östlichen London.

Das Treffen der Irregulars muss ich diesen Monat ausfallen lassen. Doch ich erinnere mich an eine der ersten Sachen, die Eric mir erklärte: Der Orion kehrt nach einer Zeit der Abwesenheit am Ende des Sommers zurück und steht um diese Zeit im Jahr besonders schön da. Das Gespräch mit Eric fand im Oktober statt, als der Orion erst spät am Abend über der Skyline sichtbar wurde. Jetzt, zwei Monate später, sieht man das riesige Sternbild fast die ganze Nacht.

Die Sterne im Orion, die ich von der Straße aus am häufigsten sehen kann, bilden das schlanke Rechteck, das man auch auf der Abbildung oben sieht. Das Trio in der Mitte wird heute »Gürtel des Orion« genannt. Traditionell wurde es mit dem Schwinden des Sommers und dem Schwächerwerden der Sonne verbunden.[31] Und wie bei den Plejaden, die vor dem Orion dahinziehen, lässt sich auch an seiner jahreszeitlichen Routine in den dunkleren Monaten ganz gut die Zeit ablesen.

Vor Ende des 20. Jahrhunderts galt in russischen Dörfern (so haben Dialektforschende in Interviews herausgefunden) der Gürtel des Orion (der dort *Kichigi* genannt wird) zusammen mit dem Großen Bären und den Plejaden sogar als wichtigste Sternengruppe, um die Zeit zu bestimmen.[32] Eine interviewte Person sagte zum Kichigi: »Man braucht keine Uhr. Wir wussten, über welchem Haus diese Sterne um Mitternacht und um zwei Uhr standen, und das reichte uns.« Von Ende September bis Anfang Oktober ist die Zeit, wenn der Kichigi seinen Höchststand kurz vor Sonnenaufgang erreicht, »die richtige Zeit, um aufzustehen und aufs Feld oder zum Heuschober zu reiten«.[33] In Litauen standen die Menschen im Spätsommer auf, wenn der Orion aufging, im Dezember begann der Tag, wenn der Orion unterging.[34]

Die alten Methoden, die Zeit an den Sternen abzulesen, sind oft an bestimmte Landmarken gebunden: ein Dach, ein Schornstein, ein Baum. In Island werden die Tagmarken genutzt.[35] Es gibt eine gerade einmal handtellergroße Anleitung aus dem 11. Jahrhundert für die Mönche einer französischen Abtei. Dort wird erklärt, wann man zu verschiedenen Daten die Glocke zum Nachtgebet läuten soll, und zwar anhand des Stands verschiedener Sternengruppen über den Gebäuden des Klosters. »Am Weihnachtstag«, so ein Hinweis, »wenn man das Sternbild der Zwillinge fast über dem Schlafsaal liegen sieht und das Zeichen des Orions über der Allerheiligenkapelle steht, bereite man sich vor, die Glocke zu läuten«.[36] Auch verschiedene Fenster des Schlafsaals wurden als Bezugspunkte genutzt. Doch mittelalterliche Klöster lieferten keinen stabilen Horizont wie beispielsweise das Bergpanorama rund um einen isländischen Bauernhof. Wie der Historiker Seb Falk bemerkt, wurden Klöster oft umgebaut – was erklärt, warum das Handbuch den Mönchen rät, »etwas von dem üblichen Platz Richtung Wacholderbusch« zurückzutreten, um eine bestimmte Gruppe von Sternen »über dem fünften Fenster nahe dem Dach des Schlafsaals« aufgehen zu sehen.[37]

Fast einen Monat, nachdem der fantastische Anblick des Orions zwischen den Baukränen mich innehalten ließ, steht die riesige Gestalt früher am Abend höher am Himmel. Das heißt, wir können jetzt den Hundsstern Sirius besser sehen, der hinter Orion herläuft. Sirius ist der hellste Stern am nördlichen Himmel, doch in London spitzt er nur so eben über die Dächer. Er leuchtet so hell, dass man ihn auf den ersten Blick für den Scheinwerfer eines Hubschraubers halten könnte. Dieser strahlende Himmelskörper ist mein nächstes Ziel, denn er erreicht seinen Höchststand zu Mitternacht beim Jahreswechsel.

Der Kanal im Regent's Park sieht an diesem Abend im Januar aus wie ein dünnes Rechteck aus schwarzem Glas, gesprenkelt mit ein paar papierdünnen gelben Blättern. Die Luft über der Brücke und unter den kahlen Bäumen ist dunkel und klamm. Obwohl es noch früh am Abend ist, fühlt es sich an, als wäre es mitten in der Nacht. Auf halbem Wege zum Hub hören wir zu unserem Erstaunen einen Waldkauz rufen.

Am Hub ist heute nicht viel los. Und wie so oft in diesem elenden Winter besteht kaum Aussicht darauf, Sterne zu sehen. Doch ein paar von uns Irregulars holen sich dennoch etwas zu trinken an der Theke neben den halb ausgepackten Teleskopen.

Bei einer Tasse heißem Tee denke ich darüber nach, wie fern die »Hundstage« des letzten Sommers jetzt erscheinen – die heißeste Zeit des Jahres, die in alter Zeit mit dem Erscheinen des Hundssterns in Verbindung gebracht wurde.[38] Für die alten Ägypter war dieser hellste Stern die Göttin Sopdet. Ihre Rückkehr am Himmel wurde mit dem alljährlichen Nilhochwasser verbunden, das das Land mit Dünger versorgte. Erst kürzlich bin ich auf die Geschichte der Sopdet gestoßen und habe erfahren, welche Rolle sie bei der Einführung des modernen Stundensystems spielte.[39] Bei der Frage also, warum unser vorherrschendes System den Tag-Nacht-Zyklus in zwei Abschnitte mit jeweils zwölf Stunden einteilt und nicht in zwanzig oder dreißig Einheiten – oder was auch immer.

Vor mehr als 4000 Jahren führte Sopdet eine Reihe von Sternen an, mit deren Hilfe die Ägypter in ihrem zivilen Kalender die Wochen berechneten – die damals zehn Tage lang waren. Jeder dieser hellen Sterne verschwand irgendwann für etwa 70 Tage. Jede zehntägige Woche begann, wenn einer dieser Sterne bei Sonnenaufgang wieder am Himmel zu sehen war. Jeden Morgen erschien dieser Stern dann etwas früher, bis er durch einen neuen aufgehenden Stern ersetzt wurde, der eine neue Woche ankündigte, und dann den nächsten und immer so weiter. An irgendeinem Punkt in der Geschichte begriff man, dass diese Wochensterne die Dunkelheit in zwölf Phasen unterteilten. Diese Phasen nannte man *wnwt* (»winat«). Und hier haben wir die erste Andeutung des ägyptischen Stundensystems, das irgendwann auch die Zahl unserer Stunden beeinflussen sollte.

Wir wissen darüber durch die überlieferten Sternentabellen, die beispielsweise an der Decke von Tempeln überlebt haben. Doch ihr Zweck bleibt unklar. Vielleicht haben Priester die *wnwt*-Sterne beobachtet, um die Reise des Sonnengottes Re durch die zwölf Kammern der Unterwelt (Duat) nachzuhalten, der jede Nacht die Dämonen besiegt. Vielleicht wurden auch Tempelriten und Gebetszeiten danach ausgerichtet, die Re helfen sollten, alle Kammern sicher zu durchschreiten. So wusste man auch, wann man sich darauf vorbereiten musste, die Wiedergeburt des Gottes im Morgengrauen zu feiern.

Die Sternentabellen sind nicht nur Werkzeuge für die Lebenden, sondern auch für die Toten, vermutet die Forscherin Sarah

Symons, deren Analyse ich hier folge.[40] Sie sind nämlich nicht nur auf Tempeldecken zu finden, sondern auch in Gräbern und sogar auf der Innenseite von Sargdeckeln. Diese Karten, die die Bewegung von Himmelskörpern beschreiben, könnten auch als Anleitung für die Verstorbenen gedacht gewesen sein, damit sie wussten, wie sie sich verhalten sollten, wenn sie als Sterne wiedergeboren wurden. Mehr noch: Man findet solche Tabellen nicht nur in Gräbern von Menschen. Die einzige überlieferte Karte, die zeigt, wie man mithilfe des Großen Bären die Zeit misst – Meskhetiu –, wurde in die Innenseite eines Sarkophags aus Granit gemeißelt, der für einen heiligen Stier bestimmt war.[41]

Etwa 3000 Jahre vor unserer Gegenwart begannen die Ägypter auch damit, den Tag in zwölf *wnwt* einzuteilen, die mithilfe der Sonnenschatten abgemessen wurden. Die meisten Historiker gehen heute davon aus, dass diese altägyptische Praxis, zwölf Nacht- und zwölf Tag-*wnwt* zu zählen, den Ursprung unseres Stundensystems darstellt.[42] (Europa erbte eine Version dieser Einteilung von den Griechen, vermittelt durch das römische Reich und die byzantinische Welt.) Es heißt sogar, die alte ägyptische *wnwt*-Stunde sei der Ursprung unseres 24 Stunden dauernden Tages. Das klingt logisch, aber der Gedankensprung ist schon groß.

Sarah weist darauf hin, dass sich die Zeitvorstellungen der alten Ägypter von den unseren deutlich unterschieden. Sie sahen die Zeit nicht als abstrakten, kontinuierlichen Fluss inhaltsloser und identischer Einheiten. Letztlich war jede *wnwt*-Stunde durch ein konkretes Ereignis definiert, etwa durch das Auftauchen eines bestimmten Sterns über dem lokalen Horizont oder einen Schatten, der eine Markierung im Stein berührt.[43] Mehr noch: Die Nacht- und Tagesstunden bildeten keinen nahtlosen Zyklus von 24 gleichen Einheiten. Ähnlich wie bei den Stunden des europäischen Mittelalters, die auf dem ägyptischen Muster beruhten, dehnten sich auch die *wnwt* aus oder schrumpften zwischen Morgen- und Abenddämmerung, im gleichen Maße, wie sich das Gleichgewicht von Dunkelheit und Tageslicht übers Jahr veränderte.[44]

Die Rolle der Göttin Sopdet in der Geschichte der Stunden erinnert mich daran, dass die 24 Standardstunden, die heute überall auf der Welt die Zeit definieren, weder historisch noch kulturell ein universelles Phänomen sind. Die *wnwt* der alten Ägypter können erklären, warum wir den Tag in zwei Sätze von je zwölf Stunden einteilen. Doch es gibt unendlich viele Praktiken in zahlreichen Kulturen über Tausende Jahre hinweg, die zwischen den *wnwt* und unseren modernen, naturwissenschaftlich definierten Stunden stehen.

Während wir auf die Lichter des nächtlichen London blicken und darauf warten, dass sich Sirius/Sopdet endlich zeigt, wird ganz klar, dass der Kontrast zwischen Tag und Nacht sich für uns auf vielerlei Weise aufgelöst hat, sowohl in der hell erleuchteten materiellen Welt als auch im Dauertag des Internets. Es gelingt uns nicht mehr, die alten Grenzen aufrechtzuerhalten. Das glatte Kreisen der Uhrenzeiger über abstrakte, identische Stunden zeigt uns, wie sehr der Rhythmus des Tages für uns seine Textur verloren hat.

Ein paar Monate später, als ich mit Sarah Symons über Sopdet und die Stunden spreche, bringt sie mir ein weiteres Detail nahe, das zeigt, wie anders ich, eine säkular geprägte Europäerin der Gegenwart, über das Messen der Zeit denke.

»Wenn die Zeit bei Nacht mithilfe der Sterne bestimmt wird und bei Tag mithilfe von Schatten«, sagt sie, »dann gibt es zwangsläufig Lücken.« Es gibt die Zwischenzeiten von weichem Licht und brennendem Himmel kurz nach Sonnenuntergang und kurz vor Sonnenaufgang, wenn weder direkte Sonnenstrahlen noch Sterne zu sehen sind.[45] Im alten Ägypten ist diese hellste Phase der Dämmerung wesentlich kürzer als in Südengland. Trotzdem, so Sarah, »war es eine Zeit ohne Zeit«. Für die Menschen im alten Ägypten wurden Tag und Nacht durch eine zeitlose Übergangsphase voneinander getrennt.

Zurück nach London und zum Januar-Treffen der Irregulars. Ein düsterer, schattenloser Tag ist nahtlos in eine Finsternis ohne

Sterne übergegangen. Ich hatte gehofft, zu sehen, wie der Sirius farbig aufleuchtet, wenn man ihn durch ein Teleskop vergrößert betrachtet. Doch die Kälte, die schwammartige Wolkendecke und die Aussicht auf Nieselregen lassen alle Hoffnungen schwinden. Ich gehe früh heim.

Auf der Zugfahrt nach Hause durch einen tiefen Tunnel unter der Stadt überkommt mich das Gefühl, als wäre die Reise zu den allmonatlichen Treffen ein eigenes Ritual. Ob sich die Sterne zeigen oder nicht – ich verpflichte mich dazu, die Nacht als einen besonderen Zustand eigenen Rechts zu ehren. Nun, vielleicht wird das Wetter beim nächsten Mal besser sein.

Ein paar Nächte später gehen Rosie und ich durch unser Stadtviertel nach Hause. Es ist bitterkalt, der gefrorene Asphalt glitzert, und endlich zeigt sich ein wolkenloser Himmel. Doch unsere Hauptstraße ist mit so vielen Lichtern übersät, dass ich das Gefühl habe, durch einen Miniatur-Sternenhaufen zu gehen. Wir können nicht darauf hoffen, die Plejaden zu sehen, nicht einmal den Großen Wagen. Doch als wir uns umdrehen, bevor wir die Straße überqueren, und nach Süden schauen, um den Verkehr zu checken, sehen wir das funkelnde Licht des Sirius, der gerade in der anderen Richtung über die Straße geht. Es ist noch eine Weile hin bis Mitternacht, und schon jetzt steht dieser hellste Stern am Himmel fast über der Mittagsstraße.[46] Die Sterne und die Jahreszeit schreiten voran.

Auf dem Weg zum Februar-Treffen am Hub höre ich am Kanal eine Amsel singen. Eine kleine gelbbraune Motte flattert ins Lampenlicht. Sanfter Regen tropft von den Knospen der Büsche. Das Jahr erwacht – nicht mehr lange, und die Abende sind wieder hell.

Im Hub sitzen die Irregulars, die angesichts des Wetters aufgegeben haben, und träumen sich das ideale öffentliche Observatorium in London zusammen. Gut wäre ja die Spitze des BT Tower, sagt Eric. Dort könnte man immerhin über die hohen Häuser und

Straßenlaternen hinwegsehen. Doch was das Leuchten der Stadt angeht, wäre kaum ein Unterschied festzustellen. Aber ernsthaft, wie wäre es, wenn man überall rund um die Stadt öffentliche Teleskope aufstellen könnte?

In meiner eigenen Version dieser Fantasie würden überall in der Metropole Tafeln hängen, die den Menschen zeigen, wie man anhand der Sterne die Zeit bestimmen kann. Wir würden Tabellen auf Bahnhofswände malen und die Richtung des Großen Bären auf Geländern an der Straße anzeigen. Wenn die ganze Stadt voller Sternenuhren wäre, wie anders würden wir die Stunden empfinden? Wie viel mehr würden wir unseren Geist und unsere Sinne für den Nachthimmel öffnen? Wie viel mehr würden wir darauf achten, die Lichtverschmutzung einzudämmen?

Vor fünf Monaten habe ich mich den Irregulars angeschlossen. Ich denke darüber nach, wie viel ich gewonnen und gelernt habe. Nein, ich bin immer noch kein Gabriel Oak. Ich bin eine Anfängerin, wenn es darum geht, die Zeit anhand der Sterne zu bestimmen, und sehr weite Teile des Nachthimmels sind mir noch vollkommen fremd. Doch indem ich erforsche, was ein helles Objekt jeden Monat tut, habe ich gelernt, dieses eine Objekt in dem Muster zu erkennen, das Gabriel von seinem Hügel aus sah: »Der Hundsstern [Sirius] und Aldebaran, die den rastlosen Plejaden folgten, standen auf halber Höhe am südlichen Himmel, und zwischen ihnen hing der Orion.«

Im Gegensatz zum Orion waren diese Lichtpunkte mir noch im Oktober unbekannt. Inzwischen kann ich sie als Zug strahlender Himmelskörper identifizieren, die ihre je eigene Jahreszeit und Siegesstunde haben. Selbst in der Stadt kann ich ihr grundlegendes Muster oft entdecken, wenn sie wie auf der folgenden Abbildung in großartiger Prozession von Osten her heraufziehen.

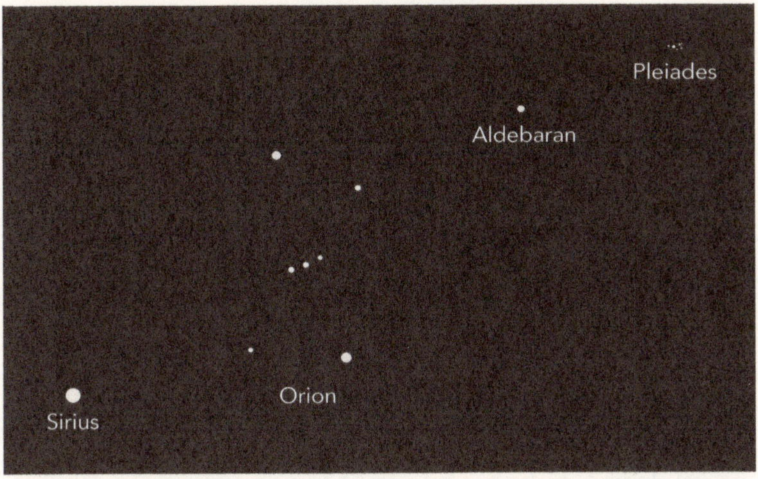

Einer der Tricks, die Astronomen benutzen und die ich von den Irregulars gelernt habe, besteht darin, eine schnelle und wörtliche Faustregel anzuwenden, indem ich Objekte mit meiner Hand und den Fingern abmesse. Für einen durchschnittlichen Erwachsenen gilt: Wenn man eine Faust macht, sie auf Armeslänge ausstreckt und dabei Zeigefinger und kleinen Finger spreizt, beträgt der Abstand zwischen den beiden Fingerspitzen etwa fünfzehn Grad. So weit wandert ein Stern scheinbar innerhalb einer Stunde. Und ich habe es mir zu einer schönen Gewohnheit gemacht, mit meiner Hand abzumessen, wie weit der Orion an unserem Häuserblock oder an den Schornsteinen entlanggewandert ist, während ich abends aus war.

Wenn ich mich in Zeit und Raum orientiere, indem ich die Bewegung der Sterne im Vergleich zu einer lokalen Skyline mit den eigenen lebendigen Fingern abmesse, fühlt sich das entschieden anders an, als wenn ich einen schnellen Blick auf eine Maschine werfe. Diese Methode gehört zu all den anderen Möglichkeiten, die Zeit mit unserem Körper und unseren Sinnen zu bestimmen – durch das Schrumpfen eines Schattens, das Leuchten über einer Tagmarke, das »Erröten« von Himmel und Luft –, die uns mit der Welt um uns herum verbinden.

Tatsächlich ist diese Praxis sehr alt, erfahre ich später von Sarah. In den Gräbern der alten Pharaonen sind die Sternentafeln mit dem Bild eines sitzenden Menschen versehen. Das Bild wird nirgendwo kommentiert, insofern ist die Interpretation auch umstritten. Doch es zeigt ganz klar, dass die wechselnden Positionen der Sterne an den Augen und Ohren, den Schultern und dem Herzen der Person gemessen werden. Das heißt nicht, dass die Menschen zu dieser Zeit genau denselben Nachthimmel sahen wie wir, denn es gibt sehr allmähliche Verschiebungen. Tatsächlich kreisten die Sterne, die wir als Großen Bären kennen, vor 3000 Jahren gar nicht um den Polarstern. Der Himmelspol war eine dunkle Fläche ohne Sterne. Doch wir sehen auf den Abbildungen trotzdem viele Sterne und Sternengruppen, die wir kennen. Für die alten Ägypter war der Sirius, wie schon erwähnt, die Göttin Sopdet, und der Große Bär hieß Meshketiu.

Je mehr Zeit ich dem bestirnten Himmel widme, desto spürbarer wird für mich, dass wir dieses glitzernde Reich mit allen Erdlingen der Gegenwart und der Vergangenheit teilen. Doch wo vor ein paar Jahrzehnten Richard Proctor noch Hunderte, wenn nicht gar Tausende von Sternen sah, bleiben uns nur die hellsten.

Im Verlauf dieses langen, düsteren Winters fasziniert mich immer mehr das, was vom Londoner Nachthimmel bleibt. Ich mache es mir zum Ritual, nach dem Abendessen nachzusehen, ob der Große Bär schon über den Dächern aufsteigt wie ein versunkenes Boot, das sich langsam aus dem Meer erhebt. Und ich spüre die Spannung, wenn der Zug der Sterne, angeführt von den Plejaden, jeden Abend ein bisschen früher beginnt. Als ich im Oktober zum ersten Mal zu den Irregulars ging, wusste ich kaum, dass es die Plejaden gibt. Und natürlich hätte ich mir nicht vorstellen können, dass man sie von London aus sieht. Doch ich habe indirektes Sehen gelernt, und so kann ich heute selbst vom Parkplatz aus manchmal das weiche Flimmern sehen, wo ich sie vermute. Es fühlt sich an, als hätte ich mich ein wenig verändert. Ich bin aufmerksamer gegenüber einem schwachen Aufflackern geworden und kann meine Sinne viel leichter beruhigen.

Vor ein paar Abenden stand ich regungslos am Rand des Regent's Park und blickte nach oben, als mir ein Fuchs mit buschigem Schwanz sehr nahe kam, als wollte er sich mir anschließen. Er blieb eine halbe Minute bei mir stehen und betrachtete etwas, was meine Augen nicht sehen konnten. Dann sprang er lautlos in die Dunkelheit.

Epilog

Es ist eine ganze Weile her, dass ich anfing, Geschichten darüber zu sammeln, wie Menschen ohne komplexe Werkzeuge die Zeit bestimmten. Gleichzeitig begann ich, meine Aufmerksamkeit verstärkt den Rhythmen des Lebens zu widmen, die mir in meinem städtischen Umfeld verloren gegangen waren: der Gesang der Vögel am Morgen, die Bewegung von Blüten, das Längerwerden der Schatten, das goldene Leuchten am Himmel, der lautlose Flug der Fledermaus. Zu meiner Freude und Überraschung haben diese schönen Beschäftigungen sich zu einer neuen Lebensweise entwickelt. Wo auch immer ich gehe und stehe, lasse ich mich viel weniger durch das Display meines Telefons vom gegenwärtigen Moment ablenken, und ich achte viel mehr auf kleine Details in meiner Umgebung. Es gelingt mir immer besser, Löwenzahn von seinen Verwandten zu unterscheiden – dem Habichtskraut, dem Ferkelkraut und anderen Doppelgängern,[1] die zu anderen Jahreszeiten blühen. Im Winter kann es sein, dass ich an einer Vorstadthecke lausche, um die Spatzen zu hören, die darin Unterschlupf gesucht haben. Ich habe mich auf die Grüntöne der Dämmerung eingestimmt und nehme die Opulenz des Sternenhimmels wahr. Auf meinem Weg durch die Welt erlebe ich mich eingebettet in ein großes Gewebe aus Rhythmen, in einer Welt, die nicht nur von Menschen bewohnt ist. Ich lebe in einer Sonnenuhr und unter dem sich drehenden Gewölbe des Nachthimmels.

Bei diesem ganzen Abenteuer hat Rosie mich begleitet und mich auf erfreuliche Dinge hingewiesen, die mir noch gar nicht aufgefallen waren: auf den Mond, der hinter einem Dach verschwindet, auf das »kalkweiße Licht« der Morgendämmerung zu Mittsommer, auf Einzelheiten im Gesang eines Rotkehlchens. Wir nehmen beide stärker wahr, wie sich Sonnenstrahlen und Sterne im Verlauf des Tages und Jahres über die Dächer hinwegbewegen.

Auch meine Eltern sind Teil dieser Reise. Wenn zu meiner Freude ein Schmetterling vorbeifliegt, höre ich die Stimme meiner Mutter. Wenn ich nach einer Blüte suche, die sich öffnet, stehe ich da wie mein Vater, wenn er sorgfältig ein Feld studierte.

Wo ich aufgewachsen bin, gibt es in der Ecke des Hofs einen Torbogen, der aus roten Ziegeln gebaut ist. Vor einigen Jahren hängten meine Eltern einige alte Werkzeuge an die Wände des Bogens: eine große rostende Sense, Kettenglieder, große und kleine Hufeisen. Wenn man an einem schönen Abend auf dem Hof steht und hinausschaut, rahmt der Bogen den Sonnenuntergang ein, und das goldene Licht wirft lange, detailreiche Schatten der alten Werkzeuge auf die Ziegelwand. Ein sehr vertrauter Anblick, doch erst im reiferen Erwachsenenalter wurde mir klar, dass er an die Jahreszeit gebunden ist: Der Sonnenuntergang steht nur zu Mittsommer genau in einer Linie mit dem Bogen. Als ich meinen Vater fragte, ob er sich gewundert hätte, dass ich so spät im Leben an derartige Erfahrungen anknüpfte, gab er mir keine Antwort. Stattdessen zeigte er mir die verschiedenen Punkte, wo die Sonne im Verlauf des Jahres hinter den Hecken untergeht. Er hatte sein ganzes Leben unter freiem Himmel verbracht, für ihn war das alles vollkommen offensichtlich. Für mich war es eine Offenbarung.

Es gibt so viele Fragen, die wir nicht stellen, und so viele Dinge, die wir noch entdecken können.

Dank

Die Person, von der ich bei diesem Abenteuer am meisten gelernt habe, mit der ich am meisten gesprochen habe und die auch meistens mit dabei war, ist selbstverständlich Rosie. Sie hat mich die ganze Zeit mit großartigen Ideen, Gesprächen und Ausflügen ermutigt – und mit ihrer wunderbaren praktischen Fähigkeit, Dinge zu tun, beispielsweise, uns sicher durch einen isländischen Schneesturm zu fahren. Mit unglaublicher Durchhaltekraft, Begeisterung, Neugier und Ehrlichkeit hat sie mir geholfen, dieses Projekt durchzuziehen. Und natürlich mit Lachen und Liebe.

Wie schon zu Anfang gesagt, ist dieses Buch auch eine ganz persönliche Erinnerung an meine Eltern, Pat und Stephen. Es ist meine Art, die Geschenke, die sie uns mitgegeben haben, zu ehren und bestmöglich zu nutzen, vor allem ihre Freude am Geschichtenerzählen und ihre Wertschätzung für die kleinen Dinge.

Das Erbe meiner Eltern wird auf manch andere Weise in der Liebe, Fürsorge und Führungskraft meiner Schwester Lizzie und ihres Partners Kevin sowie ihrer Kinder Ophelia und Joseph fortgesetzt. Lizzie ist es, die über die Felder geht, das Getreide mit den Zähnen prüft und der Lerche zuhört. Sie hat das Wissen meiner Eltern übernommen, und ich lerne nach wie vor viel von ihr.

Ein Segen ist für mich auch die Unterstützung durch meine großartige Schwiegermutter Dawn und Rosies gesamte Familie. Seit einem Vierteljahrhundert wird mein Leben von ihrer Liebe und Wärme und ihren Neckereien getragen.

Wir alle haben eine Zeit überwältigender Traurigkeit erlebt. Kurz nachdem wir Mum und Dad verloren hatten, starben auch meine geliebten Tanten Susie und Pam. Rosie verlor ihren lieben

Onkel James und ihre Stiefgroßmutter Lia. Dann starb auch noch ihr Vater Stephen, der für uns alle so wichtig war. Ich bin dankbar für all die Unterstützung, Liebe und Inspiration, die ich von diesen Menschen erfahren habe.

Und nun möchte ich meinen wunderbaren Freundinnen und Freunden danken: für Inspiration, Spaß und Ermutigung auf dem Weg, vor allem Jmeel, Shab, Sabih, Fraser, Sharmini, Jan, Robbie, Mike, Kenan, Sally, Matt, Rachel A., Rachel P., Dan, Rhys, Tass, Ines, Anneli, Julie, Leon und Rod.

Weiterhin danke ich den Menschen, die direkt mit mir an diesem Buch gearbeitet haben. Zu tiefstem Dank bin ich meinem Writing Coach Kathy Gale von Gale & Co. verpflichtet. Ihr großes Wissen und ihr unermüdlicher Glaube an mich haben mir so sehr geholfen. Und ihr Ansporn, ihre Herausforderung und Bestärkung haben mich wirklich verändert.

Riesigen Dank schulde ich auch meinen Agenten Rowan Lawton und Farley Chase sowie ihren Teams, vor allem Eleanor Lawlor. Sie alle haben mich mit Geduld und Engagement begleitet. Und meine Lektorinnen Jasmine Horsey bei Bloomsbury und Courtney Young bei Riverhead haben mich mit kluger Unterstützung und erfrischenden Ideen versorgt. Ich habe unglaublich viel von den beiden gelernt. Jasmine hat mir den entscheidenden Rat gegeben, nach der Freude zu suchen und die sinnlichen Erfahrungen zu erforschen.

Die geniale Klarheit und Nachdenklichkeit meiner Redakteurin Kate Quarry weiß ich sehr zu schätzen. Ein Dank geht auch an Francisco Vilhena, Gurdip Ahluwalia und das ganze Verlagsteam.

Dieses Buch wäre sicher nicht zustande gekommen ohne die Großzügigkeit vieler Expertinnen und Experten. Besonders dankbar bin ich Mario Arnaldi, der seinen großen Wissensschatz und seine Begeisterung mit mir teilte. Außerdem waren Gísli Sigurðsson, Birna Lárusdóttir und Stephen Corfidi unglaublich wichtig. Sie alle haben in erstaunlich umfangreicher und geduldiger Weise auf meine nie endenden Fragen geantwortet.

Von ganzem Herzen danke ich jenen Expertinnen und Experten, die mir mit wirklich wichtigen Vorschlägen und Beiträgen geholfen haben, die zu ausführlichen Interviews bereit waren oder längere Abschnitte gelesen haben: Anne Lawrence-Mathers, Thomas Hockey, Sara Schechner, Karlheinz Schaldach, Ross Collery, Sylvain Aubry, Alex Webb, Beverley Glover, Frances Dunlop, Fiona Mackenzie, Ben Jones, Josh Pollard, Stuart Mosscrop, Steve Bell, Imad Ahmed, Sarah Symons, Dominic Couzens, Fabio Silva, Uta Wolfe, Bennett Schwartz, John A. Paice, Ian Stone, Zoe Hutin, Eric Emms, Nick Joannou. Und natürlich Marian, David, Clare, Danny, Simon und Archie auf der Court Lodge Farm. Ganz besonders dankbar bin ich für die Gelegenheit, mit dem inzwischen leider verstorbenen Þorsteinn Vilhjálmsson in Kontakt zu treten.

Ein besonderer Dank für Rat und Hilfe geht auch an Lilla Kopár, Fergus Kelly, Jole Shackelford, Stacey Harmer, Mike Meynell, Norman Solomon, Catherine Hohenkerk, Mike Frost, Ian Barthorpe, Douglas Parker, Peter Beckenham, Richard North, Sarah Lyons Chase, Sacha Stern, Fiona Rosher, Árni Björnsson, Gareth Jones, Emma Stone, Halla Steinólfsdóttir, Jesper Kårehed, Mark Waddell, Nicola Loaring, Sigrún Kristjánsdóttir, Frank King, Ken Mondschein, Simon Saville, Maggie Couvillon, Gert Wilkens, Pru Manning, Isabelle Charmantier, Kevin Walker, Alex Prendergast und das Team der Longplayer Foundation.

Und natürlich an alle, die meine Fragen beantwortet, Missverständnisse korrigiert und Quellenhinweise gegeben haben, vor allem an Helga Vollertsen, Ágústa Kristófersdóttir, Aðalsteinn Hákonarson, Torfi Stefán Jónsson, Gunnlaugur Björnsson, Ragnheiður Mósesdóttir, Rod Dimbleby, Elin Pihl, Anne Courtin, Dagrún Ósk Jónsdóttir, Taj Bhutta, Johan Anton Wikander, Kelly Fitzgerald, Karen O'Toole, Theresa Kelly, Janken Myrdal, Jayne Carroll, Gordon Love, David Jacobs, Claire Ryder, Sue Manston, Katherine Wodehouse, Kevin Murray, Geoffrey Keating, Kevin

J. McGowan, Kathi Borgmann, Andrew Foley, Till Roenneberg, Sarah Lo, Dave Clark, Louise Lawton, Brigitte Steger, Kent Wildlife Trust, die Mitarbeitenden des Cambridge University Botanical Garden und des Walworth Garden, die außerordentlich hilfsbereiten Bibliothekarinnen und Bibliothekare in verschiedenen Institutionen und viele, viele andere, die hier nicht alle genannt werden können.

Wodurch die Begeisterung zustande kam, die dieses Buch trägt, ist mir selbst nicht vollständig klar. Doch ich erinnere mich an ein wichtiges Gespräch über traditionelle Unterteilungen von Zeit und Raum in Hirtengesellschaften, das ich mit dem Anthropologen Malcolm Ruel führte, meinem Betreuer am Clare College in Cambridge. Er hat mich ermutigt, die Alltagstraditionen, mit denen ich aufgewachsen bin, wahrzunehmen und zu schätzen und meine visuellen Fähigkeiten zu nutzen, statt nur abstrakte wissenschaftliche Texte zurate zu ziehen. Vielleicht war das der Ursprung meiner jahrzehntelangen Forschungs- und Kreativprojekte, bei denen ich verschiedene Aspekte unserer Zeiterfahrung erforscht habe. Immer wieder stand die Frage im Raum: Wie erleben wir Zeit, wie denken wir darüber, wie dokumentieren und messen wir sie?

Ich danke Alfredo Cramerotti, der meine ersten Soloprojekte über Zeitthemen in Auftrag gegeben hat, Roman Krznaric für sein Vertrauen in diese frühen Bemühungen und Alex Bowler, der mir vor langer Zeit geraten hat, über Zeit zu schreiben, und mir unschätzbares Feedback gegeben hat. Es war mir eine Freude, während meines Praktikums als »Timekeeper« am Petrie Museum of Egyptology mit dem Team zusammenzuarbeiten – ganz besonders mit der wunderbaren Helen Pike, die nicht nur ich sehr vermisse. Und es war auch ein Privileg und eine Freude, mit Laura Wilson, Polly Staple und Razia Begum von der Chisenhale Gallery an dem Projekt Stereochron Island zu arbeiten. Dort im Victoria Park in London durfte ich einige Zeit als »Artist in Residence« verbringen.

Sollte ich in dieser langen Liste guter Menschen, die mir geholfen und zu diesem Buch beigetragen haben, irgendjemanden vergessen haben, dann bitte ich jetzt schon von Herzen um Entschuldigung.

Ich bin nicht die Erste, die in jüngster Zeit für ein breiteres Publikum über diese Themen schreibt. Wie so viele andere bewege auch ich mich im Kielwasser von Jay Griffiths' großartigem Buch *Pip Pip: A Sideways Look at Time* (1999). Tristan Gooley ist vielleicht der wichtigste zeitgenössische Autor sehr poetischer und praktischer Führer, die uns helfen, mit der natürlichen Welt in Verbindung zu treten, indem wir ihre Rhythmen über den Tag und das Jahr hinweg beobachten.

Mein Buch ist keine wissenschaftliche Arbeit, doch ich habe versucht, die jüngsten Entwicklungen in der wissenschaftlichen Erforschung verschiedener Alltagspraktiken zur Zeitmessung zu berücksichtigen. Diese Entwicklungen wurden nicht zuletzt von Paul Glennie und Nigel Thrift in ihrer Untersuchung der Zeitmessung in England und Wales von 1300 bis 1800 angestoßen. Ihr Buch *Shaping the Day* (Oxford University Press, 2009) erschließt ein komplexes, fließendes und vielfältiges Bild. Starken Einfluss hat auch Henri Lefebvres Vorstellung einer Rhythmus-Analyse, die zur sinnlichen Wahrnehmung der vielen verschiedenen Rhythmen im urbanen Leben einlädt, darunter die von Vögeln, Blumen und Schatten.

Unter den unzähligen Einflüssen, die ich über die Jahre hinweg aufgesaugt habe, gibt es eine Quelle, auf die ich immer wieder zurückgekommen bin: Nina Gockerells »Telling Time Without a Clock« (1980). Geschichten über die Zeitmessung in der westlichen Welt beschäftigen sich normalerweise vor allem mit Innovationen im Bereich der Präzisionsinstrumente. Gockerells seltsamerweise wenig rezipierter, aber wunderbar umfassender Essay stellt dagegen Alltagsmethoden der Zeitmessung vor, die ohne komplexe Werkzeuge auskommen und von Laien angewandt wurden und werden, vor allem in ländlichen Regionen Europas.

Es war eine absolute Freude, weit über mein eigenes Fachgebiet hinaus herumzustreifen und von so vielen Expertinnen und Experten und einem breiten Spektrum von Quellen zu lernen. Für mich ist das ungewöhnlich breite Themenspektrum in diesem Buch ein besonderer Gewinn, und ich hoffe, meine Leserinnen und Leser können das nachempfinden. Ich habe mich bemüht, komplizierte Themen auf einfache Weise für begeisterte Laien wie mich darzustellen und durch persönliche Erfahrung über abstraktes Wissen hinauszugehen. Unterwegs habe ich sicher Fehler gemacht oder wichtige Details übersehen. Ich habe versucht, mich streng an die Fakten zu halten und wo immer möglich meine Aussagen mit Expertinnen und Experten abzustimmen. Sollten dennoch Fehler oder missverständliche Aussagen vorkommen, bin ausschließlich ich dafür verantwortlich.

Manche Aspekte des Alltagslebens, die uns noch offensichtlich und natürlich vorkommen, werden es für kommende Generationen vielleicht nicht mehr sein. So mag es auch den Menschen in früheren Zeiten gar nicht in den Sinn gekommen sein, ihre üblichen Methoden zur Zeitbestimmung aufzuzeichnen, selbst wenn sie die Mittel dazu hatten. Das zu erforschen, was die Menschen tatsächlich taten und dachten, war einer der aufwendigsten und herausforderndsten Aspekte dieses Projekts. »So viel Ungewissheit!« Da ist es ganz klar, dass nicht alle Spezialistinnen und Spezialisten mit den Spekulationen übereinstimmen werden, die ich angestellt oder beschrieben habe. Ich freue mich auf künftige Diskussionen.

Wie aufregend, dass dieses Buch ein kleiner Teil eines viel größeren Bildes ist! Ich hoffe, von Leserinnen und Lesern zu hören, die ihr Wissen mit mir teilen wollen.

Hinweise zum Text

Begriffe wie »Zeit«, »Zeitbestimmung« und »Zeitmessung« habe ich in einem weiten Sinne benutzt und es vermieden, diese flüchtigen Vorstellungen, die so abhängig von Kontext, Kultur und historischem Augenblick sind, streng zu definieren.

Wissenschaftliche Namen für Pflanzen- und Tierarten habe ich nur dann angegeben, wenn ich befürchtete, sie könnten mit einer anderen Art verwechselt werden. In Kapitel 2 habe ich allerdings für sämtliche Pflanzenarten auch die wissenschaftlichen Namen erwähnt.

Wo es um alte sprachliche Formen ging, habe ich versucht, eine gute Lesbarkeit und Verständlichkeit zu gewährleisten. In den Anmerkungen sind die Originalquellen zu finden. Bei Büchern, zu denen es zahlreiche Ausgaben gibt, habe ich nicht immer die genauen Seitenzahlen angegeben. Dies gilt vor allem für die Romane von Thomas Hardy. Sie sind in Online-Editionen frei zugänglich.

Anmerkungen

Einleitung

1 Vgl. auch meinen Text »Habitats of Joy«, Will Alsop Studio, London, 2010.

2 Vgl. Vanessa Ogle: *The Global Transformation of Time, 1870–1950*, Harvard University Press, 2015, und David Rooney: *About Time: A History of Civilization in Twelve Clocks*, Viking, 2021.

3 »On a Sun-Dial«, 1827. Leider strotzt Hazlitts Darstellung vor schlimmen sozialen Vorurteilen.

4 Ich habe Hardys Romane nicht vollständig untersucht, war aber bei meinen Stichproben erstaunt über die Fülle von Andeutungen zum Thema Zeitzeichen auf dem Land und am Himmel und bei Mitgeschöpfen. In dem Roman *Der Bürgermeister von Casterbridge* bestimmt z. B. Abel Whittle die Zeit »anhand der Sonne, denn ich besitze keine Uhr«. In dem Roman *Die Woodlanders* wird Grace aufgrund des Sonnenstandes über den Bäumen klar, dass mindestens drei Stunden vergangen sind. Wir werden in den weiteren Kapiteln noch mehr Beispiele aus Romanen von Thomas Hardy betrachten.

5 Ulf Büntgen u. a.: »Plants in the UK flower a month earlier under recent warming«, 2022, *Proceedings of the Royal Society B*, 02.02.2022, http://doi.org/10.1098/rspb.2021.2456; Chris Wyver und Laura Reeves: »Plants are flowering a month earlier – here's what it could mean for pollinating insects«, *The Conversation*, 04.02.2022, https://theconversation.com/plants-are-flowering-a-month-earlier-heres-what-it-could-mean-for-pollinating-insects-176324.

Kapitel 1: Frühe Vögel und Fledermäuse

1 Das Wort *wōma* bedeutet »Lärm, Geheul, Tumult« (John R. Clark Hall: *A Concise Anglo-Saxon Dictionary*, Cambridge University Press, 1916, 360). *Dæg-wōma* steht also in Verbindung mit der Kakofonie der Geräusche bei Tagesanbruch, obwohl die poetische Assoziation zum Morgenlicht häufiger vorkommt, so z. B. im Vers 344 des Gedichts *Exodus*. Ich danke Lilla Kopár für diese Details.

2 Einige frühe Sänger mögen inzwischen verstummt sein, aber das konnte ich in dem intensiven Gesang nicht wahrnehmen.

3 Wiederholungen des Berichts habe ich in verschiedenen britischen und nordamerikanischen Veröffentlichungen gefunden, z. B. *The Athenæum … for the Year 1857*, No. 1559, London, 12.09.1857, 1145; *The Family Friend*, Ward and Lock, London, Midsummer 1861, 348.

4 *Graham's Illustrated Magazine*, Vol. 53, No. 1, Philadelphia, Juli 1858, 278.

5 Dominic Couzens: »Designed by nature: The secrets of the dawn chorus«, *The RSPB Magazine*, Spring/Summer 2025, 11.

6 Dominic Couzens: *Songs of Love & War: The Dark Heart of Bird Behaviour*, Bloomsbury, 2017, 21, und »Secrets«, 11.

7 Vgl. John Brand & Henry Ellis: *Observations on Popular Antiquities*, Chatto and Windus, London, 1877, 321–325; Ebenezer Cobham Brewer: *Wordsworth Dictionary of*

Phrase and Fable, Wordsworth Editions, 2001, 263; Linne Mooney: »The Cock and the Clock: Telling Time in Chaucer's Day«, *Studies in the Age of Chaucer*, Vol. 15, The New Chaucer Society, 1993, 103 f. und Anm. 36.

8 *Cinnlae Amhlaoibh Uí Shúileabháin: The Diary of Humphrey O'Sullivan*, Part 2, Michael McGrath (Hrsg.), Irish Texts Society, London, 1936, 354–357.

9 Henry Bourne: *Antiquitates Vulgares; or, the Antiquities of the Common People*, J. White, Newcastle, 1725, 37 f. Vgl. auch Brewer, *Fable*, 263.

10 Jacqueline Simpson & Steve Roud: *A Dictionary of English Folklore*, Oxford University Press, 2000, 74.

11 »The Morning Quatrains«, in: *The Poetry of Charles Cotton*, Vol. 1, Paul Hartle (Hrsg.), Oxford University Press, 2017, 293–296. Hahn und Lerche sind in Cottons Gedicht eng miteinander verbunden. Und mir ist aufgefallen, dass die Lerche in *Romeo und Julia* die »Künderin des Morgens« ist, der Hahn jedoch in *Hamlet* »die Trompete des Morgens«.

12 Der Hinweis auf einen frühen irischen Beleg für das Melken am Morgen und Abend findet sich bei Fergus Kelly: *Early Irish Farming: A Study Based Mainly on the Law-Texts of the 7th And 8th Centuries AD*, Dublin Institute for Advanced Studies, 1997, 38 f. Traditionell wurden Kühe nicht das ganze Jahr über gemolken. Ein Porträt der Tages- und Jahresrhythmen auf einer Milchfarm im Südengland des 19. Jahrhunderts findet sich in Thomas Hardys Roman *Tess von den D'Urbervilles* (1891).

13 § 8 in Thomas Charles-Edwards & Fergus Kelly (Hrsg.): *Bechbretha: An Old Irish Law-Tract on Bee-Keeping*, Dublin Institute for Advanced Studies, 1983, 54 f.

14 Ich danke Fergus Kelly für diese Information. Zur Zeitbestimmung zog er einen Vergleich mit dem Glossator Cormac Ua Cuillennáin (Cormac's Glossary § 554), der »etrud« als »soud methónach ind laí« erklärt, also wörtlich als »mittlerer Wendepunkt des Tages« – Mittag.

15 »Evening Quatrains« in *Cotton*, Hartle, 300 f.

16 Die Zeit, wenn die Hühner in den Stall gebracht werden, ist eine von zwei möglichen Bedeutungen. Vgl. »Cockshut, *N.*, Etymology«, *Oxford English Dictionary (OED)*, Oxford University Press, Juni 2025, https://doi.org/10.1093/OED/1067706660.

17 John Florio: *A Worlde of Wordes, Or Most Copious, and exact Dictionarie in Italian and English*, Arnold Hatfield, London, 1598, 56.

18 Vgl. Laura K. Lawless: »Entre chien et loup«, *Lawless French*, o.D., www.lawlessfrench.com/expressions/entre-chien-et-loup/.

19 Nina Gockerell: »Telling Time without a Clock«, in: Klaus Maurice & Otto Mayr (Hrsg.): *The Clockwork Universe: German Clocks and Automata, 1550–1650*, Smithsonian Institute and Neale Watson Academic Publications, Washington D.C. and New York, 1980, 138.

20 Ulrich Bräker: *The Life Story and Real Adventures of the Poor Man of Toggenburg*, Derek Bowman (Übs.), Edinburgh University Press, 1970, 67.

21 Couzens, »Secrets«, 11.

22 Couzens, *Songs*, 31.

23 »Night Flight: Tracking Data Reveal When and Why Songbirds Begin Their Massive Journeys and How They Decide to Leave«, Smithsonian, 01.05.2023, www.si.edu/newsdesk/releases/night-flight-tracking-data-reveal-when-and-why-songbirds-begin-their-massive; Fiona McMillan: »From dung beetles to seals, these animals navigate by the stars«, *National Geographic*, 04.11.2019, www.nationalgeographic.com/animals/article/stars-milky-way-navigation-dung-beetles.

24 Anfang 2025 (nach dieser Reise) wurden Pläne angekündigt, den Flughafen Heathrow zu erweitern, um 66 Millionen zusätzliche Passagiere pro Jahr abfertigen zu können. Diese Aussichten sind besorgniserregend, insbesondere im Hinblick auf die potenzielle Zunahme von CO_2-Emissionen, Lärm und Luftverschmutzung.

25 Zu neueren Entwicklungen in der Insektenpopulation Großbritanniens vgl. die Ergebnisse der landesweiten Bugs Matter citizen science survey unter der Leitung von

Kent Wildlife Trust und BugLife; buglife.org.uk. Zur Entwicklung der Fledermauspopulation vgl. National Bat Monitoring Programme Reports provided by the Bat Conservation Trust, bats.org.uk.

26 Alyson Brokaw: »Blind as a bat? No such thing«, Bat Conservation International, 14.06.2024, www.batcon.org/blind-as-a-bat-no-such-thing/.

27 Vgl. z. B. Diego Gil u. a.: »Birds living near airports advance their dawn chorus and reduce overlap with aircraft noise«, *Behavioral Ecology*, Vol. 26, No. 2, March-April 2015, https://doi.org/10.1093/beheco/aru207; Dustin G. Reichard u. a.: »Urban birdsongs: higher minimum song frequency of an urban colonist persists in a common garden experiment«, *Animal Behaviour*, Vol. 170, 2020, https://doi.org/10.1016/j.anbehav.2020.10.007.

28 Vgl. z. B. Domhnall Finch, Henry Schofield & Fiona Mathews: »Traffic noise playback reduces the activity and feeding behaviour of free-living bats«, *Environmental Pollution*, Vol. 263, Part B, 2020, https://doi.org/10.1016/j.envpol.2020.114405.

29 Vgl. Emma Stone, Gareth Jones & Stephen Harris: »Street-lighting disturbs commuting bats«, *Current Biology*, Vol. 19, 2009, 1223–1227.

30 Die Zoologin Emma Stone hat mir allerdings berichtet, dass ihrer Erfahrung nach Kirchtürme und Kirchenschiffe viel häufiger genutzt werden als reine Glockentürme.

31 Todd M. Jones u. a.: »Phenotypic signatures of urbanization? Resident, but not migratory, songbird eye size varies with urban-associated light pollution levels«, *Global Change Biology*, 29(23), 2023, https://doi.org/10.1111/gcb.16935.

32 Vgl. die Website der Bird Collision Prevention Alliance: www.stopbirdcollisions.org.

Kapitel 2: Mittagsblume und Königin der Nacht

1 *Lonicera periclymenum.*

2 *Jasminum officinale.*

3 *Oenothera.*

4 »Daisy, *N.*, Etymology«, *OED*, Juni 2025, https://doi.org/10.1093/OED/2125426858.

5 Verse 182 bis 184 im Prolog zu *The Legend of Good Women*, A.S. Kline (Übs.), 2008, Poetry in Translation, www.poetryintranslation.com/PITBR/English/GoodWomen.php.

6 Gänseblümchen (*Bellis perennis*), Ringelblume (*Calendula officinalis*), Zichorie (*Cichorium intybus*), Löwenzahn (*Taraxacum officinale*) und Sonnenblume (*Helianthus annuus*) gehören alle zur Familie der Asteraceae. Ihre Blütenköpfe sind eigentlich dichte Büschel aus mehreren Einzelblüten, und die »Blütenblätter« sind sogenannte Zungenblüten. Der Kürze halber spreche ich in der Regel einfach von Blüten.

7 Die Zeiten des Löwenzahns ändern sich je nach Tageslänge, vgl. B.G. Gardiner: »Linnaeus' Floral Clock«, *The Linnean*, Vol. 3, No. 1, Linnean Society, London, 1987, 26.

8 *Cichorium intybus.*

9 *Oxalis triangularis* (Auch die Blüten dieser Pflanze schließen sich.)

10 *Tragopogon pratensis.*

11 Bei genauerer Betrachtung konnte man erkennen, dass dieser goldene Blütenkopf in Wirklichkeit eine Ansammlung winziger Zungenblüten war, bekränzt von einem Kreis aus spitzen grünen Kelchblättern. Der blaugrüne Stängel war fein gestreift und rosa-schwarz gesprenkelt.

12 Zu lokalen Namen vgl. Geoffrey Grigson: *The Englishman's Flora*, Reader's Union, London, 1958, 392.

13 *Mirabilis jalapa.*

14 *Oxalis corniculata.*

15 Der Name soll von einem Kinderspiel abgeleitet sein, bei dem die Stunde daran bemessen wird, wie oft man pusten muss, um die Schirmchen davonzublasen. Zur Vielfalt der lokalen Namen vgl. Grigson, *Flora*, 393 f.; ebenso T.F. Thistleton-Dyer: *The Folk-lore of Plants*, Chatto & Windus, London, 1889, 123.

16 *Anagallis arvensis.*
17 Thistleton-Dyer, *Folk-lore*, 124.
18 Ein weiteres Beispiel ist *Ornithogalum umbellatum*, das unter den lokalen Namen sogar »eleven o'clock lady« und »twelve o'clocks« verzeichnet (Grigson, *Flora*, 404 f.).
19 Plinius der Ältere: *Naturgeschichte*, 18.252; vgl. auch 2.109 und 22.57.
20 *Profitable Art of Gardening*, Henry Bynneman, London, 1579, 93 f.
21 John M. Wilson (Hrsg.): *The Rural Cyclopedia Q-Z*, Vol. 4, A. Fullarton and Co., Edinburgh and London, 1849, 639.
22 John Gerard: *The Herball Or Generall Historie of Plantes*, John Norton, London, 1597, 612 ff.
23 *Euphorbia helioscopia.*
24 »Heliotrope, *N.*, Sense 1.a«, *OED*, Juni 2025, https://doi.org/10.1093/OED/3459439091; »Turnsole, *N.*, Sense 2.c«, ebd., Dezember 2024, https://doi.org/10.1093/OED/1037875179.
25 Zur Symbolik der Sonnenblume und zum Vergleich mit der Ringelblume als Emblem vgl. Sam Segal & Klara Alen: *Dutch and Flemish Flower* Pieces, Vol. 1, Brill, Hes & De Graaf, Leiden & Boston, 2020, 54 f. und 60–64; Elizabeth Nogrady: »Young Woman Holding a Sunflower«, 2024, *The Leiden Collection Catalogue*, 4th Ed., Arthur K. Wheelock Jr. u. a. (Hrsg.), New York, 2023–, https://theleidencollection.com/artwork/young-woman-holding-a-sunflower/.
26 Vgl. Mark A. Waddell: »Magic and artifice in the collection of Athanasius Kircher«, *Endeavour*, Vol. 34, No. 1, 2010, 30–34; Paula Findlen (Hrsg.): *Athanasius Kircher: The Last Man Who Knew Everything*, Routledge, 2004; Joscelyn Godwin: *Athanasius Kircher's Theatre of the World: His Life, Work, and the Search for Universal Knowledge*, Thames & Hudson, 2009.
27 *Magnes sive de Arte Magnetica* (*Lodestone, or the Magnetic Art*), erstmals veröffentlicht 1641.
28 Eine erstaunliche Analyse von Kirchers weitreichenderen Absichten findet sich bei Waddell, »Magic«.
29 Die Eigenschaft von Pflanzen, sich nach der Sonne zu drehen, wird Heliotropismus genannt. Bei der Sonnenblume wird die Bewegung der Knospe durch das asymmetrische Wachstum des Stammes bewirkt: Er wächst auf der Ostseite stärker als auf der Westseite. Die Chronobiologin Stacey Harmer hat mir erklärt, dass der Stamm verholzt, sobald die Pflanze ihre reproduktive Reife erlangt hat und nicht mehr weiterwächst. Deshalb bewegt sich dann auch die Blüte nicht mehr. In ihren Experimenten hat Stacey Harmer festgestellt, dass die Richtung, in der die Blüte stehen bleibt, vom Sonnenaufgang bestimmt wird.
Ich habe Stacey gefragt, warum einige der ausgewachsenen Sonnenblumen in den Gärten meiner Nachbarschaft die Morgensonne ignorierten. Sie erklärte mir, dass manche Sorten offenbar variabler sind, was die Richtung angeht, in der sie stehen bleiben. Aber es gibt auch andere mögliche Gründe. So kann es sein, dass die Sonnenblume an einer Stelle steht, wo der Horizont von hohen Gebäuden verdeckt wird. Das kann die Bewegung nach der Sonne behindern und auch die Ausrichtung nach Osten im Reifezustand schwächen.
30 »The Garden«, 1681, postum 1678 veröffentlicht.
31 *Hieracium umbellatum.*
32 *Nymphaea alba.*
33 *Mesembryanthemum crystallinum.*
34 Die Zeitangaben folgen Gardiner, »Floral Clock«, 28.
35 Stephen Freer (Übs.): *Linnaeus' Philosophia Botanica*, Oxford University Press, 2003, 297.
36 Freer, *Philosophia*, 293–296. Linnés Tabelle zur Blumenuhr findet sich online unter »Horologium Florae according to Philosophia Botanica, 1751«, The Linnaeus Garden,

Uppsala Universitet, www.uu.se/en/linnaeus-garden/our-plants-and-attractions/our-plants/linnaeuss-floral-clock/philosophica-botanica.

37 Anton Kerner von Marilaun: *The Natural History of Plants: Their Forms, Growth, Reproduction, and Distribution*, Vol. 2, F.W. Oliver (Übs.), Blackie & Son, London, 1895, 215.

38 »Linnaeus's floral clock – Horologium«, The Linnaeus Garden, Uppsala Universitet, www.uu.se/en/linnaeus-garden/our-plants-and-attractions/our-plants/linnaeuss-floral-clock.

39 Ebd.

40 Vgl. z. B. Christopher Dresser: *The Art of Decorative Designs*, Day and Son, London, 1862, 191 ff.

41 Im Jahr 1777 schrieb die Schriftstellerin Hannah More (1745–1833) in einem satirischen Brief mit Blick auf die Modegewohnheiten der Londoner Damenwelt: »Ich fürchte, dass ich ihnen unrecht tue, wenn ich behaupte, dass sie auf ihren Köpfen anderthalb Morgen Gebüsch, Abhänge, Grasflächen, Tulpenbeete, Büschel von Päonien, Küchengärten und Gewächshäusern tragen« (zitiert nach Charlotte M. Yonge: *Hannah More*, W.H. Allen & Co., London, 1888, 26 f.). Vgl. auch Mark Laird: *The Flowering of the Landscape Garden: English Pleasure Grounds, 1720–1800*, University of Pennsylvania Press, Philadelphia, 1999, 17, 22.

42 *Loves* ist der zweite Teil von Erasmus Darwins *The Botanic Garden*, wurde aber vor dem ersten Teil veröffentlicht.

43 Tristanne Connolly: »Introduction«, in: *Erasmus Darwin's The Loves of the Plants*, Connolly, Elizabeth Bernath & Alana Rigby (Hrsg.): Romantic Circles Editions, 2025, https://romantic-circles.org/editions/loves-plants.

44 Zu Linnés System der geschlechtlichen Fortpflanzung von Pflanzen und seinen subversiven Unterströmungen vgl. Staffan Müller-Wille: »Linnaeus and the Love Lives of Plants«, in Nick Hopwood, Rebecca Flemming & Lauren Kassell: *Reproduction: Antiquity to the Present Day*, Cambridge University Press, 2018, 305–318.

45 Im Jahr 1808 schrieb Rev. Samuel Goodenough an einen Korrespondenten der Linné-Gesellschaft, eine »wörtliche Übersetzung der ersten Prinzipien von Linnaeus' Botanik« sei »geeignet, die weibliche Keuschheit zu verletzen«. In William Witherings Führer zu einheimischen britischen Pflanzen, in dem Linnés Klassifikation verwendet wurde, erklärte er: »Aus der Annahme heraus, dass Botanik im englischen Gewand ein beliebter Zeitvertreib bei den Damen sein würde …, hielten wir es für angemessen, die Geschlechterunterschiede fallen zu lassen.« (*A Botanical Arrangement of All the Vegetables Naturally Growing in Great Britain*, Vol. 1, T. Cadel & P. Elmsley/G. Robinson, London, 1776, v).

46 Vgl. Müller-Wille, »Linnaeus«, 309, und Connolly, »Introduction«.

47 Canto I, Verse 9+10.

48 Canto IV, Verse 15, 20, 28, 29.

49 Zitiert nach Conolly, »Introduction«.

50 *Cereus grandiflora*, vermutlich die Art, die heute *Selenicereus grandiflorus* genannt wird, die »Königin der Nacht«.

51 Canto II, Vers 170. Die Blumenuhr-Szene könnte sich mit einer langjährigen wissenschaftlichen Kontroverse über die Fähigkeiten von Pflanzen befassen. Vgl. Kap. 2 in Melissa Bailes, *Regenerating Romanticism: Botany, Sensibility and Originality in British Literature, 1750–1830*, University of Virginia Press, 2023. Zu Erasmus Darwins Positionswechsel vgl. Conolly, »Introduction«. Zur breiteren Debatte vgl. Jole Shackelford: *An Introduction to the History of Chronobiology*, Vol. 1, University of Pittsburgh Press, 2022, vor allem Kap. 1.

52 Vgl. Patricia Fara: *Sex, Science, & Serendipity*, Oxford University Press, 2012. Ebenso Connolly, »Introduction«.

53 Hemans' beliebtes Gedicht wird z. B. zitiert bei Anne Pratt: *Flowers and Their Associations*, Charles Knight and Co., London, 1840, 95; Florence Caddy: *Through the Fields with Linnaeus: A Chapter in Swedish History*, Vol. 2, Longmans, London, 1887, 295.

54 Diese Worte von Tennyson wurden 1874 veröffentlicht. Sie erinnern mich an Anfangsworte in Erasmus Darwins *Loves*, z. B. »Mit heimlichen Seufzern fällt die jungfräuliche Lilie«, und an einen Vers aus einem anderen wichtigen Gedicht, nämlich Charlotte Smiths »Horologe of the Fields« (1807), in dem Silene »all ihre Süße der Nacht schenkt«.

55 Caddy, *Linnaeus*, 295 f.

56 Vgl. Kerner, *Natural History*, 215.

57 *Silene vulgaris.*

58 *Ipomea.*

59 *Tragopogon porrifolius.*

60 Ein weiteres Beispiel: Die innere Uhr der Pflanze bestimmt die richtige Zeit, um Energie ins Wachstum zu stecken. In Zeitraffer-Aufnahmen der Entwicklung von Kürbissen über mehrere Tage hinweg sehen sie aus wie Ballons, die man in regelmäßigen Etappen aufpumpt. Der Grund: Grünpflanzen speichern die Energie, die sie am Tag produzieren, und verbrauchen sie im Dunkeln.

61 Vgl. Antony N. Dodd u. a.: »Plant circadian clocks increase photosynthesis, growth, survival, and competitive advantage«, *Science*, Vol. 309, No. 5734, 2005, DOI:10.1126/science.1115581.

62 Shackelford, *Chronobiology*, Vol. 1, 57, 62.

63 Hagop S. Atamian u. a.: »Circadian regulation of sunflower heliotropism, floral orientation, and pollinator visits«, *Science*, Vol. 353, No. 6299, 2016, doi:10.1126/science.aaf9793.

64 Jane J. Lee: »How a Rooster Knows to Crow at Dawn«, *National Geographic*, 19.03.2013, www.nationalgeographic.com/animals/article/130318-rooster-crow-circadian-clock-science.

65 Danny Kessler, Celia Diezel & Ian T. Baldwin: »Changing Pollinators as a Means of Escaping Herbivores«, *Current Biology*, Vol. 10, No. 3, 2010, https://doi.org/10.1016/j.cub.2009.11.071.

66 Der Roman erschien 1928.

67 Vgl. »*Victorian cruziana*«, Cambridge University Botanic Garden, www.botanic.cam.ac.uk/the-garden/plant-list/victoria-cruziana/.

68 Vgl. Kerner, *Natural History*, 215.

69 *Ipomea purpurea.*

70 *Gentiana acaulis.*

71 *Helianthemum nummularium.*

72 *Hypochaeris radicata.*

73 *Ornithogalum umbellatum.*

74 *Silene noctiflora.*

75 Zu Einflüssen aufs Timing, vgl. Wouter G. van Doorn & Chanattika Kamdee: »Flower opening and closure: an update«, *Journal of Experimental Botany*, Vol. 65, No. 20, 2014, 5750.

76 Sylvain ergänzt: »Das Jahr, in dem wir unsere Blumenuhr pflanzten, war außerdem recht trocken, sodass die Pflanzen trotz all unserer Bemühungen ziemlich gestresst waren. Das könnte ein weiterer Grund für den Wechsel des Timings sein.«

77 Eine spannende Diskussion breiterer Themen rund um die Vermenschlichung nichtmenschlichen Lebens findet sich bei Merlin Sheldrake: *Entangled Life: How Fungi Make Our Worlds, Change Our Minds, and Share Our Futures*, Vintage, 2021, 45 f., 73 f.

78 *Eschscholzia californica.*

79 *Matthiola longipeta.*

Kapitel 3: Arbeitslieder und Furchenlängen

1 Diese fiktionale Eröffnungsszene und die folgenden Berichte über Arbeitslieder auf den Hebriden beziehen sich vor allem auf die Arbeiten von Margaret Fay Shaw (Spezialistin für gälische Lieder) und ihres Ehemannes, des Volkskundlers John Lorne Campbell, sowie seines Mitarbeiters Francis Collinson. Dieses Kapitel ist auch den gälischen Traditionsträgern Frances Dunlop und Fiona J. Mackenzie zu verdanken, die in Gesprächen in den Jahren 2024 und 2025 ihr Wissen großzügig mit mir teilten. Für eventuelle Irrtümer bin ich selbst verantwortlich. Die Quellen, auf die ich mich vor allem beziehe, sind:
Margaret Shaw Campbell: »Hunting Folk Songs in the Hebrides«, *National Geographic*, Februar 1947, 249–272.
Margaret Fay Shaw: *Folksongs and Folklore of South Uist*, 3rd Ed., Aberdeen University Press, 1986 (zuerst veröffentlicht 1955).
––: »The Folk Songs of South Uist«, eine Rundfunkdokumentation für BBC 3, 1956, reproduziert in dem Video: »Folksongs of South Uist Broadcast – Margaret Fay Shaw's words read by Fiona J Mackenzie«, 2015, YouTube.
Campbell & Collinson (Hrsg.): *Hebridean Folksongs I: A Collection of Waulking Songs Made by Donald MacCormick in Kilphedir in South Uist in the Year 1893*, Oxford, Clarendon Press, 1969.
––: *Hebridean Folksongs II: Waulking Songs from Barra, South Uist, Eriskay and Benbecula*, Oxford, Clarendon Press, 1977.
––: *Hebridean Folksongs III: Waulking Songs from Vatersay, Barra, South Uist, Eriskay and Benbecula*, Birlinn, Edinburgh, 2019 (zuerst veröffentlicht 1981).
Fiona J. Mackenzie: »Bho mhoch gu dubh – from dawn to dusk«, National Trust for Scotland, 09.07.2020, www.nts.org.uk/stories/bho-mhoch-gu-dubh-from-dawn-to-dusk.
Tobar an Dualchais/Kist o Riches, Online-Quelle mit Tonaufnahmen aus dem kulturellen Erbe Schottlands. www.tobarandualchais.co.uk.

2 Zitiert nach Campbell & Collinson, *Folksongs III*, 6.

3 Vgl. Gioia, *Work Songs*.

4 Vgl. Kap. 2 (v. a. S. 27) in Marek Korczynski, Michael Pickering & Emma Robertson: *Rhythms of Labour: Music at Work in Britain*, Cambridge University Press, 2013. Die Autoren argumentieren, die Forschung habe sich zu sehr auf zweckgebundene Lieder konzentriert und andere Arten des Singens bei der Arbeit in Großbritannien außer Acht gelassen. Auch die Walklieder und die Shantys der Seeleute – Formen, die auf den ersten Blick »vor allem Tempo, Rhythmus und Koordination der Arbeit organisieren sollten«, (so S. 76) – »hatten die doppelte Funktion, körperliche Handlungen anzuregen und zu synchronisieren und gleichzeitig die Emotionen und die Vorstellungskraft der Singenden und Zuhörenden anzusprechen« (so S. 82).

5 Die Texte hier paraphrasieren Teile der Übersetzung von »Gura Mise Tha Fo Éislein« durch Shaw in *Folksongs*, 216 f.

6 Miss Goodrich Freer zitiert nach Campbell & Collinson, *Folksongs I*, 9.

7 Shaw, »South Uist«, BBC.

8 »Chunnaic mi an t-òg uasal« / »I saw the well-born youth«, Mary Morrison in Campbell & Collinson, *Folksongs III*, 118 f.

9 »Thug an latha gu dìle« / »The day turned to downpour«, Nan McKinnon in Campbell & Collinson, *Folksongs III*, 216 f. und 293 f. Die Geschichte, von der hier die Rede ist, ist unbekannt.

10 Rona Wilkie: »Performing Waulking Songs as an Emotional Practice in Gaelic Scotland«, in Josephine Hoegaerts & Janice Schroeder (Hrsg.): *Ordinary Oralities: Everyday Voices in History*, De Gruyter Oldenbourg, 2023, 138.

11 Zu den Tempi von Waulking und Clapping Songs vgl. Campbell & Collinson, *Folksongs III*, 314 ff.

12 Diese Worte paraphrasieren eine Version von »Chan Eil Mi Gun Mhulad Orm«, eines Liedes von der Insel Barra, das Frances Dunlop für mich aus dem Gedächtnis übersetzt hat. Zur Sexualpolitik in den Liedern vgl. Wilkie: »Waulking Songs«, v. a. S. 141 f.
13 Sgioba Luaidh Inbhirchluaidh (Inverclyde Waulking Group), www.waulk.org.
14 »Chan Ann Leis An Fhuachd A Chailleadh An Duin' Agam«.
15 Goodrich Freer zitiert nach Campbell & Collinson, *Folksongs I*, 9.
16 Zitiert nach Campbell & Collinson, *Folksongs III*, 6 f.
17 Shaw, *Folksongs*, 6.
18 Paul Nichols: »Anatomy of a pop song«, *M Magazine*, PRS for Music, 26.09.2017, www.prsformusic.com/m-magazine/how-to/anatomy-pop-song.
19 Margaret Fay Shaw: *From the Alleghenies to the Hebrides: An Autobiography*, Birlinn, Edinburgh, 2008, 81.
20 Shaw, »Hunting«, 249.
21 Shaw, *Alleghenies*, 81.
22 Shaw, »Hunting«, 259. Die Tradition von Melkerinnen und Melkern, die Kühe durch Loblieder zu segnen und zu ermutigen, war weit verbreitet.
23 Shaw, *Folksongs*, 6.
24 Shaw, »Folk Songs« (BBC).
25 Vgl. Thomas Pennant, zitiert nach Campbell & Collinson, *Folksongs I*, 4.
26 Annie Johnston: »Brà Brà Bleith«, Barra, 03.081950, track 25903, Tobar an Dualchais, www.tobarandualchais.co.uk.
27 Korczynski, Pickering & Robertson: *Rhythms of Labour*.
28 Meine Darstellung beruht weitgehend auf Marie Hartley & Joan Ingilby: *The Old Hand-Knitters of the Dales*, The Dalesman, Clapham, via Lancaster, Yorkshire, 1969 (zuerst veröffentlicht 1951).
29 Ebd., 47.
30 Ebd., 17.
31 So aufgenommen und buchstabiert in einem Bericht aus Wensleydale (R.S.T.: »Knitting Song«, *Notes and Queries*, Ser. 3, Vol. 4, London, Juli–September 1863, 205). Vgl. auch Hartley & Ingilby, *Hand-Knitters*, 16.
32 Hartley & Ingilby, *Hand-Knitters*, 16, 62.
33 Dieses anonyme Gedicht wurde »seit alter Zeit aufgesagt«, so Adam Sedgwick in: *A Memorial to Cowgill Chapel* (1868, zitiert nach Hartley & Ingilby, *Hand-Knitters*, 58). Und das ist vermutlich nicht übertrieben. Vgl. Walkers Bemerkungen über eine Strickerin namens Slinger, zitiert ebd., 47.
34 Ebd., 15 f.
35 Ebd., 61.
36 Thomas Wright: *The Romance of the Lace Pillow*, H.H. Armstrong, Olney, Bucks, 1919, 102, 179.
37 Ebd., 106.
38 Ebd., 179.
39 Ebd., 180 f.
40 Vgl. Korczynski, Pickering & Robertson, *Rhythms*, 131.
41 Zitiert nach Hartley & Ingilby, *Hand-Knitters*, 58 ff. Ebenso Howitts Bericht, ebd., 63. Nach Ansicht von Korczynski, Pickering und Robertson ist Sedgwicks Geschichte ein Beispiel für den gemeinschaftsstiftenden Aspekt des Singens bei der Arbeit. Sie weisen aber auch darauf hin, dass wir nicht wissen können, wie weit hier eine schwierigere Realität verschleiert wird. (*Rhythms of Labour*, 89–92).
42 Hartley & Ingilby, *Hand-Knitters*, 16.
43 Aufnahme von Howitt, ebd., 62.
44 Ebd., 65, 67.
45 F.W. Moorman (Hrsg.): *Yorkshire Dialect Poems (1673–1915) and Traditional Poems*, Sidgwick and Jackson, London, 1916, 53.

46 Hartley & Ingilby, *Hand-Knitters*, 28.

47 Vgl. das Rezept für Azur-Farbe aus dem 15. Jahrhundert, z. B. in Mary Merrifield (Hrsg.): *Original Treatises Dating from the XIIth to XVIIIth Centuries on the Arts of Painting*, Vol. 2, John Murray, United Kingdom, 1849, 358.

48 Gockerell, »Telling Time«, 142.

49 Gemeint ist der 51. Psalm, »Herr sei mir gnädig …«. Zitiert nach Henry Notaker: *A History of Cookbooks: From Kitchen to Page Over Seven Centuries*, University of California Press, 2022, 121.

50 J. A Vernon & T.E. McGill: »Time estimations during sensory deprivation«, *The Journal of General Psychology*, 69 (1), 1963. Im Allgemeinen weisen Studien darauf hin, dass die Fähigkeit der Teilnehmenden, sich zeitlich zu orientieren, erheblich beeinträchtigt werden kann, wenn ihnen in Isolationsstudien externe Zeitgeber entzogen werden. Doch die komplexe Frage, inwieweit bestimmte interne biologische Fähigkeiten unsere Wahrnehmung von Zeit beeinflussen, ist noch nicht sehr gut erforscht. Zu einer Betrachtung der Forschungsliteratur inkl. der Studie von Vernon und McGill, vgl. Virginie van Wassenhove: »Temporal disorientations and distortions during isolation«, *Neuroscience & Biobehavioral Reviews*, Vol. 137, 2022, https://doi.org/10.1016/j.neubiorev.2022.104644. Vieles ist noch nicht erforscht, doch van Wassenhove bemerkt, es sei »keine große Überraschung, wenn Gehirnrhythmen und biologische Uhren zur Formung zeitlichen Wissens beitragen [würden]« (ebd.).

51 Gockerell, »Telling Time«, 138.

52 »Pissing While, *N*.«, *OED*, September 2024, https://doi.org/10.1093/OED/1088358304.

53 Z. B. in Vers 3636 von *The Miller's Tale*.

54 »Fride Creme of Almaundys« in *Two Fifteenth-Century Cookery-Books: Harleian MS. 279 (ab 1430), & Harl. MS. 4016 (ab. 1450)*, Thomas Austin (Hrsg.): Oxford University Press, London, 1964, 7, in Corpus of Middle English Prose and Verse, University of Michigan Library Digital Collections, https://name.umdl.umich.edu/CookBk.

55 *The Treasure of Pore Men*, London, 1556, fol. xxx.

56 Thomas F. Glick, Steven John Livesy & Faith Wallis (Hrsg.): *Medieval Science, Technology and Medicine: An Encyclopedia*, Routledge, 2005, 128.

57 *A Treatise on the Astrolabe*, 1.16.

58 »York Minster Masons' Ordinances, 1370« in Douglas Knoop & G.P. Jones: *The Mediæval Mason: An Economic History of English Stone Building in the Later Middle Ages and Early Modern Times*, Manchester University Press, 1933, 248 f.

59 Das Handbuch verwendet auch andere Maßeinheiten. Eine der Pausen ist z. B. auf »half a mileway« (die Zeit, die man braucht, um eine halbe Meile zurückzulegen) statt auf eine Uhrzeit begrenzt.

60 Vgl. z. B. »The manner of the safe-keeping of the City, in the King's behalf …«, 1321, in Thomas Riley (Hrsg.): *Memorials of London and London life, in the XIIIth, XIVth, and XVth centuries*, Longmans, Green, and Co., London, 1868, 142 ff.

61 Rossum beobachtet einen »bemerkenswerten Boom« in der Installation von öffentlichen Uhren in europäischen Städten zwischen 1371 und 1380 (*The Hour*, 160).

62 Eine wichtige Analyse, die sich auf die Stadt York in dieser Zeit bezieht, findet sich bei Chris Humphrey: »Time and Urban Culture in Late Medieval England«, in Humphrey & W. Mark Ormrod (Hrsg.): *Time in the Medieval World*, York Medieval Press, 2001.

63 Barbara Tuchman, zitiert in Ken Mondscheins und Denis Caseys hilfreichem Überblick über mittelalterliche Zeitphilosophien und Messsysteme, »Time and Timekeeping«, in Albrecht Classen (Hrsg.): *Handbook of Medieval Culture: Fundamental Aspects and Conditions of the European Middle Ages*, Vol. 3, Walter de Gruyter, Berlin, 2015, 1657–1679.

64 Boece.

65 Vgl. Rossum, *The Hour*, 300 f., 304.

66 Zitiert nach Gioia, *Work Songs*, 114.

67 Ebd., 113.

68 Dies war eine Intensivierung existierender Praktiken (vgl. Rossum, *The Hour*, 318–321). Ende des 18. Jahrhunderts wurde in industriellen Zusammenhängen, so Gioia, »das Grundtempo der Arbeit, das früher durch Lieder begrenzt und getaktet worden war, durch den ganz anderen Ton von sich bewegenden Maschinen bestimmt«. (*Work Songs*, 103).

69 Campbell & Collinson, *Folksongs I*, 16. Die ausführliche Darstellung klingt vielleicht übermäßig deterministisch und herablassend, doch das kreative Gemeinschaftsleben, das er beschreibt, hat zweifellos seinen Reiz.

70 Shaw bemerkte in ihrem Radioskript, South Uist sei »einer der wenigen verbliebenen Orte, wo das ursprüngliche Walken« noch praktiziert werde. Vgl. auch Campbell & Collinson, *Hebridean Folksongs II*, 2, und *III*, 5.

71 In den Fabriken war das gemeinsame Singen bei der Arbeit entweder verboten oder durch den mechanischen Lärm übertönt worden. Doch in den 1940er-Jahren gab es in Großbritannien durchaus Versuche, die menschenfeindliche tayloristische Produktionsweise abzumildern und gleichzeitig die Effizienz zu steigern, indem man rhythmische Musik in den Fabrikhallen spielte. Vgl. Kap. 7–9 in Korczynski, Pickering & Robertson, *Rhythm of Labour*.

72 Shaw, »South Uist«, BBC. Ich danke Fiona, die mir dieses Zitat aus Shaws Originalskript zur Verfügung gestellt hat. Das Skript wird heute im Canna House Archive, National Trust for Scotland, aufbewahrt.

73 Vgl. Fiona J. Mackenzie: *Cadence of a Song: The Life and Work of Margaret Fay Shaw of Canna*, Birlinn, Edinburgh, 2025.

74 Vgl. Wilkie, »Waulking Songs«.

75 Vgl. Ian Sample: »A mega-mechanism for bonding: why singing together does us good«, *The Guardian*, 15.12.2023, www.theguardian.com/science/2023/dec/15/a-mega-mechanism-for-bonding-why-singing-together-does-us-good.

76 Zitiert nach Andrea: »Waulking the Tweed«, Skye Weavers, 24.05.2024, www.skyeweavers.co.uk/blog/waulking-the-tweed#:~:text=Waulking%20(in%20Gaelic%20luadh)%20is,songs'%20(òrain%20luaidh).

77 Die Clearances in den Highlands und auf den Inseln im Westen Schottlands fanden im 18. und 19. Jahrhundert statt. Kleinbäuerliche Gemeinschaften wurden von den Großgrundbesitzern aufgelöst und vertrieben – mit verheerenden Folgen. Auchindrain ist heute ein Museum.

Kapitel 4: Sonnenuhren – Schattenuhren

1 Ein Fragment, von dem man annimmt, es sei der Überrest einer römischen Sonnenuhr aus der Zeit zwischen dem 2. und 4. Jahrhundert, wurde in dem römischen Fort Housestead am Hadrianswall gefunden und wird heute im römischen Museum in Chester ausgestellt.

2 David Scott & Mike Cowham: *Time Reckoning in the Medieval World: A Study of Anglo-Saxon and Early Norman Sundials*, BSS Monograph No. 8, British Sundial Society, 2010, 1; dort wird zitiert: Mario Arnaldi: *The Ancient Sundials of Ireland*, British Sundial Society, 2000.

3 Die »gleiche« oder »äquinoktiale« Stunde war im Kontext von Spezialanwendungen schon seit Jahrtausenden benutzt worden. Die Verbreitung mechanischer Uhren und Stundengläser im spätmittelalterlichen Europa brachte die gleich langen Stunden auch in das Alltagsleben. Vgl. Bonnie Blackburn & Leofranc Holford-Strevens: *The Oxford Companion to the Year*, Oxford University Press, 1999, 662.

4 Kanonische Stunden sind die täglichen Gebets- und Meditationszeiten. Zunächst wurde die Prim bei Sonnenaufgang gebetet. Die nächsten drei kanonischen Stunden – Terz (am Vormittag), Sext (gegen Mittag) und Non (am Nachmittag) – wurden

an die römischen Tageslicht-Stunden geknüpft. Die Vesper wurde zum Sonnenuntergang gesungen, die Komplet bei Einbruch der Dunkelheit, die Nokturn gegen Mitternacht und die Matin am Ende der Nacht. Mit ihr begann der neue liturgische Tag. Vgl. Mario Arnaldi: »Time Reckoning in the Medieval World«, in Anthony Turner, James Nye & Jonathan Betts (Hrsg.): *A General History of Horology*, Oxford University Press, 2022, 102.

5 Zur Flexibilität der Gebetszeiten und allgemein der mittelalterlichen Zeitstrukturen vgl. Mario Arnaldi: »Intuitive geometries of time perception, from Antiquity to the Middle Ages«, in Laura Farroni, Manuela Incerti & Alessandra Pagliano (Hrsg.): *Rappresentare il tempo: Architettura geometria e astronomia*, Libreriauniversitaria.it Edizioni, Padua, 2022, 197; W. Rothwell: »The Hours of Day in Medieval French«, *French Studies*, Vol. 13, No. 3, Juli 1959, 241; Glick, Livesy & Wallis, *Medieval Science*, 127–130.

6 Vgl. Gillian Adler & Paul Strohm: *Alle Thyng Hath Tyme: Time and Medieval Life*, Reaktion Books, London, 2023. Ebenso Rothwell, »Hours«, v. a. 247 ff.

7 Vgl. Jérôme Bonnin: »Time Measurement in Antiquity« in Turner, Nye & Betts, *Horology*, v. a. 17, und Arnaldi, »Intuitive Geometries«, 188.

8 The Mass Dial Register.

9 Im Jahr 1996 veranstaltete die British Sundial Society Mass Dial Group eine Exkursion zu geritzten Sonnenuhren in dieser Region, die von Frank Poller geleitet wurde und sich vor allem auf die All Saints Church in Woolstone konzentrierte. Margaret Staniers Bericht über diese Reise (»Mass Dials – in the Vale of the White Horse«, *The British Sundial Society Bulletin* (BSSB), No. 97.2, April 1997, 10) fiel mir auf und zog mich nach Woolstone. Ich habe auch Pollers selbst veröffentlichte Untersuchung *Medieval scratch dials on Vale of White Horse churches*, 3rd issue, the author, Oxon., 1996, zurate gezogen.

10 Ich hatte gehofft, diese Uhr zu finden, nachdem ich darüber in Staniers Bericht gelesen hatte (»Mass Dials«).

11 Selbst bei klarem Himmel war der Schatten des Gnomons nicht den ganzen Tag (und nicht an jedem Tag) sichtbar. Auf der Nordhalbkugel geht die Sonne im Sommerhalbjahr (also zwischen der Tag-und-Nacht-Gleiche zu Frühlings- und Herbstbeginn) im Nordosten auf und im Nordwesten unter. Das heißt, es dauert morgens länger, bis die Sonnenstrahlen die Uhr an einer Südwand erreichen. Umgekehrt ist es in der Zeit vor Sonnenuntergang.

12 David Scott: »Sundials in Anglo-Saxon England, Part 4, The Late Period – Aldbrough and Orpington«, *BSSB*, Vol. 12 (i), February 2000, 38, und »The Perception of Time in Anglo-Saxon England«, *BSSB*, Vol. 22 (iv), December 2010, 37.

13 Marios »Moon Man« aus dem Jahr 2013 ist von Cyrano de Bergeracs frühem Science-Fiction-Roman *Die Reise zum Mond* (1656) inspiriert, in dem die Mondbewohner die Zeit mithilfe des Schattens messen, den ihre Nase auf ihre Zähne wirft. Marios Sonnenuhr zeigt einen Mann mit Hakennase, der breit grinst, sodass der Schatten über die nummerierten Zähne wandert und dabei präzise die Zeit anzeigt.

14 Arnaldi, »Time Reckoning«, 110. Zur Beziehung zwischen Himmel und Erde im mittelalterlichen Denken vgl. Adler & Strohm, *Alle Thyng*, v. a. Kap. 3.

15 Ebd., S. 102–112.

16 Vgl. Ben Jones: »Some Scratch Dials and Other Graffiti«, *BSSB* 35 (iv) December 2023, 32.

17 Tony Wood: »Scratch Dials in Gloucestershire«, *Gloucestershire History*, No. 21, 2007, 16.

18 Stanier, »Mass Dials«, 10.

19 Poller, *Scratch dials*, 15.

20 Zur Diskussion über die Zeitvorstellungen von Laien und Priestern im Mittelalter vgl. Nicholas Orme: *Going to Church in Medieval England*, Yale University Press, New Haven & London, 2021, 228 f.

21 In Pollers Untersuchung wird die Farbe nicht erwähnt; ich vermute, dass sie erst kürzlich angebracht wurde.

22 Arnaldi, »Time Reckoning«, 102.

23 Der Übergang hat offenbar nicht überall zur gleichen Zeit stattgefunden. Zu historischen Beispielen vgl. »Noon, *N.*, Sense 1. a-b; 2.a«, *OED*, Juni 2025, https://doi.org/10.1093/OED/2667346547.

24 Vgl. »Noon, *N.*, Etymology«, ebd., https://doi.org/10.1093/OED/1040985504. Ebenso Rothwell, »Hours of the Day«, 244, 247. Eine skeptischere Darstellung findet sich bei David S. Landes: *Revolutions in Time: Clocks and the Making of the Modern World*, The Belknap Press of Harvard University Press, Cambridge, Mass., Rev. Ed., 2000, 439 f.

25 Poller, *Scratch dials*, 15. In die steinerne Umrandung eines Nordfensters am östlichen Ende der Kirche ist ein großer Kreis eingeritzt, der durch Linien aufgeteilt wird. Poller vermutet, es handele sich um eine Sonnenuhr. (Ebd.). Weitere Analysen könnten den Zweck und die Geschichte der Ritzung klären.

26 Nachdem die British Sundial Society mehr als 3500 Beispiele von eingeritzten Sonnenuhren gesammelt hat, bestätigt sie, dass Muster und Platzierung vieler dieser Uhren wenig Zweifel daran lassen, dass es sich um einfache Werkzeuge zur Festlegung bestimmter Ereignisse mithilfe von Schatten handelt. Einige Ritzungen mit ähnlicher Form könnten aber auch symbolische Motive oder andere Formen von Graffiti oder Werkzeugen sein oder durch Zufall entstanden sein. Vgl. Karlheinz Schaldach: »Circular Objects«, *BSSB*, Vol. 36 (ii), Juni 2024. Ebenso Matthew Champion: *Medieval Graffiti: The Lost Voices of England's Churches*, Ebury Press, London, 2015, 158 f.

27 Vgl. Champion, *Graffiti*, v. a. 5, 25–28, 75–78. Korrekt werden sie als apotropäische oder rituelle Schutzzeichen bezeichnet. Einige Markierungen wurden auch zu anderen Zwecken angefertigt, z. B. als Gedenksteine.

28 Zum möglichen Symbolwert kreisrunder Markierungen vgl. Schaldach, »Circular Objects«, 14.; Champion, *Graffiti*, 75–78; Jones, »Scratch Dials«.

29 Vgl. Arnaldi, »Intuitive geometries«, 197, und »Time Reckoning«, 110. Ebenso Adler & Strohm, *Alle Thyng*, v. a. 182.

30 Diese Kluft wird eindringlich bei Champion, *Medieval Graffitti*, beschrieben.

31 Als ich Mario das Foto zeigte, vermutete er, die Orientierung der Wand könnte helfen, die Platzierung der Linien zu erklären. In diesem Fall kam er jedoch nach mathematischer Analyse des Fotos zu dem Schluss, dass das nicht die Lösung sein könne. Hier wird also noch weitere Forschungsarbeit vor Ort nötig sein. Zu Versuchen, die korrekte Anzeige mittelalterlicher Sonnenuhren zu verbessern, vgl. Mario Arnaldi: »The medieval Rule of Erfurt written in a codex that belonged to Fra Giocondo of Verona«, *BSSB*, Vol. 35 (iii), September 2023, 2–9.

32 Wood, »Gloucestershire«, 16.

33 Die Menschen des Mittelalters bewegten sich mühelos zwischen verschiedenen Methoden zur Zeitmessung. Vgl. dazu Adler & Strohm, *Alle Thyng*.

34 »On a Sundial«, 1938.

35 Zur gesellschaftlichen und kulturellen Bedeutung der Nationalisierung und später Globalisierung westlicher Zeitstandards, v. a. der Greenwich Mean Time, vgl. Ogle, *Transformation of Time*, und Rooney, *About Time*.

36 Anfang des 17. Jahrhunderts wurde die Rolle der Sonne als Quelle der »wahren« Zeit durch neue Entwicklungen im Bereich der Zeitmessung ersetzt, die zeigten, dass die Sonne immer etwas mehr bzw. weniger als 24 Stunden braucht, um zu ihrer Mittagsposition zurückzukehren. Trotzdem blieb die Sonne der Referenzpunkt für die Regulierung von Uhren. Vgl. Anthony Turner: »The Eclipse of the Sun: Sun-dials, Clocks and Natural Time in the Late Seventeenth Century«, *Early Science and Medicine*, Vol. 20, No. 2, 2015, 177, 182 f.

37 Arnaldi, »Time Reckoning«, 114.

38 Vgl. Mario Arnaldi & Karlheinz Schaldach: »A Roman Cylinder Dial: Witness to a Forgotten Tradition«, *Journal for the History of Astronomy*, xxviii, 1997, 107–129.

39 Aus »Evening Quatrains«.

40 Diese Tafeln zeigen, dass der Schatten eines unveränderlichen Objekts zwei Mal am Tag und zwei Mal im Jahr die gleiche Länge hat. So ist unser Schatten an einem bestimmten Ort im April eine Stunde nach Sonnenaufgang z. B. zwölf Fuß lang. Bis zum Mittag wird er kürzer und wächst dann wieder, bis er eine Stunde vor Sonnenuntergang wiederum zwölf Fuß lang ist. In den folgenden Wochen, während die Sonne einen immer größeren Bogen am Himmel beschreibt, wird der Schatten bis Mittsommer immer kürzer und danach wieder länger werden. Im Oktober ist er dann in der ersten Tagesstunde wieder zwölf Fuß lang.

41 Er schätzt die Zeit mithilfe einer Kombination von Zeichen ab, darunter auch die Länge seines eigenen Schattens. Vgl. Adler & Strohm, *Alle Thyng*, 11 f.

42 Jonas Vaiškūnas: »The Observation of Celestial Bodies and Time Counting in the Lithuanian Folk Culture«, Arkadiusz Soltysiak (Hrsg.): *Time and Astronomy in Past Cultures*, Gorgias Press, USA, 2009, 169 f., 188.

43 Memoir 1857/1970–1, Ethnologische Sammlung des National Museum of Iceland, sarpur.is.

44 Vgl. Mario Arnaldi: *Orologi solari a Taggia – antiche conoscenze del tempo tra scienza e costume*, Comune di Taggia, 1996, 66 ff.

45 Gabriele Vanin: *Le meridiane bellunesi, quaderno n.9, Comunità Montana Feltrina – Centro per la documentazione della cultura popolare*, Libreria Pilotto Editrice, Feltre, 1991, 23.

46 Geoffrey Grigson: *The Shell Country Alphabet: The Classic Guide to the English Countryside*, Penguin, 2010, 380.

47 Paul Cavill: *A New Dictionary of English Field-Names*, English Place-Name Society, Nottingham, 2018, 110 f.

48 Heinrich VI., Teil 3, 2. Akt, 5. Szene.

49 Edward Lovett: »The Simple Sundial of the South-Down Shepherds«, 1909, in: Adelaide A.J. Gosset (Hrsg.): *Shepherds of Britain: Scenes from Shepherd Life Past and Present from The Best Authorities*, Constable and Co., London, 1911, 272 ff.

50 Lovett berichtet, dass einer der Interviewten, William Aylward, »eine Boden-Sonnenuhr erfunden hat, die in ihrer Einfachheit alle anderen schlägt«. Er beschreibt die Methode folgendermaßen: »An einem sonnigen Tag mit Südwind konnten wir den Stundenschlag der Kathedrale hören, und wenn die Sonne schien, benutzten wir einen kurzen Stock, den wir aufrecht in den Boden steckten, und zogen eine Linie in den Boden, wohin der Schatten fiel. So machten wir es jede Stunde. An Tagen, an denen wir den Stundenschlag nicht hören konnten, aber die Sonne schien, war unsere Sonnenuhr jedenfalls bereit.« (»Simple Sundial«, 274, Anm. 1). Aylward hat diese Technik vermutlich selbst erfunden, eine ähnliche Methode wurde aber auch in Litauen benutzt, vgl. Vaiškūnas, »Celestial Bodies«, 170.

51 Denken wir z. B. an die großartige astronomische Uhr aus dem Spätmittelalter, die in der Kathedrale von Wells hängt. Sie ist in zwei Sätze von je zwölf Stunden unterteilt, wobei der Mittag oben und die Mitternacht unten steht. Der Stundenzeiger führt eine kleine goldene Sonne um das Ziffernblatt.

52 Lovett, »Simple Sundial«, 273.

53 Vgl. Joshua Pollard: »The Uffington White Horse geoglyph as sun-horse«, *Antiquity* 91, 2017, 407, https://doi.org/10.15184/AQY.2016.269.

54 Lovett, »Simple Sundial«, 274, Anm. 1.

Kapitel 5: Tagesmarken

1 Namen für Tagesmarken finden sich in der Ortsnamensammlung des Árni Magnússon Institute for Icelandic Studies, Nafnið.is (nafnid.is), und im National Science Institute of Iceland map viewer, Kortasja.lmi.is.

2 Um 800 n. Chr. soll eine kleine Gruppe keltischer Mönche auf Island gelebt haben. Dauerhaft besiedelt wurde Island aber vermutlich aus Skandinavien, Irland und Schottland, und zwar einige Jahrzehnte später. Die meisten Siedler von den Britischen Inseln waren wohl Sklaven, die von den Norwegern mitgebracht wurden.

3 Die Republik wurde bis 1262/64 von den Häuptlingen regiert. Danach geriet Island unter die Herrschaft der norwegischen Könige. Das Alþingi fungierte aber noch bis 1800 als oberstes Gericht.

4 Andrew Dennis, Peter Foote & Richard Perkins (Übs.): *Laws of Early Iceland: Grágás I*, University of Manitoba Press, Winnipeg, 2006, 57.

5 Ebd., 59.

6 Kristian Kålund: *Bidrag til en historisk-topografisk Beskrivelse af Island,* Vol. 1, Gyldendalske Boghandel, Copenhagen, 1877, 111 ff.

7 Auch mithilfe der Schatten wurde die Zeit bestimmt.

8 Die drei basieren auf tatsächlichen Hügeln, die sich auf der Karte finden: Heimasti-Nónhóll, Mið-Nónhóll and Syðsti-Nónhóll.

9 Thorsteinn Vilhjálmsson: »The Subarctic as a Sundial«, in C. Esteban & J.A. Belmonte (Hrsg.), *Oxford IV and SEAC 99: Astronomy and Cultural Diversity*, OACIMC, Tenerife, 2000, 213.

10 Vgl. Gísli Sigurðsson: »Foreword«, in Pétur Halldórsson: *The Measure of the Cosmos: Deciphering the Imagery of Icelandic Myth*, Iconea Publications, London, 2022, 10 f.

11 Finn Magnusen: »On the ancient Scandinavians' division of the times of the day«, *Mémoires de la Société Royale des Antiquaires du Nord*, Vol. 1, 1839, 165–192.

12 Vgl. Sigrun Kristjansdóttir: »Afmörkun timans«, in Árni Bjornsson u. a. (Hrsg.): *Hlutavelta tímans: menningararfur á Þjóðminjasafni*, National Museum of Iceland, 2004, 324–331.

13 Birna Lárusdóttir: »Jöfnubáðu-örnefni og vangaveltur um eyktamörk«, Árnastofnun, 01.01.2019, www.arnastofnun.is/is/utgafa-og-gagnasofn/pistlar/jofnubadu-ornefni-og-vangaveltur-um-eyktamork.

14 Birgir Andrésson: *Eyktarmörk séð frá hækingsdal í Kjós*, Jan van Eyck Academie, Maastricht, 1977.

15 »Methúsalem Methúsalemsson (1959)«, Bustarfell, Nafnið.is, https://nafnid.is/baer/936.

16 Der Name stammt vermutlich von dem Begriff »undorn« ab, einem Wort, das sowohl in manchen Regionen Englands als auch in Skandinavien und Deutschland für eine Mahlzeit oder Tageszeit benutzt wurde.

17 Ich danke Johan Anton Wikander, der mir von diesen Ortsnamen erzählte.

18 David Raven: »Noon Stone«, Yorkshire (West), *The Megalithic Portal*, 26.11.2004, www.megalithic.co.uk/article.php?sid=7398.

19 Gockerell, »Telling Time«, 135.

20 Wie mir Thorstein Vilhjálmsson 2024 im Gespräch sagte, wurden Uhren nach ihrer Einführung möglicherweise verwendet, um die *eyktamörk* präziser zu bestimmen.

21 Memoir 1857/1970–1, sarpur.is.

22 Die isländischen Wörter *dagsmark* und *eyktamark* werden synonym für ein Objekt in der Landschaft benutzt, das in Kombination mit der Sonne die Zeit anzeigt. Damit ist die Bedeutung von *eyktamark* vermutlich erschöpft. *Dagsmark* scheint jedoch ein breiteres Bedeutungsspektrum zu haben. Es kann eine bestimmte Tages- oder Nachtzeit bedeuten, ohne Bezug zum Horizont. Doch auch gewisse Objekte, die bei der Zeitmessung halfen – eine Sonnenuhr, das erste Tageslicht, ein bestimmter Stern,

der um Mitternacht seinen Höchststand erreicht, ein Stundenglas –, werden als *dagsmark* bezeichnet. Vgl. die Einträge dazu in der Sprach-Datenbank des Árni Magnússon-Instituts, Malið.is, www.málið.is.

23 Albert E. Waugh: *Sundials: Their Theory and Construction*, Dover Publications, New York, 1973, 18.

24 P. Gemsege: *The Gentleman's Magazine*, Vol. 29, E. Cave, London, 1759, 16.

25 *Sundials*, 20.

26 Sigurðsson, Vorwort, *Cosmos*, 9.

27 Die Karte zeigt Stonehenge, wie es um 2500 v. Chr. ausgesehen hat. Reproduziert nach Duncan Garrow & Neil Wilkin, *The World of Stonehenge*, British Museum, London, 2022, 81.

28 Vgl. Pollard, »White Horse«.

29 Vgl. Garrow & Wilkin, *Stonehenge*, 133–144.

30 Lassen Sie sich bitte von Profis beraten, was die Möglichkeiten angeht, die Sonne zu fotografieren, ohne die Kamera zu beschädigen.

31 Liliane Lijn, »Light Pyramid«, 2012.

32 In seinem Essay »The Subarctic as a Sundial«.

33 Ein weiterer wichtiger Beitrag von Stuart ist das ursprüngliche Einkaufszentrum, das 1973 am Boulevard eröffnet wurde. (Wegen seiner außerordentlichen Qualität steht es heute unter Denkmalschutz.) Auch hier findet man ein Design, das sich an der Sonne orientiert. Im Granitpflaster des offenen Innenhofs, so Stuart, befand sich ein großer Kreis aus Stahl, auf dem die »Hauptpunkte der zwei Tag-und-Nacht-Gleichen und der Sonnenwenden markiert waren, jeweils mit einer personifizierten Sonne«. Zu Mittsommer hatte diese Sonne »funkelnde Augen und ein breites Grinsen im Gesicht«, berichtete er mir. Der Mittwinter sah kalt und verfroren aus. Der Hof ist inzwischen überdacht, und auch den Kreis gibt es nicht mehr. In den letzten Jahren wurde das Einkaufszentrum stark erweitert, sodass es sich zu Stuarts verständlichem Missfallen über den Boulevard erstreckt. Man muss jetzt das Einkaufszentrum durchqueren, wenn man seine Richtung auf dem Boulevard beibehalten will. Außerdem fallen seitdem die Sonnenstrahlen nicht mehr ungehindert durch diesen Teil des Boulevards, das Licht wird unterbrochen. Und mit dem Licht auch die Zeit. Ein offenes Gitternetz macht Fluss und Anpassung möglich. Es ist ein Mittel, so Stuart, um noch unbekannte Bedürfnisse oder Nutzanwendungen zu berücksichtigen, die über die Gegenwart hinausreichen. Als ich ihn fragte, was verloren gegangen ist, nachdem die Hauptschlagader des Gitternetzes in Milton Keynes blockiert worden war, erwiderte er sehr entschieden: »Ein Stück Zukunft!«

34 Er erklärt: »Bei richtiger Berechnung wird die Sonne jede Unterteilung in drei Stunden durchlaufen.« (*Speculum Regale – Konungs skuggsjá*, Laurence Marcellus Larson (Übs.), American-Scandinavian Foundation, New York; Oxford University Press, London, 1917, 93).

35 Larson, *King's Mirror*, 83.

36 Lárusdóttir, »Jöfnubáðu-örnefni«.

Kapitel 6: Morgengrauen und Abenddämmer

1 Vgl. »Gloaming, *N.*, Etymology«, *OED*, März 2025, https://doi.org/10.1093/OED/6685724759.

2 Meine Quellen umfassen hier auch Thomas Hardys Ausdruck »glowing gloom« (»The Darkling Thrush«, 1900); vgl. auch Steven Connor: »A Certain Slant of Light«, Script für einen Essay in der Sendung *Nightwaves*, BBC Radio 3, 31.10.2003, www.stevenconnor.com/twilight/; James Harbecks Blog »Gloaming«, *Sequiotica*, 01.09.2019, https://sesquiotic.com/2019/09/01/gloaming/#comments.

3 Es gibt auch noch andere Faktoren, die für unser Farbsehen eine Rolle spielen. Die Meteorologin Zoe Hutin hat mir berichtet, dass der Himmel bei Tag u. a. deshalb blau

erscheint, weil unsere Augen empfindlicher für blaues Licht sind. Und der Lasermediziner Taj Bhutta sagte mir, »Farbe ist Biologie, Psychologie und Physik« und damit höchst komplex.

4 Eine leicht zugängliche Erklärung, die häufige Missverständnisse ausräumt, findet sich bei Stephen F. Corfidi: »The Colors of Sunset and Twilight«, NOAA/NWS Storm Prediction Center, Norman, OK, 2014, www.spc.noaa.gov/publications/corfidi/sunset/.

5 Vgl. Marcel Minnaert: *Light and Color in the Outdoors*, Len Seymour (Übs.), Springer-Verlag, New York etc., 1993, 292, 306.

6 Im Prinzip endet die Morgendämmerung mit dem Sonnenaufgang. Die Abenddämmerung endet dagegen, wenn es nicht mehr dunkler werden kann.

7 *The Nautical Almanac and Astronomical Ephemeris for the Year 1937 for the Meridian of the Royal Observatory at Greenwich*, London, His Majesty's Stationery Office, 1936.

8 Die erste Zeile in Chaucers *A Treatise on the Astrolabe* ist an »meinen kleinen Sohn Lowys« gerichtet. Chaucer spricht in 2.6 von 18°. Als Quelle für den *Treatise* gilt ein Text, der Mashallah (Māshā'allāh ibn Atharī) zugeschrieben wird, dem persisch-jüdischen Astronomen aus dem 8. Jahrhundert, der möglicherweise eine wichtige Rolle bei der Gründung der Stadt Bagdad gespielt hat. Vgl. J.D. North: *Chaucer's Universe*, Clarendon Press, Oxford, 1988, 60.

9 *Nautical Almanac 1937*, 702. Eine Darstellung darüber, wie die Unterteilungen definiert und benannt wurden, findet sich bei Donald H. Sadler: »A Personal History of H.M. Nautical Almanac Office, 30 October 1930–18 February 1972«, George A. Wilkins (Hrsg.), United Kingdom Hydrographic Office, 2008, 27 f.

10 Vgl. Verse 45–46 in »The Second Nun's Prologue«, *Canterbury Tales*. Ich folge hier dem Text auf der Harvard Geoffrey Chaucer Website, Canterbury Tales, Text and Translations, 8.1 The Second Nun's Prologue and Tale, https://chaucer.fas.harvard.edu/pages/second-nuns-prologue-and-tale.

11 Vgl. z. B. »The manner of the safe-keeping of the City«, 1321, in Riley, *Memorials*, 143.

12 Marcel Minnaert: *De natuurkunde van't vrije veld. Deel I: Licht en kleur in het landschap*, W.J. Thieme, Zutphen, 1937. Mir standen zwei englischsprachige Ausgaben zur Verfügung: *Light & Colour in the open air*, übersetzt von H.M. Kremer-Priest, K.E. Brian Kay (rev. ed.), G. Bell and Sons Ltd, London, 1959, und *Light and Color in the Outdoors*, 1993.

13 Minnaert, *Color* (1993), 294 und Abb. 169.

14 Diese Beobachtung entspricht einem Gespräch in Hardys früherem Roman *Ein Paar blaue Augen*.

15 In *Zwei auf einem Turm* schreibt Hardy allerdings vom Herbst mit seiner endlosen Abfolge von Farben. Vielleicht bezieht er sich in den *Woodlanders* sowohl auf die Zeit als auch auf die Jahreszeit.

16 Abb. 170, »Concise table showing the development of the different twilight phenomena«, Minnaert, *Color* (1993), 299.

17 Ebd., 296.

18 Ebd., 292.

19 Ebd., V.

20 Ebd., X.

21 Ebd., 297.

22 Kevin Lynch: *What Time Is This Place?*, Massachusetts Institute of Technology, 1972, 69.

23 Ebd., 248.

24 Ebd., 70.

25 Das Kunstwerk wurde von Art on the Underground for Transport for London in Auftrag gegeben. (Jahre zuvor war ich Kuratorin bei Art on the Underground, aber in dieses Projekt war ich nicht involviert.)

26 Vgl. Matthäus-Evangelium 16,2.

27 »Red sky at night and other weather lore«, Met Office, https://weather.metoffice.gov.uk/learn-about/weather/how-weather-works/red-sky-at-night.

28 Daniel Milligan: »Ten words and phrases that prove you're Somerset born and bred«, *Somerset Country Gazette*, 17.02.2024, www.somersetcountygazette.co.uk/news/11011425.ten-words-and-phrases-that-prove-youre-somerset-born-and-bred/.

29 Minnaert, *Color* (1993), 297. Gert Wilkens bestätigte mir freundlicherweise, dass Minnaert sich bereits in der ersten Ausgabe von 1937 auf die bürgerliche Dämmerung (»burgerlijke schemering«) bezieht.

30 Ebd., 297.

31 *The Nautical Almanac and Astronomical Ephemeris for the Year 1945*, His Majesty's Stationery Office, London, 1944, 502 f.

32 Jérôme Lalande: *Voyage d'un François en Italie*, Vol. 1, Paris, 1769, xxxij-xxxiij.

33 Vgl. Mario Arnaldi: »Italian Hours: Origin and Decline of One of the Most Important Time-Systems of the Past, Part 1«, *BSSB*, Vol. 35 (iv), Dezember 2023, und »Part 2«, *BSSB*, Vol. 36 (i), März 2024.

34 Im 14. Jahrhundert wurden in Italien die ersten öffentlichen Uhren installiert. Sie zählten 24 gleich lange Stunden, beginnend mit dem Sonnenuntergang. Ab dem 16. Jahrhundert ging man zur Zählung ab einer halben Stunde nach Sonnenuntergang über. Dann wurde zum Angelus-Gebet geläutet. Und dann, so Lalande für seine französischen Leserinnen und Leser, wurde es dunkel.

35 Robert Forby: *The Vocabulary of East Anglia*, Vol. 1, J. B. Nichols and Son, London, 1830, 89.

36 Thomas Miller: *Rural Sketches*, John Van Voorst, London, 1839, 118.

37 Die Anthropologin Brigitte Steger hat mir im Gespräch erklärt, dass damit bestimmt wurde, wann die Mönche zur sechsten Morgenstunde die Glocke läuteten. Streng genommen, so fügte Brigitte hinzu, war dies der Beginn des Tageslichts, aber nicht des Kalendertages. »In den meisten buddhistischen Traditionen begann der Tag am frühen Abend.«

38 René de Lespinasse (Hrsg.): *Les métiers et corporations de la ville de Paris: XIVe-XVIIIe siècles*, Vol. 3, Imprimerie nationale, Paris, 1897, 327.

39 Der Tag beginnt in einigen Kulturen mit Sonnenuntergang, darunter auch in der jüdischen und altgriechischen Tradition. In den christlichen Traditionen beginnen bestimmte Feste mit Sonnenuntergang am Vorabend, daher auch die Tradition des Heiligen Abends vor dem Weihnachtstag.

40 Isha folgt Maghrib, wenn das letzte Licht vergangen ist. Fajr beginnt mit dem ersten Licht (Zuhr), wenn die Sonne am Mittag ihren höchsten Stand erreicht hat. Und Asr folgt am Nachmittag, nachdem der Schatten eines Objekts genauso lang geworden ist wie das Objekt selbst. Religiöse Autoritäten interpretieren die Zeitbestimmungen allerdings unterschiedlich.

41 Wann die Venus zu sehen ist, ändert sich von Jahr zu Jahr. Ein paar Monate lässt sie sich als Abendstern beobachten, dann verschwindet sie für eine Weile und kommt als Morgenstern für ein paar Monate zurück, bevor sie wieder verschwindet und der Zyklus neu beginnt.

42 Bede: *On the Nature of Things and On Times*, Calvin B. Kendall and Faith Wallis (Übs.), Liverpool University Press, 2010, 108. Interessanterweise verlegt Beda diese Zeit nach der Dämmerung (vgl. Anm. 10, ebd.).

43 Vgl. »cwyld-seten« in Joseph Bosworth: *An Anglo-Saxon Dictionary Online*, Thomas Northcote Toller, Christ Sean & Ondřej Tichy (Hrsg.): Charles University, Prague, 2014, https://bosworthtoller.com/7029; ebenso Frederick Tupper, Jr.: »Anglo-Saxon Dæg-Mæl«, *Publications of the Modern Language Association*, Vol. 10, No. 2, 1895, 186.

44 Michal Vik & Renzo Shamey: »Purkyně, Jan Evangelista«, *Encyclopedia of Color Science and Technology*, Springer, New York, 2015, DOI:10.1007/978-3-642-27851-8_342-1.

45 Zitiert nach Nicholas J. Wade, Josef Brozek, Jir¡ Hoskovec: *Purkinje's Vision: The Dawning of Neuroscience*, Psychology Press, New York, 2001, 12 f.
46 Mishnah Berakhot, 1:2.
47 C.T. Onions (Hrsg.): *The Oxford Dictionary of English Etymology*, Oxford University Press, 1994, 246.
48 Nicholas Breton: *Fantasticks: A perpetual Prognostication*, Francis Williams, London, 1626, 13.
49 Ich denke an den kalten Norden, vgl. »Kveld-riða« in der Online-Version von Cleasby & Vigfusson – Old Norse Dictionary, https://cleasby-vigfusson-dictionary.vercel.app/word/kveld-rida.
50 *Egeria: Diary of a Pilgrimage*, George E. Gingras (Übs.), Newman Press, United Kingdom, 1970, 109.
51 Rossum, *The Hour*, 293.
52 William Ellis: *Polynesian Researches*, Vol. 1, Fisher, Son, & Jackson, London, 1831, 89.
53 *The Diary of Humphrey O'Sullivan*, 354–357. Ich danke Kevin Murray und Geoffrey Keating für ihre fachkundige Hilfe an dieser Stelle.
54 Vgl. Minnaert, *Color* (1993), 297.

Kapitel 7: Sternenuhren

1 Gemeint ist immer das Sternbild Ursa Major (»Bear, *N.* (1), Sense I.4«, *OED*, Juni 2025, https://doi.org/10.1093/OED/2895081447).
2 Die Ähnlichkeit der Beschreibung bei Hardy in Bezug auf Mittwinter und Februar legt den Schluss nahe, dass er in beiden Fällen dasselbe Sternbild meint. Tatsächlich ist der Satz in Bezug auf den Februar aber zweideutig. Ich neige stark zu der Ansicht, dass Hardy dasselbe Bild hervorrufen will wie in der Mittwinter-Episode. Der Große Bär steht sowohl um Mitternacht zu Mittwinter als auch gegen neun Uhr abends im Februar östlich des Polarsterns. Präziser könnte man die Zeit mithilfe des Kleinen Bären messen (Ursa Minor), vor allem mithilfe der beiden Leitsterne, die sich nahe dem Polarstern befinden. Auch die beiden hinteren Kastensterne, die auf den Polarstern deuten, wären dafür geeignet. Das große Sternbild lässt sich aber an einem normalen Abend in London viel leichter lokalisieren, deshalb konzentriere ich mich darauf, die Zeit mithilfe seiner Drehung näherungsweise zu bestimmen. Mein Dank geht an Thomas Hockney und Fabio Silva, die mir geholfen haben, dies zu durchdenken.
3 Ich beziehe mich in diesem Kapitel auf die Ausgaben *Half-Hours with the Stars*, Robert Hardwicke, London, 1869, und *A New Star Atlas … In Twelve Circular Maps*, 2nd Ed., Longmans, Green, and Co., London, 1872.
4 Pamela Gossin: *Thomas Hardy's Novel Universe: Astronomy, Cosmology, and Gender in the Post-Darwinian World*, Routledge, 2007, v. a. Kapitel 4 und 5.
5 Am leichtesten findet man ihn, wenn man sich den Großen Bären sucht und die Linie verfolgt, die von den beiden hinteren Kastensternen angezeigt wird.
6 Richard Proctor: *Easy Star Lessons*, Chatto & Windus, London, 1881, 19.
7 *Half-Hours*, 9.
8 Ebd.
9 Zirkumpolare Sterne scheinen den Himmelspol zu umkreisen, ohne jemals unter unseren Horizont zu sinken. Welche Sterne zu dieser Gruppe gehören, hängt von dem Breitengrad ab, auf dem man sich befindet. In London ist der Große Bär zirkumpolar, also unter idealen Bedingungen jede Nacht (und die ganze Nacht) sichtbar.
10 Vgl. E.G.R. Taylor: *The Haven-Finding Art: A History of Navigation from Odysseus to Captain Cook*, Hollis & Carter, London, 1958, 145–148.
11 Eine kompliziertere Version dieser Karte findet sich in Abb. 7 in *A New Star Atlas*. Proctor schärfte seine Erklärungen für unerfahrene Hobby-Astronomen weiterhin.

Nach dem Erscheinen von Hardys Roman veröffentlichte Proctor *Easy Star Lessons* (1881) mit einfacheren Grafiken, darunter einer »Sternenuhr« (vgl. Liste der Illustrationen und Abb. 3). Meine eigenen Karten basieren darauf, ich habe allerdings die Leitsterne entfernt und nur Polarstern und Großen Bären eingezeichnet.

12 *Le compot et calendrier des Bergiers....*, 2nd ed., Guy Marchant, Paris, 1491, digitalisiert in Les Bibliothèques Virtuelles Humanistes, Univerity of Tours (www.bvh.univ-tours.fr/Consult/consult.asp?numfiche=905&numtable=B180336101%5FINC166&mode=1&ecran=0&index=102), h1 Ill und f. h1v fig.

13 Der erste »Schäferkalender« richtete sich eher an ein wohlhabendes städtisches Publikum als an die Schäfer, die er scheinbar anspricht, obwohl später auch Versionen für ein ländliches Publikum herauskamen. Es wurden verschiedene Ausgaben in Englisch und anderen Sprachen veröffentlicht. Vgl. Vincent Picard: »Le Grand calendrier et compost des bergers«, Dicopathe blog, 09.07.2022, www.dicopathe.com/le-grand-calendrier-et-compost-des-bergers/.

14 Berichte über Menschen in Litauen im 19. und 20. Jahrhundert, die die Zeit anhand der Sterne bestimmen konnten, finden sich bei Vaiškūnas, »Celestial Bodies«, 167–188. Berichte aus Russland aus den 1960er- bis 1980er-Jahren finden sich bei S.S. Petriashin: »Rural diurnal timing practices based on stars observation«, *Vestnik of Saint Petersburg University. History*, Vol. 62, No. 4, 2017, 865–877. Einige dieser Praktiken werden wir im Laufe des Kapitels noch näher betrachten.

15 Memoir 27/1976–3–27, sarpur.is. Vgl. auch Arthur Middleton Reeves: *The Finding of Wineland the Good: The History of the Icelandic Discovery of America*, Henry Frowde, London, 1890, 181, Anm. 66.

16 Edward Dwelly, Derick S. Thomson & Douglas Clyne (Hrsg.): *Appendix to Dwelly's Gaelic-English Dictionary*, Gairm Publications, Glasgow, 1991, 59.

17 Heinrich IV., Teil 1, 2. Akt, 1. Szene.

18 Vgl. D.W. Waters: *The Rutters of the Sea: The Sailing Directions of Pierre Garcie*, Yale University Press, New Haven and London, 1967, 40 f., 208. Ebenso Taylor, *Haven-Finding*, 167 f.

19 Zitiert aus *Am grünen Rand der Welt.*

20 Eine sorgfältige Abgrenzung von Fakten und Mythen findet sich in The Renaissance Mathematicus blog, »Johannes Kepler's Somnium and Katharina Kepler's Trial for Witchcraft: The emergence of a myth«, 30.07.2014, https://thonyc.wordpress.com/2014/07/30/johannes-keplers-somnium-and-katharina-keplers-trial-for-witchcraft-the-emergence-of-a-myth/.

21 Zu Beispielen dafür, was Hardys Dorfbewohner meinen könnten, siehe meine Einleitung.

22 Meine Wahrnehmung des Musters hat sich stark verbessert, nachdem ich die Kapitel über den Mond bei Thomas Hockey: *How We See the Sky: A Naked-Eye Tour of Day & Night*, University of Chicago Press, Chicago and London, 2011, gelesen hatte.

23 Beda gibt eine Formel an, mit deren Hilfe ausgerechnet werden kann, wie viele Stunden der Mond pro Nacht scheinen wird. Dazu nutzt er die Vollmond-Korrelation (*Bede: The Reckoning of Time*, Faith Wallis (Übs.), Liverpool University Press, 2004, 73 f.). Dieses Beispiel verdanke ich Anne Lawrence-Mathers, zusammen mit zwei Techniken, um die »houre of the night, by the Moone« zu bestimmen, in Leonard Digges: *A Prognostication of right good effect ... to judge the wether for ever*, 1555, London; R.T. Gunther (Hrsg.), Old Ashmolean Reprints III, Oxford, 1926 (?),63. Von Ortspfarrern, so erklärte sie mir, wurde erwartet, dass sie derartige Methoden anwendeten.

24 Man kann den »Nebel« mit bloßem Auge erkennen.

25 Im Eröffnungskapitel von *Am grünen Rand der Welt* überprüft Gabriel, ob seine Uhr richtig geht, u.a. durch »ständige Vergleiche mit und Beobachtungen von Sonne und Sternen«.

26 Vgl. z. B. das System, um die Zeit mithilfe der Sterne zu bestimmen, nicht zuletzt anhand der Plejaden und des Gürtels des Orions, wie es die Zinacantan im Südosten Mexikos noch Ende des 20. Jahrhunderts verwendeten. Dazu Evon Z. Vogt: »Zinacanteco Astronomy«, *Mexicon*, Vol. 19, No. 6, December 1997, 14.

27 Vaiškūnas, »Celestial Bodies«, 177.

28 Petriashin, »Rural timing«, 872.

29 Vaiškūnas, »Celestial Bodies«, 177.

30 Die Interpretation des Gedichts ist umstritten. Was die Bestimmung der Zeit anhand von Himmelsereignissen angeht, folge ich der Analyse von I.S. Herschberg und J.E Mebius in ihrem Aufsatz »ΔΕΔΥΚΕ men a ΣΕΛΑΝΝΑ«, *Mnemosyne*, Vol. 43, No. 1/2, Brill, 1990, 150 f. Sie kommen zu dem Schluss, dass das Gedicht eine Nacht »kurz vor Beginn oder ganz zu Anfang des Frühlings« beschreibt.

31 Garrow & Wilkin, *Stonehenge*, 127.

32 Petriashin, »Rural timing«, 867.

33 Ebd., 169, 872.

34 Vaiškūnas, »Celestial Bodies«, 179 f.

35 Wenn wir in der Mitte eines Dorfes stehen würden, würde jeder Stern jede Nacht (wenn auch zu einer anderen Zeit) scheinbar hinter demselben Dach auf- und untergehen. Anders gesagt: Die Punkte, wo Fixsterne auf- und untergehen, bewegen sich nicht um den Horizont, anders als die entsprechenden Punkte bei Sonne, Mond und Planeten.

36 Zitiert nach Seb Falk: *The Light Ages: A Medieval Journey of Discovery*, Penguin, 2021, 39.

37 Das Handbuch ergänzt, der Wacholderbusch liege »auf dem Weg zur Quelle« (ebd.).

38 Vgl. Blackburn & Holford-Strevens, *The Year*, 595 f.

39 Nachdem ich Sarah Symons' Vortrag »It's Sirius O'Clock: Astronomical Timekeeping in Ancient Egypt«, Royal Astronomical Society of Canada, 10.04.2019, www.youtube.com/watch?v=Ak07dI-TALU gesehen hatte.

40 Eine Einführung in Sarah Symons' Forschung zu diesem Thema findet sich in ihrem Vortrag (s. Anm. 376) und in ihrem Aufsatz, gemeinsam mit Robert Cockcroft: »Ancient Egyptians measured the first hour, and changed how we related to time«, *The Conversation*, 03.07.2023, https://theconversation.com/ancient-egyptians-measured-the-first-hour-and-changed-how-we-related-to-time-203659.

41 Vor allem Anfang, Mitte und Ende der Nacht. Vgl. O. Neugebauer & R. A. Parker: *Egyptian Astronomical Texts*, Vol. 3, Brown University Press, Providence, RI, 1969, 49–52 und Tafel 24.

42 Vgl. z. B. Turner, Nye & Betts, *Horology*, iv. Ebenso Jérôme Bonnin, »Time Measurement in Antiquity«, ebd., 1.

43 Im Gespräch erklärte Sarah, dass ihrer Ansicht nach die Annahme, die Ägypter hätten die Stundeneinteilung mithilfe von Wasseruhren erfunden und sie dann auf die Sterne angewandt, höchstwahrscheinlich nicht zutrifft. Vielmehr sei die Wasseruhr eine Art Stellvertreter gewesen, ein Timer, der für *wnwt* stand, wenn die Sterne nicht zu sehen waren.

44 Die alten Ägypter maßen die Zeit auch in gleich langen Stunden, allerdings sehr selten. Das zeigt sich z. B. in den Tabellen für Tag und Nacht im Papyrus-Kalender Cairo No. 86637.

45 Zu bestimmten Jahreszeiten sieht man den hellsten Stern Sirius sogar bei Tageslicht.

46 Diese Straße verläuft in Nord-Süd-Richtung. Ich nenne sie, wie schon erwähnt, »Noon Street«.

Epilog

1 Vgl. Hazel Metherel: »When is a Dandelion not a Dandelion? (A beginner's guide to yellow composites)«, *BSBI News*, No. 147, Botanical Society of Britain & Ireland (BSBI.org), April 2021, 37 ff.